冶金工业建设工程预算定额

（2012 年版）

U0850724

第一册　土建工程
（下册）

北　京
冶　金　工　业　出　版　社
2013

图书在版编目(CIP)数据

冶金工业建设工程预算定额:2012年版.第一册,土建工程.下册/冶金工业建设工程定额总站编.—北京:冶金工业出版社,2013.1

ISBN 978-7-5024-6136-2

Ⅰ.①冶… Ⅱ.①冶… Ⅲ.①冶金工业—建筑工程—建筑预算定额—中国 Ⅳ.①TU723.3

中国版本图书馆CIP数据核字(2012)第297085号

出 版 人 谭学余
地 址 北京北河沿大街嵩祝院北巷39号,邮编100009
电 话 (010)64027926 电子信箱 yjcbs@cnmip.com.cn
责任编辑 李培禄 美术编辑 彭子赫 版式设计 孙跃红
责任校对 王贺兰 刘 倩 责任印制 牛晓波
ISBN 978-7-5024-6136-2
冶金工业出版社出版发行;各地新华书店经销;三河市双峰印刷装订有限公司印刷
2013年1月第1版,2013年1月第1次印刷
850mm×1168mm 1/32;16.5印张;443千字;512页
95.00元

冶金工业出版社投稿电话:(010)64027932 投稿信箱:tougao@cnmip.com.cn
冶金工业出版社发行部 电话:(010)64044283 传真:(010)64027893
冶金书店 地址:北京东四西大街46号(100010) 电话:(010)65289081(兼传真)
(本书如有印装质量问题,本社发行部负责退换)

冶金工业建设工程定额总站　文件

冶建定[2012]52号

关于颁发《冶金工业建设工程预算定额》(2012年版)的通知

为适应冶金工业建设工程的需要,规范冶金建筑安装工程造价计价行为,指导企业合理确定和有效控制工程造价,由总站组织冶金系统造价专业人员修编的《冶金工业建设工程预算定额》(2012年版)已经完成。经审查,现予以颁发,自2012年11月1日起施行。原冶金工业建设工程定额总站颁发的《冶金工业建设工程预算定额》(2001年版)(共十四册)同时停止执行。

本定额由冶金工业建设工程定额总站负责具体解释和日常管理。

冶金工业建设工程定额总站

二〇一二年九月十九日

综　合　组： 张德清　林希琤　赵　波　陈　月　张连生　吴永钢　吴新刚　万　缨　乔锡凤　文　苹
孙旭东　陈国裕　郭绍君　付文东　郑　云　朱四宝　杨　明　徐战艰　张福山

主 编 单 位： 首钢总公司

副主编单位： 中冶京诚工程技术有限公司

参 编 单 位： 中国一冶集团有限公司
北京首钢国际工程技术有限公司

协 编 单 位： 鹏业软件股份有限公司

主　　　编： 宋国秀

副　主　编： 武岩松　陈旭臣　张凤桐　张玉明

参 编 人 员： 丁利霞　于俊良　王亚琦　冯丽英　刘志玲　张　磊　吴铁松　苏　娜　岳继红　范　晔
赵西子　杨志彬　高　铭　钱立全　韩永红　董秀玉　斯尚诺

编 辑 排 版： 赖勇军

总　说　明

一、《冶金工业建设工程预算定额》(2012 年版)共分十四册,包括:

第一册《土建工程》(上、下册)

第二册《地基处理工程》

第三册《机械设备安装工程》(上、下册)

第四册《电气设备安装工程》

第五册《自动化控制仪表安装工程、消防及安全防范设备安装工程》

第六册《金属结构件制作与安装工程》

第七册《总图运输工程》

第八册《刷油、防腐、保温工程》

第九册《冶金炉窑砌筑工程》

第十册《工艺管道安装工程》

第十一册《给排水、采暖、通风、除尘管道安装工程》

第十二册《冶金施工机械台班费用定额》

第十三册《材料预算价格》

第十四册《冶金工厂建设建筑安装工程费用定额》

二、《冶金工业建设工程预算定额》(2012 年版)(以下简称本定额)是完成规定计量单位分项工程计价所需的人工、材料、施工机械台班的指导性消耗量标准;是统一冶金建筑安装工程预算工程量计算规则、项目划分、计量单位的依据;是编制冶金建筑安装工程施工图预算、招标控制价、确定工程造价的依据;是编制概算定额(指标)、投资估算指标的基础;也可作为制定企业定额和投标报价的基础;其中建筑安装工程的工程量计算规则、项目划分、计量单位、工作内容等也可作为实行工程量清单计价、编制冶金建筑安装工程量清单的基础依据。

三、本定额适用于冶金工厂的生产车间和与之配套的辅助车间、附属生产车间的新建、扩建工程(包括技术改造工程)。

四、本定额是依据国家及冶金行业现行有关产品标准、设计规范、施工及验收规范、技术操作规程、质量评定标准和安全操作规程编制的,同时也参考了有代表性的工程设计、施工资料和其他资料。

五、本定额是按目前冶金施工企业普遍采用的施工方法、机械化装备程度、合理的工期、施工工艺和劳动组织条件,同时也参考了目前冶金建筑市场招投标工程的中标价格行情进行编制的,基本上反映了冶金建筑市场目前的投标价格水平。

六、本定额基价为 2012 年基期市场价格的水平,是建筑安装工程费用定额进行取费的基础。为维护冶金建筑市场正常秩序和参建各方的合法权益,本基价应根据冶金建筑安装工程市场要素(人工、材料、机械)价格的变化情况,进行动态管理。冶金行业各单位的工程造价管理部门,可根据社会发展和施工技术水平的进步,依据典型工程的测算,适时发布不同类型(别)工程的调整系数,对其进行调整,使之与冶金建筑市场的招投标价格行情基本上相适应。

七、本定额是按下列正常的施工条件进行编制的：

1. 设备、材料、成品、半成品、构件完整无损，符合质量标准和设计要求，附有合格证书、实验记录和技术说明书。

2. 安装工程和土建工程之间的交叉作业正常。如施工与生产同时进行时，其降效增加费按人工费的10%计取。

3. 正常的气候、地理条件和施工环境。如在特殊的自然地理条件下进行施工的工程，如高原、高寒、沙漠、沼泽地区以及洞库、水下工程，其增加费用应按省、自治区、直辖市的有关规定执行；如省、自治区、直辖市无规定时，可按有关部门的规定执行。

4. 如在有害身体健康的环境中施工时，其降效增加费按人工费的10%计取。

5. 水、电供应均满足建筑安装工程施工正常使用。

6. 安装地点、建筑物、设备基础、预留孔洞等均符合安装要求。

八、人工工日消耗量的确定：

1. 本定额的人工工日以综合工日表示，包括基本用工和其他用工。

2. 基价中的定额综合工日单价采用2011年市场调查综合取定。其中：建筑工程75元/工日，安装工程80元/工日，包括基本工资、辅助工资和工资性津贴等。

九、材料消耗量的确定：

1. 本定额中的材料消耗量包括直接消耗在建筑安装工作内容中的主要材料、辅助材料和零星材料等，并计入了相应损耗。其内容和范围包括：从工地仓库、现场集中堆放地点或现场加工地点到操作或安装地点的运输损耗、施工操作损耗、施工现场堆放损耗。

2. 凡定额中未注明单价的材料均为主材，本定额基价中不包括其价格，应按“( )”内所列的用量，向材料供应商询价、招标采购或按经建设单位批准认可的工程所在地的市场价格进行采购，计算工程招投标书中的材料价格。

3. 本定额基价的材料单价是采用《冶金工业建设工程预算定额》(2012 年版)第十三册《材料预算价格》取定的，不足部分予以补充。

4. 用量少、对定额基价影响很小的零星材料合并为其他材料费，按占定额基价中材料费的百分比计算，以“元”表示，其费用已计入材料费内。具体占材料费的百分数，详见各册说明。

5. 施工措施性消耗部分，周转性材料按不同施工方法、不同材质分别列出一次使用量和一次摊销量。

6. 主要材料损耗率见各册附录。

十、施工机械台班消耗量的确定：

1. 本定额的机械台班消耗量是按正常合理的机械配备和冶金施工企业的机械化装备程度综合取定的。

2. 凡单位价值在 2000 元以内、使用年限在两年以内的不构成固定资产的工具、用具等未进入定额，已在建筑安装工程费用定额中考虑。

3. 本定额基价中的施工机械使用费是采用《冶金工业建设工程预算定额》(2012 年版)第十二册《冶金施工机械台班费用定额》中的台班单价计算的。其中允许在公路上行走的机械,需要交纳车船使用税的机型,机械台班使用费单价中已包括车船使用税、保险费、年检费等其他费用。

4. 零星小型机械对定额影响不大的,合并为其他机械费,按占机械使用费的百分比计算,以“元”表示,其费用已计入机械使用费内。具体占机械费的百分数,详见各册说明。

十一、施工仪器仪表台班消耗量的确定:

1. 本定额的施工仪器仪表消耗量是按冶金施工企业的现场校验仪器仪表配备情况综合取定的,实际与定额不符时,除各章另有说明外,均不作调整。

2. 凡单位价值在 2000 元以内、使用年限在两年以内的不构成固定资产的施工仪器仪表等未进入定额,已在建筑安装工程费用定额中考虑。

3. 施工仪器仪表台班单价,是按 2000 年建设部颁发的《全国统一安装工程施工仪器仪表台班费用定额》计算的。

十二、关于水平和垂直运输:

1. 设备:包括自安装现场指定堆放地点运至安装地点的水平和垂直运输。

2. 材料、成品、半成品:包括自施工单位现场仓库或现场指定堆放地点运至建筑安装地点的水平和垂直运输。

3. 垂直运输基准面:室内以室内地平面为基准面,室外以安装现场地平面为基准面。

十三、本定额适用于海拔高程 2000m 以下、地震烈度七度以下的地区，超过上述情况时，可结合具体情况，由建设单位与施工单位在合同中约定。

十四、本定额中注有“XXX 以内”或“XXX 以下”者均包括 XXX 本身，“XXX 以外”或“XXX 以上”者均不包括 XXX 本身。

十五、本说明未尽事宜，详见各册和各章、节的说明。

目　　录

第八章　屋面及防水工程

第九章　防腐、保温、隔热工程

第十章 装饰工程

第十一章 建筑工程垂直运输

第十二章　高层建筑超高增加费

附录　混凝土、砂浆配合比

册 说 明

一、本册定额计算建筑面积规定，执行 GB/T 50353—2005《建筑工程建筑面积计算规范》(以下简称《规范》)。本册说明仅列出《规范》中“计算建筑面积的规定”内容，其他未列出内容详见《规范》。

二、《冶金工业建设工程预算定额》(2012 年版)第一册《土建工程》(上、下册)内容包括：土石方工程，脚手架工程，砌筑工程，混凝土及钢筋混凝土工程，混凝土构件运输及安装，门窗，楼地面工程，屋面及防水工程，防腐、保温、隔热工程，装饰工程，建筑工程垂直运输，高层建筑超高增加费，附录为混凝土、砂浆配合比。

三、本册定额的工效是按檐高 20m 以下为准编制的，超过 20m 的建筑物另按规定计取高层建筑超高增加费。

四、本册定额工作内容仅注明主要工序，次要工序虽未说明但已包括在定额中。

五、本册定额中的混凝土、砂浆及防腐砂浆是按常用标准列入定额，若设计要求与定额不同时，允许换算。

六、本册定额中的材料、辅助材料、零星材料等凡能计量的材料、成品、半成品均按品种、规格逐一列出数量，并计取相应损耗。对次要和零星的材料未一一列出，均包括在其他材料费中，以“元”表示。

七、本册定额项目内用量极少的中小型机械(含小型工具)以其他机具费的形式列入定额以“元”表示。

八、本册定额的工程水、电消耗已包括在定额子目中，不得重复计取。

建筑面积计算规则

一、单层建筑物的建筑面积，应按其外墙勒脚以上结构外围水平面积计算，并应符合下列规定：

1. 单层建筑物高度在2.20m及以上者应计算全面积；高度不足2.20m者应计算1/2面积。

2. 利用坡屋顶内空间时，顶板下表面至楼面的净高超过2.10m的部位应计算全面积；净高在1.20～2.10m的部位应计算1/2面积；净高不足1.20m的部位不应计算面积。

二、单层建筑物内设有局部楼层者，局部楼层的二层及以上楼层，有围护结构的应按其围护结构外围水平面积计算，无围护结构的应按其结构底板水平面积计算。层高在2.20m及以上者应计算全面积；层高不足2.20m者应计算1/2面积。

三、多层建筑物首层应按其外墙勒脚以上结构外围水平面积计算；二层及以上楼层应按其外墙结构外围水平面积计算。层高在2.20m及以上者应计算全面积；层高不足2.20m者应计算1/2面积。

四、多层建筑坡屋顶内和场馆看台下，当设计加以利用时净高超过2.10m的部位应计算全面积；净高在1.20～2.10m的部位应计算1/2面积；当设计不利用或室内净高不足1.20m时不应计算面积。

五、地下室、半地下室（车间、商店、车站、车库、仓库等），包括相应的有永久性顶盖的出入口，应按其外墙上口（不包括采光井、外墙防潮层及其保护墙）外边线所围水平面积计算。层高在2.20m及以上者应计算全面积；层高不足2.20m者应计算1/2面积。

六、坡地的建筑物吊脚架空层、深基础架空层，设计加以利用并有围护结构的，层高在2.20m及以上的部位应计算全面积；层高不足 2.20m 的部位应计算 1/2 面积。设计加以利用、无围护结构的建筑吊脚架空层，应按其利用部位水平面积的 1/2 计算；设计不利用的深基础架空层、坡地吊脚架空层、多层建筑坡屋顶内、场馆看台下的空间不应计算面积。

七、建筑物的门厅、大厅按一层计算建筑面积。门厅、大厅内设有回廊时，应按其结构底板水平面积计算。回廊层高在 2.20m 及以上者应计算全面积；层高不足 2.20m 者应计算 1/2 面积。

八、建筑物间有围护结构的架空走廊，应按其围护结构外围水平面积计算，层高在 2.20m 及以上者应计算全面积；层高不足 2.20m 者应计算 1/2 面积。有永久性顶盖无围护结构的应按其结构底板水平面积的 1/2 计算。

九、立体书库、立体仓库、立体车库，无结构层的应按一层计算，有结构层的应按其结构层面积分别计算。层高在 2.20m 及以上者应计算全面积；层高不足 2.20m 者应计算 1/2 面积。

十、有围护结构的舞台灯光控制室，应按其围护结构外围水平面积计算。层高在 2.20m 及以上者应计算全面积；层高不足 2.20m 者应计算 1/2 面积。

十一、建筑物外有围护结构的落地橱窗、门斗、挑廊、走廊、檐廊，应按其围护结构外围水平面积计算。层高在 2.20m 及以上者应计算全面积；层高不足 2.20m 者应计算 1/2 面积。有永久性顶盖无围护结构的应按其结构底板水平面积的 1/2 计算。

十二、有永久性顶盖无围护结构的场馆看台应按其顶盖水平投影面积的 1/2 计算。

十三、建筑物顶部有围护结构的楼梯间、水箱间、电梯机房等，层高在 2.20m 及以上者应计算全面积；层高不足 2.20m 者应计算 1/2 面积。

十四、设有围护结构不垂直于水平面而超出底板外沿的建筑物，应按其底板面的外围水平面积计算。层高在 2.20m 及以上者应计算全面积；层高不足 2.20m 者应计算 1/2 面积。

十五、建筑物内的室内楼梯间、电梯井、观光电梯井、提物井、管道井、通风排气竖井、垃圾道、附墙烟囱应按建筑物的自然层计算。

十六、雨篷结构的外边线至外墙结构外边线的宽度超过 2.10m 者，应按雨篷结构板的水平投影面积的 1/2 计算。

十七、有永久性顶盖的室外楼梯，应按建筑物自然层的水平投影面积的 1/2 计算。

十八、建筑物的阳台均应按其水平投影面积的 1/2 计算。

十九、有永久性顶盖无围护结构的车棚、货棚、站台、加油站、收费站等，应按其顶盖水平投影面积的 1/2 计算。

二十、高低联跨的建筑物，应以高跨结构外边线为界分别计算建筑面积；其高低跨内部连通时，其变形缝应计算在低跨面积内。

二十一、以幕墙作为围护结构的建筑物，应按幕墙外边线计算建筑面积。

二十二、建筑物外墙外侧有保温隔热层的，应按保温隔热层外边线计算建筑面积。

二十三、建筑物内的变形缝，应按其自然层合并在建筑物面积内计算。

二十四、下列项目不应计算面积：

1. 建筑物通道(骑楼、过街楼的底层)。

2. 建筑物内的设备管道夹层。

3. 建筑物内分隔的单层房间,舞台及后台悬挂幕布、布景的天桥、挑台等。

4. 屋顶水箱、花架、凉棚、露台、露天游泳池。

5. 建筑物内的操作平台、上料平台、安装箱和罐体的平台。

6. 勒脚、附墙柱、垛、台阶、墙面抹灰、装饰面、镶贴块料面层、装饰性幕墙、空调室外机搁板(箱)、飘窗、构件、配件、宽度在2.10m及以内的雨篷以及与建筑物内不相连通的装饰性阳台、挑廊。

7. 无永久性顶盖的架空走廊、室外楼梯和用于检修、消防等的室外钢楼梯、爬梯。

8. 自动扶梯、自动人行道。

9. 独立烟囱、烟道、地沟、油(水)罐、气柜、水塔、贮油(水)池、贮仓、栈桥、地下人防通道、地铁隧道。

第七章　楼地面工程

说　　明

一、本章包括楼地面垫层、楼地面找平层、楼地面面层、栏杆扶手4节，共162个子目。

二、本章水泥砂浆、水泥石子浆、混凝土等配合比，如设计规定与定额不同时，可以换算。

三、整体面层、块料面层中的楼地面子目，均不包括踢脚板工料；楼梯不包括踢脚板、侧面及板底抹灰，另按相应定额子目计算。

四、踢脚板高度是按150mm编制的，超过时材料用量可以调整，人工、机械用量不变。

五、菱苦土地面、现浇水磨石定额子目已包括酸洗打蜡工料，其余子目均不包括酸洗打蜡。

六、扶手、栏杆、栏板适用于楼梯、走廊、回廊及其他装饰性栏杆、栏板。扶手不包括弯头制安，另按弯头单项定额计算。

七、台阶不包括嵌边、侧面装饰。

八、定额中的“零星装饰”子目，适用于小便池、蹲位、池槽等。本定额未列的子目，可按墙、柱面中相应定额计算。

九、木地板中的硬、杉、松木板，是按毛料厚度25mm编制的，设计厚度与定额厚度不同时，可以换算。

十、地面伸缩缝按第九章相应子目及规定计算。

十一、碎石、砾石灌沥青垫层按第九章相应子目计算。

十二、钢筋混凝土垫层按混凝土垫层子目执行，其钢筋部分按第四章相应子目及规定计算。

十三、各种明沟平均净空断面(深×宽)均按190mm×260mm计算的，断面不同时允许换算。

十四、耐磨、不发火地面，环氧自流平地面，定额材料用量与实际不相符时可进行调整。

十五、水泥砂浆一次抹光随打随抹套用加浆抹光5mm子目。

工程量计算规则

一、地面垫层按室内主墙间净空面积乘以设计厚度以立方米（m^3）计算。应扣除凸出地面的构筑物、设备基础、室内管道、地沟等所占体积，不扣除柱、垛、间壁墙、附墙烟囱及面积在0.3m^2以内孔洞所占体积。

二、整体面层、找平层均按主墙间净空面积以平方米（m^2）计算。应扣除凸出地面构筑物、设备基础、室内管道、地沟等所占面积，不扣除柱、垛、间壁墙、附墙烟囱及面积在0.3m^2以内的孔洞所占面积，但门洞、空圈、暖气包槽、壁龛的开口部分亦不增加。

三、块料面层，按图示尺寸实铺面积以平方米（m^2）计算，门洞、空圈、暖气包槽和壁龛的开口部分的工程量并入相应的面层内计算。

四、楼梯面层（包括踏步、平台以及小于500mm宽的楼梯井）按水平投影面积计算。

五、台阶面层（包括踏步及最上一层踏步沿按300mm宽）按水平投影面积计算。

六、其他：

1. 踢脚板按延长米计算，洞口、空圈长度不予扣除，洞口、空圈、垛、附墙烟囱等侧壁长度亦不增加。
2. 散水、防滑坡道按图示尺寸以平方米（m^2）计算。
3. 栏杆、扶手包括弯头长度按延长米计算。
4. 防滑条按楼梯踏步两端距离减300mm以延长米计算。
5. 明沟按图示尺寸以延长米计算。
6. 扶手、栏板栏杆的主要材料用量，其设计与定额不同时应调整，但人工机械消耗量不变。

一、楼地面垫层工程

工作内容：拌和、铺设、找平、夯实。　　　　单位：$10m^3$

定额编号				1-7-1	1-7-2	1-7-3
项目				灰土	三合土或四合土	砂
基价（元）				**767.13**	**1336.16**	**964.06**
其中	人工费（元）			471.75	471.75	255.68
	材料费（元）			282.80	846.38	703.80
	机械费（元）			12.58	18.03	4.58
名称		单位	单价（元）	数量		
人工	综合工日	工日	75.00	6.290	6.290	3.409
材料	灰土 3∶7	m^3	28.00	10.100	-	-
	三合土 1∶3∶6 碎砖	m^3	83.80	-	10.100	-
	中砂	m^3	60.00	-	-	11.530
	水	t	4.00	-	-	3.000
机械	夯实机（电动）20～62N·m	台班	33.64	0.374	0.536	0.136

工作内容：铺设、找平、夯实、调制砂浆、灌缝。 单位：$10m^3$

定额编号				1-7-4	1-7-5	1-7-6	1-7-7
项目				砂石		毛石	
				人工级配	天然级配	干铺	灌浆
基价（元）				**1233.28**	**1105.11**	**1303.13**	**1792.00**
其中	人工费（元）			429.68	415.05	383.18	622.88
	材料费（元）			796.74	683.20	911.64	1118.63
	机械费（元）			6.86	6.86	8.31	50.49
名称		单位	单价（元）	数量			
人工	综合工日	工日	75.00	5.729	5.534	5.109	8.305
材料	中砂	m^3	60.00	4.880	–	2.750	–
	砾石 10mm	m^3	54.00	9.110	–	–	–
	天然砂石	m^3	55.00	–	12.240	–	–
	毛石	m^3	61.00	–	–	12.240	12.240
	混合砂浆 M2.5	m^3	136.80	–	–	–	2.690
	水	t	4.00	3.000	2.500	–	1.000
机械	夯实机（电动）20～62N·m	台班	33.64	0.204	0.204	0.247	0.417
	灰浆搅拌机 200L	台班	126.18	–	–	–	0.289

工作内容:同前

单位:10m³

定额编号				1-7-8	1-7-9	1-7-10	1-7-11
项目				碎砖		砾(碎)石	
				干铺	灌浆	干铺	灌浆
基价(元)				**1067.16**	**1436.43**	**1115.40**	**1536.40**
其中	人工费(元)			355.73	532.35	355.73	519.60
	材料费(元)			704.00	867.62	752.24	970.75
	机械费(元)			7.43	36.46	7.43	46.05
名称		单位	单价(元)	数量			
人工	综合工日	工日	75.00	4.743	7.098	4.743	6.928
材料	碎砖	m³	43.00	13.200	13.200	–	–
	粗砂	m³	60.00	2.140	–	2.900	–
	混合砂浆 M2.5	m³	136.80	–	2.120	–	2.840
	砾石 30mm	m³	52.00	–	–	11.120	11.120
	水	t	4.00	2.000	2.500	–	1.000
机械	夯实机(电动) 20~62N·m	台班	33.64	0.221	0.221	0.221	0.221
	灰浆搅拌机 200L	台班	126.18	–	0.230	–	0.306

工作内容：同前　　　　单位：$10m^3$

定额编号				1-7-12	1-7-13	1-7-14	1-7-15
项目				原土夯砾石	炉(矿)渣		
					干铺	水泥石灰拌和	石灰拌和
基价（元）				**609.69**	**739.70**	**1718.83**	**1030.05**
其中	人工费（元）			345.53	183.60	579.53	517.05
	材料费（元）			264.16	556.10	1139.30	513.00
	机械费（元）			–	–	–	–
名称		单位	单价(元)	数量			
人工	综合工日	工日	75.00	4.607	2.448	7.727	6.894
材料	砾石 40mm	m^3	52.00	5.080	–	–	–
	炉(矿)渣	m^3	45.00	–	12.180	–	–
	水泥石灰炉渣 1∶1∶8	m^3	112.01	–	–	10.100	–
	石灰炉渣（1∶3）	m^3	50.00	–	–	–	10.100
	水	t	4.00	–	2.000	2.000	2.000

工作内容:混凝土搅拌、捣固、养护。

单位:$10m^3$

定额编号				1-7-16	1-7-17
项目				混凝土	炉(矿)渣混凝土
基价(元)				**2587.38**	**2045.83**
其中	人工费(元)			780.98	577.58
	材料费(元)			1538.54	1197.98
	机械费(元)			267.86	270.27
名称		单位	单价(元)	数量	
人工	综合工日	工日	75.00	10.413	7.701
材料	现浇混凝土 C10-30(砾石)	m^3	150.35	10.100	-
	炉渣混凝土 50 号	m^3	115.88	-	10.200
	水	t	4.00	5.000	4.000
机械	混凝土搅拌机(机动) 400L 以内	台班	301.75	0.859	0.867
	混凝土振捣器 平板式 BL11	台班	13.76	0.629	0.629

注:混凝土垫层按不分格考虑,分格者另行处理。

二、楼地面找平层

工作内容：清理基层、调运砂浆、抹平、压实、混凝土搅拌、捣平、刷素水泥浆。　　单位：100m²

<table>
<tr><td colspan="4">定额编号</td><td>1-7-18</td><td>1-7-19</td><td>1-7-20</td><td>1-7-21</td><td>1-7-22</td></tr>
<tr><td colspan="4" rowspan="2">项目</td><td colspan="3">水泥砂浆(20mm)</td><td colspan="2">细石混凝土</td></tr>
<tr><td>混凝土或硬基层上</td><td>在填充材料上</td><td>每增减5mm</td><td>30mm</td><td>每增减5mm</td></tr>
<tr><td colspan="4">基价（元）</td><td>982.13</td><td>1056.66</td><td>199.13</td><td>1220.27</td><td>199.08</td></tr>
<tr><td rowspan="3">其中</td><td colspan="3">人工费（元）</td><td>488.33</td><td>500.48</td><td>87.98</td><td>508.13</td><td>87.98</td></tr>
<tr><td colspan="3">材料费（元）</td><td>466.92</td><td>521.86</td><td>104.71</td><td>632.39</td><td>97.66</td></tr>
<tr><td colspan="3">机械费（元）</td><td>26.88</td><td>34.32</td><td>6.44</td><td>79.75</td><td>13.44</td></tr>
<tr><td colspan="2">名称</td><td>单位</td><td>单价(元)</td><td colspan="5">数量</td></tr>
<tr><td>人工</td><td>综合工日</td><td>工日</td><td>75.00</td><td>6.511</td><td>6.673</td><td>1.173</td><td>6.775</td><td>1.173</td></tr>
<tr><td rowspan="4">材料</td><td>水泥砂浆 1：3</td><td>m³</td><td>205.32</td><td>2.020</td><td>2.530</td><td>0.510</td><td>–</td><td>–</td></tr>
<tr><td>素水泥浆</td><td>m³</td><td>497.74</td><td>0.100</td><td>–</td><td>–</td><td>0.100</td><td>–</td></tr>
<tr><td>水</td><td>t</td><td>4.00</td><td>0.600</td><td>0.600</td><td>–</td><td>0.600</td><td>–</td></tr>
<tr><td>现浇混凝土 C20－10(砾石)</td><td>m³</td><td>191.49</td><td>–</td><td>–</td><td>–</td><td>3.030</td><td>0.510</td></tr>
<tr><td rowspan="3">机械</td><td>灰浆搅拌机 200L</td><td>台班</td><td>126.18</td><td>0.213</td><td>0.272</td><td>0.051</td><td>–</td><td>–</td></tr>
<tr><td>混凝土搅拌机(机动) 400L以内</td><td>台班</td><td>301.75</td><td>–</td><td>–</td><td>–</td><td>0.255</td><td>0.043</td></tr>
<tr><td>混凝土振捣器 平板式 BL11</td><td>台班</td><td>13.76</td><td>–</td><td>–</td><td>–</td><td>0.204</td><td>0.034</td></tr>
</table>

三、楼地面面层

1. 整体面层

工作内容：清理基层、调运砂浆、刷素水泥浆、抹面、压光、养护。　　　　单位：见表

<table>
<tr><td colspan="4">定额编号</td><td>1-7-23</td><td>1-7-24</td><td>1-7-25</td><td>1-7-26</td><td>1-7-27</td></tr>
<tr><td colspan="4" rowspan="2">项目</td><td colspan="5">水泥砂浆</td></tr>
<tr><td>楼地面 20mm</td><td>楼梯 20mm</td><td>台阶 20mm</td><td>加浆抹光 5mm</td><td>踢脚板
12mm + 8mm</td></tr>
<tr><td colspan="4">单位</td><td colspan="4">100m²</td><td>100m</td></tr>
<tr><td colspan="4">基价（元）</td><td>1316.26</td><td>3418.10</td><td>2774.00</td><td>741.78</td><td>390.72</td></tr>
<tr><td rowspan="3">其中</td><td colspan="3">人工费（元）</td><td>654.75</td><td>2526.45</td><td>1790.78</td><td>453.90</td><td>318.75</td></tr>
<tr><td colspan="3">材料费（元）</td><td>634.63</td><td>843.32</td><td>940.32</td><td>281.44</td><td>66.54</td></tr>
<tr><td colspan="3">机械费（元）</td><td>26.88</td><td>48.33</td><td>42.90</td><td>6.44</td><td>5.43</td></tr>
<tr><td colspan="2">名称</td><td>单位</td><td>单价（元）</td><td colspan="5">数量</td></tr>
<tr><td>人工</td><td>综合工日</td><td>工日</td><td>75.00</td><td>8.730</td><td>33.686</td><td>23.877</td><td>6.052</td><td>4.250</td></tr>
<tr><td rowspan="6">材料</td><td>水泥砂浆 1:2.5</td><td>m³</td><td>227.55</td><td>2.020</td><td>2.690</td><td>2.990</td><td>–</td><td>0.120</td></tr>
<tr><td>水泥砂浆 1:3</td><td>m³</td><td>205.32</td><td>–</td><td>–</td><td>–</td><td>–</td><td>0.180</td></tr>
<tr><td>素水泥浆</td><td>m³</td><td>497.74</td><td>0.100</td><td>0.130</td><td>0.150</td><td>–</td><td>–</td></tr>
<tr><td>水泥砂浆 1:1</td><td>m³</td><td>306.36</td><td>–</td><td>–</td><td>–</td><td>0.510</td><td>–</td></tr>
<tr><td>水</td><td>t</td><td>4.00</td><td>3.800</td><td>5.050</td><td>5.620</td><td>3.800</td><td>0.570</td></tr>
<tr><td>草袋</td><td>m²</td><td>5.00</td><td>22.000</td><td>29.260</td><td>32.560</td><td>22.000</td><td>–</td></tr>
<tr><td>机械</td><td>灰浆搅拌机 200L</td><td>台班</td><td>126.18</td><td>0.213</td><td>0.383</td><td>0.340</td><td>0.051</td><td>0.043</td></tr>
</table>

注：水泥砂浆楼地面面层厚度每增减 5mm，按水泥砂浆找平层设增减 5mm 项目执行。

工作内容：清扫基层、调制石子浆、刷素水泥浆、找平抹面、磨光、补砂眼、理光、上草酸、打蜡、擦光、嵌条、调色，彩色镜面水磨石还包括油石抛光。

单位：100m²

定额编号				1-7-28	1-7-29	1-7-30	1-7-31
项目				水磨石楼地面			
				不嵌条	嵌条	分格调色	彩色镜面
				15mm			20mm
基价（元）				**4788.70**	**5464.83**	**6079.41**	**10691.55**
其中	人工费（元）			3003.90	3599.33	3831.38	5918.55
	材料费（元）			1523.46	1604.16	1986.69	4140.75
	机械费（元）			261.34	261.34	261.34	632.25
名称		单位	单价（元）	数量			
人工	综合工日	工日	75.00	40.052	47.991	51.085	78.914
材料	水泥白石子浆 1∶1.25	m^3	598.43	1.730	1.730	–	–
	白水泥白石子浆 1∶2.5	m^3	819.55	–	–	1.730	2.490
	素水泥浆	m^3	497.74	0.100	0.100	0.100	0.100
	普通硅酸盐水泥 32.5	kg	0.33	26.000	26.000	26.000	26.000
	金刚石（三角形）	块	6.40	30.000	30.000	30.000	45.000
	金刚石 200mm×75mm×50mm	块	18.00	3.000	3.000	3.000	5.000

续前

单位：100m²

定额编号				1-7-28	1-7-29	1-7-30	1-7-31
项目				水磨石楼地面			
				不嵌条	嵌条	分格调色	彩色镜面
				15mm			20mm
材料	玻璃 3mm	m^2	15.00	–	5.380	5.380	5.380
	草酸	kg	4.50	1.000	1.000	1.000	1.000
	硬白蜡	kg	6.00	2.650	2.650	2.650	2.650
	煤油	kg	4.20	4.000	4.000	4.000	4.000
	油漆溶剂油	kg	4.87	0.530	0.530	0.530	0.530
	清油	kg	8.80	0.530	0.530	0.530	0.530
	棉纱头	kg	6.34	1.100	1.100	1.100	1.100
	草袋	m^2	5.00	22.000	22.000	22.000	22.000
	油石	块	22.00	–	–	–	63.000
	水	t	4.00	5.600	5.600	5.600	8.900
机械	灰浆搅拌机 200L	台班	126.18	0.247	0.247	0.247	0.264
	平面水磨石机 3kW	台班	25.12	9.163	9.163	9.163	23.843

注：彩色镜面磨石是指高级水磨石，除质量要求达到规范要求外，其操作工序应按“五浆五磨”研磨，七道“抛光”工序施工。

工作内容:同前　　　　单位:100m²

定额编号				1-7-32	1-7-33	1-7-34	1-7-35	1-7-36
项目				水磨石踢脚板	水磨石楼梯		水磨石台阶	
				12mm+8mm	15mm+15mm		15mm+15mm	增减5mm
				100m	不分色	分色		
基价(元)				**1972.46**	**14207.19**	**15391.87**	**14189.45**	**855.09**
其中	人工费(元)			1744.58	11494.13	12233.63	11308.65	105.23
	材料费(元)			222.45	2644.42	3089.60	2816.45	740.14
	机械费(元)			5.43	68.64	68.64	64.35	9.72
名称		单位	单价(元)	数量				
人工	综合工日	工日	75.00	23.261	153.255	163.115	150.782	1.403
材料	水泥白石子浆 1:2.5	m³	631.71	0.150	2.370	–	2.570	0.510
	白水泥白石子浆 1:2.5	m³	819.55	–	–	2.370	–	0.510
	水泥砂浆 1:2.5	m³	227.55	0.180	2.080	2.080	2.240	–
	素水泥浆	m³	497.74	–	0.140	0.140	0.150	–
	普通硅酸盐水泥 32.5	kg	0.33	3.900	35.000	35.000	38.000	–

续前

单位：100m²

定额编号				1-7-32	1-7-33	1-7-34	1-7-35	1-7-36
项目				水磨石踢脚板	水磨石楼梯		水磨石台阶	
				12mm+8mm	15mm+15mm		15mm+15mm	增减5mm
				100m	不分色	分色		
材料	107胶素水泥浆	m^3	650.00	0.030	–	–	–	–
	金刚石200mm×75mm×50mm	块	18.00	3.000	19.000	19.000	18.000	–
	草酸	kg	4.50	0.150	1.370	1.370	1.490	–
	硬白蜡	kg	6.00	0.400	3.620	3.620	3.920	–
	煤油	kg	4.20	0.600	5.460	5.460	5.920	–
	油漆溶剂油	kg	4.87	0.080	0.720	0.720	0.780	–
	清油	kg	8.80	0.080	0.720	0.720	0.780	–
	棉纱头	kg	6.34	0.300	1.500	1.500	1.630	–
	草袋	m^2	5.00	–	30.000	30.000	32.560	–
	水	t	4.00	0.840	7.640	7.640	8.290	–
机械	灰浆搅拌机200L	台班	126.18	0.043	0.544	0.544	0.510	0.077

工作内容：清理基层、调制石子浆、刷素水泥浆、抹面。 单位：100m²

定额编号				1-7-37	1-7-38	1-7-39
项目				水泥豆石浆		
				地面	楼梯	每增减
				15mm	底 20mm 面 15mm	5mm
基价（元）				**1837.21**	**6037.64**	**268.82**
其中	人工费（元）			1122.00	4379.03	87.98
	材料费（元）			694.77	1592.11	174.40
	机械费（元）			20.44	66.50	6.44
名称		单位	单价(元)	数量		
人工	综合工日	工日	75.00	14.960	58.387	1.173
材料	水泥豆石浆	m³	341.97	1.520	2.010	0.510
	水泥砂浆 1：2.5	m³	227.55	–	2.960	–
	素水泥浆	m³	497.74	0.100	0.130	–
	草袋	m²	5.00	22.000	29.260	–
	水	t	4.00	3.800	5.050	–
机械	灰浆搅拌机 200L	台班	126.18	0.162	0.527	0.051

工作内容::明沟包括土方、混凝土垫层、砌砖或浇捣混凝土、水泥砂浆面层。 单位:10m

定额编号				1-7-40	1-7-41	1-7-42
项目				混凝土明沟	砖明沟	
					靠墙	离墙
基价(元)				**579.36**	**554.88**	**550.71**
其中	人工费(元)			295.80	283.05	253.13
	材料费(元)			263.31	255.57	281.32
	机械费(元)			20.25	16.26	16.26
名称		单位	单价(元)	数量		
人工	综合工日	工日	75.00	3.944	3.774	3.375
材料	水泥砂浆 1:2.5	m^3	227.55	0.120	0.150	0.160
	现浇混凝土 C10－30(砾石)	m^3	150.35	0.310	0.500	0.480
	现浇混凝土 C15－10(砾石)	m^3	179.05	0.440	–	–
	普通黏土砖(红砖)240mm×115mm×53mm	千块	300.00	–	0.370	0.450
	水泥砂浆 M5	m^3	137.68	–	0.140	0.170
	模板板方材	m^3	1600.00	0.060	–	–
	铁钉	kg	4.86	0.560	–	–
	水	t	4.00	0.200	0.600	0.600
	草袋	m^2	5.00	1.210	1.710	1.380
	水泥弯头 ϕ100	个	5.04	1.000	1.000	1.000
机械	灰浆搅拌机 200L	台班	126.18	0.017	0.026	0.026
	混凝土搅拌机(机动)400L 以内	台班	301.75	0.060	0.043	0.043

工作内容:1. 清理基层、浇捣混凝土、面层抹灰压实。2. 菱苦土地包括:调制菱苦土砂浆、打蜡等。　　单位:100m²

定额编号				1-7-43	1-7-44	1-7-45
项目				混凝土散水面层 一次抹光厚60mm	水泥砂浆 防滑坡道	菱苦土地面 底15mm,面10mm
基价(元)				**2870.39**	**1769.87**	**2985.05**
其中	人工费(元)			1048.73	917.40	1286.48
	材料费(元)			1629.69	806.29	1698.57
	机械费(元)			191.97	46.18	–
名称		单位	单价(元)	数		量
人工	综合工日	工日	75.00	13.983	12.232	17.153
材料	现浇混凝土 C15－10(砾石)	m³	179.05	7.110	–	–
	水泥砂浆 1:1	m³	306.36	0.510	–	–
	水泥砂浆 1:2	m³	243.72	–	2.580	–
	素水泥浆	m³	497.74	–	0.100	–
	菱苦土	kg	0.40	–	–	1252.000
	氯化镁	kg	0.80	–	–	909.000
	粗砂	m³	60.00	0.010	–	0.500

续前

单位：100m²

定额编号				1-7-43	1-7-44	1-7-45
项目				混凝土散水面层 一次抹光厚 60mm	水泥砂浆 防滑坡道	菱苦土地面 底 15mm，面 10mm
材料	石油沥青 30 号	kg	3.80	1.110	-	-
	木柴	kg	0.95	0.400	-	-
	模板板方材	m^3	1600.00	0.040	-	-
	锯木屑	m^3	10.00	0.600	-	2.630
	草袋	m^2	5.00	22.000	22.440	-
	色粉	kg	4.20	-	-	76.000
	硬白蜡	kg	6.00	-	-	2.650
	煤油	kg	4.20	-	-	3.960
	油漆溶剂油	kg	4.87	-	-	2.000
	清油	kg	8.80	-	-	6.000
	水	t	4.00	3.800	3.880	-
机械	灰浆搅拌机 200L	台班	126.18	0.077	0.366	-
	混凝土搅拌机（机动）400L 以内	台班	301.75	0.604	-	-

工作内容:1.金属嵌条包括:划线、定位。2.金属防滑条包括:钻眼、打木楔、安装。3.金刚砂、缸砖包括:搅拌砂浆、敷设。　单位:100m

定额编号				1-7-46	1-7-47	1-7-48	1-7-49
项目				水磨石	防滑条		
				嵌金属条	金属条	金刚砂	缸砖
基价(元)				**1072.59**	**1431.63**	**335.51**	**1284.86**
其中	人工费(元)			46.58	347.48	137.70	253.73
	材料费(元)			1022.61	1048.68	197.81	1031.13
	机械费(元)			3.40	35.47	–	–
名称		单位	单价(元)	数量			
人工	综合工日	工日	75.00	0.621	4.633	1.836	3.383
材料	铜条 2×12	m	9.50	106.000	106.000	–	–
	金刚砂	kg	4.50	–	–	42.930	–
	缸砖防滑条 65mm	m	9.50	–	–	–	106.000
	镀锌铁丝 18~22 号	kg	5.90	0.070	–	–	–
	木螺丝 4×40	千个	17.28	–	0.420	–	–
	二等板方材 综合	m^3	1800.00	–	0.008	–	–
	钻头 $\phi10$	个	9.00	–	0.500	–	–
	普通硅酸盐水泥 32.5	kg	0.33	–	–	14.000	–
	素水泥浆	m^3	497.74	–	–	–	0.010
	水泥砂浆 1:2	m^3	243.72	–	–	–	0.070
	棉纱头	kg	6.34	–	–	–	0.140
	水	t	4.00	3.800	3.880	–	0.300
机械	手提电钻	台班	13.33	0.255	2.661	–	–

2. 大理石面层

工作内容：清理基层、锯板磨边、贴大理石、擦缝、清理镜面、调制水泥砂浆、刷素水泥浆及成品保护。　　单位：100m^2

定额编号				1-7-50	1-7-51	1-7-52	1-7-53
项目				楼地面	楼梯	台阶	零星装饰
				水泥砂浆			
基价（元）				**22275.27**	**34098.03**	**35529.03**	**25864.29**
其中	人工费（元）			1521.08	3861.38	2843.93	3526.05
	材料费（元）			20468.44	29184.12	31634.35	21296.43
	机械费（元）			285.75	1052.53	1050.75	1041.81
名称		单位	单价（元）	数量			
人工	综合工日	工日	75.00	20.281	51.485	37.919	47.014
材料	大理石板	m^2	195.00	101.500	144.690	156.880	106.000
	水泥砂浆 1：2.5	m^3	227.55	2.020	2.760	2.990	2.020
	素水泥浆	m^3	497.74	0.100	0.140	0.150	0.110
	白水泥	kg	0.65	10.000	14.000	15.000	11.000
	麻袋	条	5.50	22.000	30.030	32.560	－
	棉纱头	kg	6.34	1.000	1.370	1.480	2.000
	锯木屑	m^3	10.00	0.600	0.820	0.900	0.670
	石料切割锯片	片	46.50	0.350	1.430	1.400	1.590
	水	t	4.00	2.600	3.550	3.850	2.890
机械	切砖机 5.5kW	台班	209.48	1.190	4.845	4.760	4.845
	灰浆搅拌机 200L	台班	126.18	0.289	0.298	0.425	0.213

工作内容：同前　　　　单位：见表

定额编号				1-7-54	1-7-55	1-7-56
项目				踢脚板		楼地面
				水泥砂浆	干粉型粘结剂	
单位				100m		$100m^2$
基价（元）				**3508.01**	**3943.41**	**24602.30**
其中	人工费（元）			401.63	437.33	1585.50
	材料费（元）			3064.34	3468.58	22767.52
	机械费（元）			42.04	37.50	249.28
名称		单位	单价（元）	数量		
人工	综合工日	工日	75.00	5.355	5.831	21.140
材料	大理石板	m^2	195.00	15.230	15.230	101.500
	水泥砂浆 1：2	m^3	243.72	0.300	–	–
	107 胶素水泥浆	m^3	650.00	0.020	–	–
	干粉型粘结剂	kg	4.67	–	105.000	600.000
	白水泥	kg	0.65	4.000	4.000	20.000
	麻袋	条	5.50	–	–	22.000
	棉纱头	kg	6.34	0.150	0.150	1.000
	锯木屑	m^3	10.00	0.090	0.090	0.600
	石料切割锯片	片	46.50	0.050	0.050	0.350
	水	t	4.00	0.400	0.400	2.600
机械	灰浆搅拌机 200L	台班	126.18	0.036	–	–
	切砖机 5.5kW	台班	209.48	0.179	0.179	1.190

3. 花岗岩面层

工作内容：清理基层、锯板磨边、贴花岗岩、擦缝、清理净面、调制水泥砂浆、刷素水泥浆。　　　　单位：$100m^2$

定额编号				1-7-57	1-7-58	1-7-59	1-7-60
项目				楼地面	楼梯	台阶	零星装饰
				水泥砂浆			
基价（元）				21377.53	32927.57	34521.92	25106.30
其中	人工费（元）			1540.88	3945.53	3196.43	3610.20
	材料费（元）			19515.29	27726.52	30075.31	20251.31
	机械费（元）			321.36	1255.52	1250.18	1244.79
名称		单位	单价（元）	数量			
人工	综合工日	工日	75.00	20.545	52.607	42.619	48.136
材料	花岗岩板	m^2	185.00	101.500	144.690	156.880	106.000
	水泥砂浆 1：2.5	m^3	227.55	2.020	2.760	2.990	2.020
	素水泥浆	m^3	497.74	0.100	0.140	0.150	0.110
	白水泥	kg	0.65	10.000	14.000	15.000	11.000
	麻袋	条	5.50	22.000	30.030	32.560	-
	棉纱头	kg	6.34	1.000	1.370	1.480	2.000
	锯木屑	m^3	10.00	0.600	0.820	0.900	0.670
	石料切割锯片	片	46.50	1.680	1.200	1.610	1.910
	水	t	4.00	2.600	3.550	3.850	2.890
机械	灰浆搅拌机 200L	台班	126.18	0.289	0.298	0.425	0.213
	切砖机 5.5kW	台班	209.48	1.360	5.814	5.712	5.814

工作内容：同前　　　　　　　　　　　　　　　　　　　　　　　　　　　　　　单位：见表

定额编号				1-7-61	1-7-62	1-7-63
项目				踢脚板		楼地面
				水泥砂浆	干粉型粘结剂	
单位				100m		$100m^2$
基价（元）				**3366.52**	**3801.91**	**23645.89**
其中	人工费（元）			404.85	440.55	1605.23
	材料费（元）			2912.51	3316.74	21755.77
	机械费（元）			49.16	44.62	284.89
名称		单位	单价（元）	数量		
人工	综合工日	工日	75.00	5.398	5.874	21.403
材料	花岗岩板	m^2	185.00	15.230	15.230	101.500
	水泥砂浆 1：2	m^3	243.72	0.300	–	–
	107 胶素水泥浆	m^3	650.00	0.020	–	–
	干粉型粘结剂	kg	4.67	–	105.000	600.000
	白水泥	kg	0.65	4.000	4.000	20.000
	麻袋	条	5.50	–	–	22.000
	棉纱头	kg	6.34	0.150	0.150	1.000
	锯木屑	m^3	10.00	0.090	0.090	0.600
	石料切割锯片	片	46.50	0.060	0.060	0.420
	水	t	4.00	0.400	0.400	2.600
机械	灰浆搅拌机 200L	台班	126.18	0.036	–	–
	切砖机 5.5kW	台班	209.48	0.213	0.213	1.360

4. 预制水磨石块面层

工作内容：清理基层、锯板磨边、贴块料、擦缝、清理净面、调制水泥砂浆或粘结剂、刷素水泥浆及成品保护。　　单位：$100m^2$

定额编号				1-7-64	1-7-65	1-7-66
项目				预制水磨石		
				楼地面	楼　梯	台　阶
				水泥砂浆		
基价（元）				**8326.17**	**13555.27**	**14050.18**
其中	人工费（元）			1445.25	3479.48	2847.75
	材料费（元）			6595.17	9416.12	10165.56
	机械费（元）			285.75	659.67	1036.87
名称		单位	单价（元）	数量		
人工	综合工日	工日	75.00	19.270	46.393	37.970
材料	水磨石板	m^2	60.00	101.500	144.690	156.880
	水泥砂浆 1∶2.5	m^3	227.55	2.020	2.760	2.990
	白水泥	kg	0.65	10.000	14.000	15.000
	棉纱头	kg	6.34	1.000	1.370	1.500
	锯木屑	m^3	10.00	0.600	0.820	0.890
	石料切割锯片	片	46.50	0.350	1.430	0.620
	水	t	4.00	2.600	3.550	3.850
机械	灰浆搅拌机 200L	台班	126.18	0.289	0.289	0.315
	切砖机 5.5kW	台班	209.48	1.190	2.975	4.760

工作内容：同前　　　　单位：见表

定额编号				1-7-67	1-7-68	1-7-69
项目				预制水磨石		
				踢脚板		楼地面
				水泥砂浆	干粉型粘结剂	
单位				100m		$100m^2$
基价（元）				**1383.38**	**1843.37**	**10732.93**
其中	人工费（元）			360.53	393.38	1536.38
	材料费（元）			982.58	1412.49	8947.27
	机械费（元）			40.27	37.50	249.28
名称		单位	单价(元)	数量		
人工	综合工日	工日	75.00	4.807	5.245	20.485
材料	水磨石板	m^2	60.00	15.230	15.230	101.500
	水泥砂浆 1∶2	m^3	243.72	0.200	–	–
	107 胶素水泥浆	m^3	650.00	0.020	–	–
	干粉型粘结剂	kg	4.67	–	105.000	600.000
	白水泥	kg	0.65	2.000	4.000	20.000
	棉纱头	kg	6.34	0.150	0.150	1.000
	锯木屑	m^3	10.00	0.090	0.090	0.600
	石料切割锯片	片	46.50	0.050	0.050	0.420
	水	t	4.00	0.390	0.390	2.600
机械	灰浆搅拌机 200L	台班	126.18	0.022	–	–
	切砖机 5.5kW	台班	209.48	0.179	0.179	1.190

5. 彩釉砖面层

工作内容：清理基层、锯板磨边、贴彩釉砖、擦缝、清理净面、调制水泥砂浆或粘结剂、刷素水泥浆。　　单位：$100m^2$

定额编号				1-7-70	1-7-71	1-7-72
项目				楼地面（每块周长）		
				600mm 以内	800mm 以内	800mm 以外
				水泥砂浆		
基价（元）				**7644.33**	**7295.58**	**7121.58**
其中	人工费（元）			2369.63	2020.88	1846.88
	材料费（元）			5032.05	5032.05	5032.05
	机械费（元）			242.65	242.65	242.65
名称		单位	单价（元）	数量		
人工	综合工日	工日	75.00	31.595	26.945	24.625
材料	彩釉地砖 400×400	m^2	46.00	102.000	102.000	102.000
	水泥砂浆 1：2	m^3	243.72	1.010	1.010	1.010
	素水泥浆	m^3	497.74	0.100	0.100	0.100
	白水泥	kg	0.65	10.000	10.000	10.000
	棉纱头	kg	6.34	1.000	1.000	1.000
	锯木屑	m^3	10.00	0.600	0.600	0.600
	石料切割锯片	片	46.50	0.320	0.320	0.320
	水	t	4.00	2.600	2.600	2.600
机械	灰浆搅拌机 200L	台班	126.18	0.145	0.145	0.145
	切砖机 5.5kW	台班	209.48	1.071	1.071	1.071

工作内容：同前　　　　单位：$100m^2$

定额编号				1-7-73	1-7-74	1-7-75
项目				楼地面（每块周长）		
				600mm 以内	800mm 以内	800mm 以外
				干粉型粘结剂		
基价（元）				**9411.15**	**9043.95**	**8810.62**
其中	人工费（元）			2576.18	2208.98	1975.65
	材料费（元）			6610.62	6610.62	6610.62
	机械费（元）			224.35	224.35	224.35
名称		单位	单价（元）	数量		
人工	综合工日	工日	75.00	34.349	29.453	26.342
材料	彩釉地砖 400×400	m^2	46.00	102.000	102.000	102.000
	干粉型粘结剂	kg	4.67	400.000	400.000	400.000
	白水泥	kg	0.65	20.000	20.000	20.000
	棉纱头	kg	6.34	1.000	1.000	1.000
	锯木屑	m^3	10.00	0.600	0.600	0.600
	石料切割锯片	片	46.50	0.320	0.320	0.320
	水	t	4.00	2.600	2.600	2.600
机械	切砖机 5.5kW	台班	209.48	1.071	1.071	1.071

工作内容:同前　　单位:见表

定额编号				1-7-76	1-7-77	1-7-78	1-7-79
项目				楼梯	台阶	踢脚板	
				水泥砂浆			干粉型粘结剂
单位				100m²		100m	
基价(元)				**11213.83**	**11012.18**	**1236.21**	**1491.90**
其中	人工费(元)			3724.28	2891.70	426.83	466.05
	材料费(元)			7162.12	7756.43	772.16	991.91
	机械费(元)			327.43	364.05	37.22	33.94
名称		单位	单价(元)	数量			
人工	综合工日	工日	75.00	49.657	38.556	5.691	6.214
材料	彩釉地砖 400×400	m²	46.00	144.690	156.880	15.300	15.300
	水泥砂浆 1:2	m³	243.72	1.380	1.490	0.200	-
	干粉型粘结剂	kg	4.67	-	-	-	60.000
	素水泥浆	m³	497.74	0.140	0.150	-	-
	白水泥	kg	0.65	14.000	15.000	2.000	4.000
	棉纱头	kg	6.34	1.400	1.500	0.150	0.150
	107 胶素水泥浆	m³	650.00	-	-	0.020	-
	锯木屑	m³	10.00	0.820	0.890	0.090	0.090
	石料切割锯片	片	46.50	1.290	1.260	0.040	0.040
	水	t	4.00	3.550	3.850	0.400	0.400
机械	灰浆搅拌机 200L	台班	126.18	0.196	0.204	0.026	-
	切砖机 5.5kW	台班	209.48	1.445	1.615	0.162	0.162

6. 水泥花砖面层

工作内容：清理基层、锯板磨边、贴水泥花砖、擦缝、清理净面、调制水泥砂浆或粘结剂。　　　　单位：100m²

定额编号					1-7-80	1-7-81	1-7-82
项目					楼地面	台阶	楼地面
					水泥砂浆		干粉型粘结剂
基价（元）					**5563.03**	**10023.69**	**7304.40**
其中	人工费（元）				1331.78	2880.23	1463.10
	材料费（元）				3963.67	6119.46	5592.02
	机械费（元）				267.58	1024.00	249.28
名称			单位	单价(元)	数量		
人工	综合工日		工日	75.00	17.757	38.403	19.508
材料	水泥花砖		m²	36.00	102.000	156.880	102.000
	水泥砂浆 1∶2		m³	243.72	1.010	1.490	–
	干粉型粘结剂		kg	4.67	–	–	400.000
	棉纱头		kg	6.34	1.000	1.480	1.000
	锯木屑		m³	10.00	0.600	0.900	0.600
	白水泥		kg	0.65	10.000	15.000	20.000
	石料切割锯片		片	46.50	0.350	1.400	0.350
	水		t	4.00	2.600	3.850	2.600
机械	灰浆搅拌机 200L		台班	126.18	0.145	0.213	–
	切砖机 5.5kW		台班	209.48	1.190	4.760	1.190

7. 缸砖面层

工作内容:清理基层、锯板磨边、贴缸砖、勾缝、清理净面、调制水泥砂浆或粘结剂。　　单位:100m²

定额编号				1-7-83	1-7-84	1-7-85	1-7-86
项目				楼地面			
				勾缝	不勾缝	勾缝	不勾缝
				水泥砂浆		干粉型粘结剂	
基价(元)				**7287.78**	**7604.66**	**9948.29**	**9337.72**
其中	人工费(元)			1698.98	1492.43	1852.58	1618.65
	材料费(元)			5346.15	5869.58	7871.36	7494.72
	机械费(元)			242.65	242.65	224.35	224.35
名称		单位	单价(元)	数量			
人工	综合工日	工日	75.00	22.653	19.899	24.701	21.582
材料	缸砖(各种规格)	m²	55.00	91.480	101.500	91.480	101.500
	水泥砂浆 1:1	m³	306.36	0.100	–	–	–
	水泥砂浆 1:2	m³	243.72	1.010	1.010	–	–
	干粉型粘结剂	kg	4.67	–	–	600.000	400.000
	棉纱头	kg	6.34	2.000	1.000	2.000	1.000
	石料切割锯片	片	46.50	0.320	0.320	0.320	0.320
	普通硅酸盐水泥 32.5	kg	0.33	–	10.000	–	20.000
	锯木屑	m³	10.00	–	0.600	–	0.600
	水	t	4.00	2.600	2.600	2.600	2.600
机械	灰浆搅拌机 200L	台班	126.18	0.145	0.145	–	–
	切砖机 5.5kW	台班	209.48	1.071	1.071	1.071	1.071

工作内容:同前

单位:见表

定额编号				1-7-87	1-7-88	1-7-89	1-7-90	1-7-91
项目				楼梯	台阶	踢脚板	零星装饰	踢脚板
				水泥砂浆				干粉型结剂
单位				$100m^2$		100m	$100m^2$	100m
基价(元)				**13372.13**	**12925.06**	**1542.52**	**10584.08**	**1860.28**
其中	人工费(元)			4043.70	2912.10	599.93	3396.60	666.83
	材料费(元)			8390.16	9088.67	905.37	6250.34	1159.51
	机械费(元)			938.27	924.29	37.22	937.14	33.94
名称		单位	单价(元)	数量				
人工	综合工日	工日	75.00	53.916	38.828	7.999	45.288	8.891
材料	缸砖(各种规格)	m^2	55.00	144.690	156.880	15.230	106.000	15.230
	水泥砂浆 1∶2	m^3	243.72	1.380	1.490	0.200	1.310	–
	干粉型粘结剂	kg	4.67	–	–	–	–	67.500
	107 胶素水泥浆	m^3	650.00	–	–	0.020	–	–
	普通硅酸盐水泥 32.5	kg	0.33	14.000	15.000	2.000	11.000	4.000
	棉纱头	kg	6.34	1.400	1.480	0.150	2.000	0.150
	锯木屑	m^3	10.00	0.820	0.880	0.090	0.670	0.090
	石料切割锯片	片	46.50	1.290	1.260	0.040	1.430	0.040
	水	t	4.00	3.550	3.850	0.400	2.890	0.400
机械	灰浆搅拌机 200L	台班	126.18	0.196	0.213	0.026	0.187	–
	切砖机 5.5kW	台班	209.48	4.361	4.284	0.162	4.361	0.162

8. 陶瓷锦砖面层

工作内容：清理基层、锯板磨边、贴陶瓷锦砖、拼花、勾缝、清理净面、调制水泥砂浆或粘结剂。　　单位：100m²

定额编号				1-7-92	1-7-93	1-7-94	1-7-95
项目				楼地面			
				不拼花	拼花	不拼花	拼花
				水泥砂浆		干粉型结剂	
基价（元）				**10895.45**	**11483.15**	**13564.66**	**14203.96**
其中	人工费（元）			2726.63	3119.33	3030.08	3474.38
	材料费（元）			8159.10	8354.10	10534.58	10729.58
	机械费（元）			9.72	9.72	–	–
名称		单位	单价（元）	数量			
人工	综合工日	工日	75.00	36.355	41.591	40.401	46.325
材料	陶瓷锦砖	m^2	78.00	101.500	104.000	101.500	104.000
	水泥砂浆 1：1	m^3	306.36	0.510	0.510	–	–
	干粉型粘结剂	kg	4.67	–	–	550.000	550.000
	素水泥浆	m^3	497.74	0.100	0.100	–	–
	白水泥	kg	0.65	20.000	20.000	40.000	40.000
	棉纱头	kg	6.34	2.000	2.000	2.000	2.000
	水	t	4.00	2.600	2.600	2.600	2.600
机械	灰浆搅拌机 200L	台班	126.18	0.077	0.077	–	–

工作内容:同前

单位:见表

定额编号				1-7-96	1-7-97	1-7-98
项目				台阶	踢脚板	
				水泥砂浆		干粉型粘结剂
单位				$100m^2$	100m	
基价(元)				**18245.07**	**1787.34**	**2300.99**
其中	人工费(元)			5613.23	555.30	685.35
	材料费(元)			12617.83	1230.90	1615.64
	机械费(元)			14.01	1.14	–
名称		单位	单价(元)	数量		
人工	综合工日	工日	75.00	74.843	7.404	9.138
材料	陶瓷锦砖	m^2	78.00	156.880	15.230	15.230
	水泥砂浆 1:1	m^3	306.36	0.750	0.080	–
	干粉型粘结剂	kg	4.67	–	–	90.000
	107 胶素水泥浆	m^3	650.00	0.150	0.020	–
	白水泥	kg	0.65	30.000	3.000	6.000
	棉纱头	kg	6.34	3.000	0.300	0.300
	水	t	4.00	3.850	0.400	0.400
机械	灰浆搅拌机 200L	台班	126.18	0.111	0.009	–

9. 拼碎块料面层

工作内容：清理基层、调制水泥砂浆、刷素水泥浆、贴面层、补缝、清理净面。　　单位：100m²

定额编号				1-7-99	1-7-100
项目				楼地面拼碎块	
				大理石	花岗岩
基价（元）				**7790.53**	**7285.63**
其中	人工费（元）			2122.28	2097.38
	材料费（元）			5633.93	5153.93
	机械费（元）			34.32	34.32
名称		单位	单价（元）	数量	
人工	综合工日	工日	75.00	28.297	27.965
材料	碎大理石板	m²	50.00	96.000	–
	碎花岗岩板	m²	45.00	–	96.000
	水泥砂浆 1∶2.5	m³	227.55	2.020	2.020
	白水泥砂浆 1∶2	m³	414.55	0.510	0.510
	素水泥浆	m³	497.74	0.100	0.100
	金刚石 200mm×75mm×50mm	块	18.00	5.000	5.000
	棉纱头	kg	6.34	2.000	2.000
	水	t	4.00	2.600	2.600
机械	灰浆搅拌机 200L	台班	126.18	0.272	0.272

10. 红(青)砖面层

工作内容:清理基层、铺砖、填缝。调制水泥砂浆。刷素水泥浆。

单位:$100m^2$

定额编号				1-7-101	1-7-102	1-7-103	1-7-104
项目				地面			
				砂浆结合层		砂结合层	
				侧铺	平铺	侧铺	平铺
基价(元)				**3543.57**	**1988.50**	**3006.75**	**1572.45**
其中	人工费(元)			900.15	587.78	640.05	374.85
	材料费(元)			2599.38	1369.55	2366.70	1197.60
	机械费(元)			44.04	31.17	–	–
名称		单位	单价(元)	数量			
人工	综合工日	工日	75.00	12.002	7.837	8.534	4.998
材料	普通黏土砖(红砖)240mm×115mm×53mm	千块	300.00	7.143	3.452	7.143	3.452
	水泥砂浆 M5	m^3	137.68	3.240	2.350	–	–
	粗砂	m^3	60.00	–	–	3.710	2.680
	水	t	4.00	2.600	2.600	0.300	0.300
机械	灰浆搅拌机 200L	台班	126.18	0.349	0.247	–	–

11. 镭射玻璃地面、块料面酸洗打蜡

工作内容：清理基层、调制水泥砂浆、刷素水泥浆、贴面层、净面、清理表面、上草酸、打蜡、磨光及成品保护。

单位：$100m^2$

定额编号				1-7-105	1-7-106	1-7-107	1-7-108
项目				镭射玻璃楼地面		块料面酸洗打蜡	
				玻璃胶	水泥砂浆	楼地面	楼梯台阶
基价（元）				**36907.57**	**37012.67**	**326.18**	**463.29**
其中	人工费（元）			1435.65	1483.50	280.50	398.48
	材料费（元）			35471.92	35492.70	45.68	64.81
	机械费（元）			–	36.47	–	–
名称		单位	单价（元）	数量			
人工	综合工日	工日	75.00	19.142	19.780	3.740	5.313
材料	镭射玻璃地砖	m^2	340.00	102.000	102.000	–	–
	水泥砂浆 1∶1	m^3	306.36	–	2.020	–	–
	玻璃胶 350g	支	6.80	96.800	–	–	–
	素水泥浆	m^3	497.74	–	0.100	–	–
	麻袋	条	5.50	22.000	22.000	–	–
	棉纱头	kg	6.34	2.000	2.000	–	–
	草酸	kg	4.50	–	–	1.000	1.420
	硬白蜡	kg	6.00	–	–	2.650	3.760
	煤油	kg	4.20	–	–	4.000	5.680
	松节油	kg	7.20	–	–	0.530	0.750
	清油	kg	8.80	–	–	0.530	0.750
	水	t	4.00	–	2.600	–	–
机械	灰浆搅拌机 200L	台班	126.18	–	0.289	–	–

12. 塑料、橡胶板面层

工作内容：清理基层、刮腻子、涂刷粘结剂、贴面层、净面、制作及预埋木砖、安装卡具及踢脚板。　　　　单位：见表

定额编号				1-7-109	1-7-110	1-7-111	1-7-112	1-7-113
项目				楼地面			塑料踢脚板	
				橡胶板	塑料板	塑料卷材	装配式	粘贴
单位				100m^2			100m	
基价（元）				**8894.15**	**4693.01**	**3049.36**	**1244.18**	**779.55**
其中	人工费（元）			1000.88	1707.90	854.25	293.25	325.13
	材料费（元）			7893.27	2985.11	2195.11	945.76	454.42
	机械费（元）			–	–	–	5.17	–
名称		单位	单价（元）	数			量	
人工	综合工日	工日	75.00	13.345	22.772	11.390	3.910	4.335
材料	橡胶板 $\delta=5$	m^2	72.60	102.000	–	–	–	–
	塑料地板	m^2	25.00	–	102.000	–	–	15.300
	塑料卷材 2.0mm	m^2	16.00	–	–	110.000	–	–
	塑料踢脚板	m	3.90	–	–	–	102.000	–
	粘结剂 CX－404	kg	8.20	54.600	45.000	45.000	–	7.430

续前

单位:见表

定额编号				1-7-109	1-7-110	1-7-111	1-7-112	1-7-113
项目				楼地面			塑料踢脚板	
				橡胶板	塑料板	塑料卷材	装配式	粘贴
材料	聚醋酸乙烯乳液	kg	4.10	1.700	1.700	1.700	–	0.280
	羧甲基纤维素	kg	20.00	0.340	0.340	0.340	–	0.060
	大白粉	kg	0.19	1.430	1.430	1.430	–	0.240
	滑石粉	kg	0.40	13.850	13.850	13.850	–	2.290
	石膏粉	kg	1.02	2.050	2.050	2.050	–	0.340
	砂纸	张	1.00	6.000	6.000	6.000	–	0.990
	棉纱头	kg	6.34	2.000	2.000	2.000	0.250	0.330
	上光蜡	kg	11.20	–	2.300	2.300	0.280	0.380
	二等板方材 综合	m^3	1800.00	–	–	–	0.227	–
	铁件	kg	5.30	–	–	–	23.740	–
	木螺丝 4×40	千个	17.28	–	–	–	0.510	–
机械	木工圆锯机 φ500mm	台班	27.63	–	–	–	0.187	–

13. 地毯及附件

工作内容：清扫基层、拼接、铺设、修边、净面、刷胶、钉压条。　　　　单位：100m^2

定额编号				1-7-114	1-7-115	1-7-116
项目				楼地面		
				不固定	单层固定	双层固定
基价（元）				**4156.98**	**5483.12**	**8025.97**
其中	人工费（元）			624.75	1562.55	2345.40
	材料费（元）			3532.23	3920.57	5680.57
	机械费（元）			–	–	–
名称		单位	单价(元)	数量		
人工	综合工日	工日	75.00	8.330	20.834	31.272
材料	化纤地毯	m^2	32.00	103.000	103.000	103.000
	地毯烫带	m	3.60	65.620	65.620	65.620
	木压条	m	1.80	–	109.370	109.370
	铝合金压条 3mm×30mm	m	4.67	–	9.770	9.770
	BX－12 粘结剂	kg	18.98	–	7.290	7.290
	钉子 2″	kg	6.80	–	1.060	1.060
	木螺丝 4×30	千个	13.50	–	0.020	0.020
	地毯胶带	m^2	16.00	–	–	110.000

工作内容：清扫基层、拼接、铺平、钉压条、修边、净面、钻眼、套管、安装。　　　　单位：见表

定额编号				1-7-117	1-7-118	1-7-119	1-7-120
项目				楼梯		踏步	
				满铺	不满铺	压辊	压板
单位				100m²		10 套	10m
基价（元）				**8992.59**	**5176.63**	**493.60**	**229.87**
其中	人工费（元）			3916.20	1377.00	79.73	35.70
	材料费（元）			5076.39	3799.63	413.87	194.17
	机械费（元）			–	–	–	–
名称		单位	单价（元）	数量			
人工	综合工日	工日	75.00	52.216	18.360	1.063	0.476
材料	化纤地毯	m²	32.00	141.100	103.000	–	–
	木压条	m	1.80	192.430	38.590	–	–
	铝合金压条 3mm×30mm	m	4.67	20.380	18.470	–	–
	钢钉	kg	6.80	5.090	0.160	–	–
	地毯烫带	m	3.60	23.620	25.730	–	–
	粘结剂 CX－404	kg	8.20	–	31.000	–	–
	不锈钢管 ϕ18mm×2mm×1500mm	根	37.00	–	–	10.100	–
	冷拔不锈钢管 ϕ25mm×3mm	m	51.00	–	–	0.250	–
	地板不锈钢压板	m	18.00	–	–	–	10.600
	半圆头镀锌螺栓 M6－12×22	套	1.45	–	–	2.000	–
	木螺丝 4×40	千个	17.28	–	–	0.021	–
	镀锌钢管 DN15	m	5.04	–	–	1.060	–
	螺杆 ϕ8mm×67mm	只	0.90	–	–	20.200	–
	棉纱头	kg	6.34	–	–	0.100	0.100
	平头机螺丝 8mm×40mm	百个	6.67	–	–	–	0.410

14. 木地板、软木橡胶地板

工作内容：清理基层、刷胶、防潮层、面层铺设等。　　单位：$100m^2$

定额编号				1-7-121	1-7-122	1-7-123
项目				长条复合地板		软木橡胶地板
				成品		
				铺在水泥地面上	铺在板材基层上	
基价（元）				**9103.82**	**9003.02**	**16778.27**
其中	人工费（元）			677.70	637.50	1062.75
	材料费（元）			8426.12	8365.52	15715.52
	机械费（元）			–	–	–
名称		单位	单价(元)	数量		
人工	综合工日	工日	75.00	9.036	8.500	14.170
材料	复合地板 国产	m^2	75.00	105.000	105.000	–
	软木橡胶地板	m^2	145.00	–	–	105.000
	石油沥青油毡 350 号	m^2	2.55	–	108.000	108.000
	BX－12 粘结剂	kg	18.98	11.000	11.000	11.000
	地板聚乙烯泡沫塑料垫 2mm	m^2	3.20	105.000	–	–
	棉纱头	kg	6.34	1.000	1.000	1.000

工作内容：木地板、龙骨、横撑、垫木的制作安装。打磨净面、涂防腐油、埋铁件等。　　单位：100m²

定额编号				1-7-124	1-7-125	1-7-126	1-7-127
项目				硬木地板			
				铺在木楞上		铺在毛地板上	
				平口	企口	平口	企口
基价（元）				**12496.91**	**13746.17**	**18538.84**	**19747.53**
其中	人工费（元）			2998.80	3332.85	3547.05	3881.10
	材料费（元）			9384.95	10262.75	14832.13	15709.93
	机械费（元）			113.16	150.57	159.66	156.50
名称		单位	单价（元）	数量			
人工	综合工日	工日	75.00	39.984	44.438	47.294	51.748
材料	一等硬木板方材 综合	m^3	2100.00	2.785	3.203	2.785	3.203
	一等木方 <54cm	m^3	1950.00	1.485	1.485	1.485	1.485
	一等松板 综合	m^3	1950.00	–	–	2.625	2.625
	铁钉	kg	4.86	15.870	15.870	26.780	26.780
	镀锌铁丝 8～12 号	kg	5.36	30.130	30.130	30.130	30.130
	预埋铁件	kg	5.50	50.010	50.010	50.010	50.010
	石油沥青油毡 350 号	m^2	2.55	–	–	108.000	108.000
	臭油水	kg	2.64	28.420	28.420	28.420	28.420
	氯化钠	kg	0.90	24.500	24.500	24.500	24.500
	煤油	kg	4.20	5.620	5.620	5.620	5.620
	棉纱头	kg	6.34	1.000	1.000	1.000	1.000
机械	手提砂轮机 ϕ150mm 以内	台班	6.00	7.582	8.755	9.095	8.568
	木工圆锯机 ϕ500mm	台班	27.63	1.003	1.403	1.658	1.658
	木工压刨床 单面 600mm	台班	48.43	0.825	1.224	1.224	1.224

工作内容：木地板、龙骨、横撑、垫木的制作安装。打磨净面、涂防腐油等。　　单位：见表

定额编号				1-7-128	1-7-129	1-7-130
项目				硬木拼花地板		成品木踢脚线
				粘贴在毛地板上	粘贴在水泥面上	
单位				100m²		100m
基价（元）				**48517.38**	**38158.83**	**3014.92**
其中	人工费（元）			5054.78	3791.85	267.15
	材料费（元）			43332.57	34271.86	2734.14
	机械费（元）			130.03	95.12	13.63
名称		单位	单价（元）	数量		
人工	综合工日	工日	75.00	67.397	50.558	3.562
材料	一等木方 <54cm	m³	1950.00	1.646	-	0.008
	一等硬木板方材 综合	m³	2100.00	2.625	-	-
	胶合板 3mm	m²	13.50	-	-	15.600
	硬木地板条（各种规格）	m²	320.00	105.000	105.000	-
	木踢脚板（成品）	m	23.00	-	-	105.000
	粘结剂 CX-404	kg	8.20	70.000	70.000	-

续前　　　　单位:见表

定额编号				1-7-128	1-7-129	1-7-130
项目				硬木拼花地板		成品木踢脚线
				粘贴在毛地板上	粘贴在水泥面上	
材料	水胶	kg	4.42	16.000	16.000	–
	铁钉	kg	4.86	15.870	–	1.281
	镀锌铁丝 8～12 号	kg	5.36	30.130	–	–
	臭油水	kg	2.64	28.420	–	4.239
	氯化钠	kg	0.90	24.500	–	–
	煤油	kg	4.20	5.620	–	0.450
	棉纱头	kg	6.34	1.000	1.000	0.300
	水	t	4.00	–	5.200	–
	BX－12 粘结剂	kg	18.98	–	–	2.550
	合金钻头 一字形	个	7.00	–	–	3.333
机械	手提砂轮机 ϕ150mm 以内	台班	6.00	17.400	15.853	–
	木工圆锯机 ϕ500mm	台班	27.63	0.451	–	0.043
	木工压刨床 单面 600mm	台班	48.43	0.272	–	–
	电锤 520kW	台班	3.51	–	–	3.545

15. 抗静电活动地板

工作内容：清洗基层、定位、安支架、横梁、铺地板、竣工清理等。 单位：100m²

定额编号				1-7-131	1-7-132
项目				抗静电活动地板	
				500×500	600×600
基价（元）				**38457.83**	**39783.83**
其中	人工费（元）			2349.83	2349.83
	材料费（元）			36108.00	37434.00
	机械费（元）			–	–
名称		单位	单价(元)	数量	
人工	综合工日	工日	75.00	31.331	31.331
材料	抗静电活动地板 500×500 含配件	m²	354.00	102.000	–
	抗静电活动地板 600×600 含配件	m²	367.00	–	102.000

16. 环氧自流平地面

工作内容:1. 地面面层包括:清理基层、环氧树脂涂料拌和、涂设自流平地面等全部过程。

2. 地面5mm包括:清理基层、打磨、自流平底涂、中涂、面涂等全部过程。

单位:100m²

定额编号				1-7-133	1-7-134
项目				环氧自流平	
				地面面层	地面5mm
基价(元)				1679.28	11320.50
其中	人工费(元)			664.28	4462.50
	材料费(元)			1015.00	6858.00
	机械费(元)			–	–
名称		单位	单价(元)	数量	
人工	综合工日	工日	75.00	8.857	59.500
材料	环氧树脂自流平涂料	kg	25.00	40.000	–
	环氧自流平底涂料	kg	25.00	–	15.000
	环氧自流平中间涂料	kg	25.00	–	170.000
	环氧自流平面涂料	kg	25.00	–	85.000
	石英砂	kg	0.40	–	270.000
	其他材料费	元	–	15.000	–

17. 铸铁、钢板地面

工作内容：清洗基层、定位、铺设20mm厚铸铁地面、基层采用水泥砂浆或砂垫层铺设，安16mm厚钢板地面、点焊固定等。 单位：$100m^2$

定额编号				1-7-135	1-7-136	1-7-137
项目				铸铁板		钢板
				$\delta=20mm$		混凝土基层0.1
				砂垫层	砂浆基层	
基价（元）				**78362.40**	**78789.97**	**48486.23**
其中	人工费（元）			958.20	1021.28	693.00
	材料费（元）			77404.20	77768.69	47437.96
	机械费（元）			–	–	355.27
名称		单位	单价（元）	数量		
人工	综合工日	工日	75.00	12.776	13.617	9.240
材料	铸铁花纹板	kg	4.80	16000.000	16000.000	–
	热轧中厚钢板 $\delta=10\sim16$	kg	3.70	–	–	12800.000
	中砂	m^3	60.00	10.070	–	–
	素水泥浆	m^3	497.74	–	0.100	–
	水泥砂浆 1:3	m^3	205.32	–	4.290	–
	预埋铁件	kg	5.50	–	–	0.300
	乙炔气	m^3	25.20	–	–	0.700
	氧气	m^3	3.60	–	–	1.740
	电焊条 结422 $\phi2.5$	kg	5.04	–	–	2.500
	其他材料费	元	–	–	38.090	39.810
机械	交流弧焊机 30kV·A	台班	216.39	–	–	1.530
	刨边机 9000mm	台班	711.64	–	–	0.034

18. 耐磨、不发火地坪

工作内容：清理基层、撒布骨料、抹平、抹光。清理基层、调运砂浆、抹面、压光、养护。　　单位：100m^2

定额编号				1-7-138	1-7-139	1-7-140
项目				耐磨、不发火地坪		不发火地坪混合型
				金属骨料	非金属骨料	白云石砂浆 20mm
基价（元）				**4541.25**	**1791.25**	**2831.74**
其中	人工费（元）			956.25	956.25	654.75
	材料费（元）			3500.00	750.00	2150.11
	机械费（元）			85.00	85.00	26.88
名称		单位	单价（元）	数量		
人工	综合工日	工日	75.00	12.750	12.750	8.730
材料	金属骨料	kg	7.00	500.000	–	–
	非金属骨料	kg	1.50	–	500.000	–
	白云石砂浆 1∶2.5	m^3	1002.43	–	–	2.020
	草袋	m^2	5.00	–	–	22.000
	水	t	4.00	–	–	3.800
机械	灰浆搅拌机 200L	台班	126.18	–	–	0.213
	其他机械费	元	–	85.000	85.000	–

四、栏杆、扶手

1. 铝合金管扶手

工作内容：放样、下料、铆接、玻璃安装、打磨抛光。　　单位：见表

定额编号				1-7-141	1-7-142	1-7-143	1-7-144	1-7-145
项目				有机半玻栏板	茶色半玻栏板	茶色全玻栏板	铝合金栏杆	铝合金弯头
单位				10m				10个
基价（元）				**2100.21**	**1749.71**	**1953.86**	**1457.47**	**269.03**
其中	人工费（元）			754.20	562.95	562.95	307.95	120.53
	材料费（元）			1340.35	1181.10	1385.25	1141.83	131.51
	机械费（元）			5.66	5.66	5.66	7.69	16.99
名称		单位	单价（元）	数量				
人工	综合工日	工日	75.00	10.056	7.506	7.506	4.106	1.607
材料	铝合金扁管 100mm×44mm×1.8mm	m	65.00	10.600	10.600	10.600	10.600	–
	铝合金方管 25×25	m	7.70	8.170	8.170	9.260	1.410	–
	铝合金 L 形 30mm×12mm×1mm	m	2.97	0.500	0.500	0.500	–	–
	铝合金 U 形 80mm×13mm×1.2mm	m	8.80	1.170	1.170	1.170	–	–

续前　　　　单位:见表

定额编号				1-7-141	1-7-142	1-7-143	1-7-144	1-7-145
项目				有机半玻栏板	茶色半玻栏板	茶色全玻栏板	铝合金栏杆	铝合金弯头
材料	铝合金方管 20×20	m	6.05	–	–	–	70.670	–
	铁件	kg	5.30	–	–	–	–	24.800
	普碳方钢 75×75 以下	kg	4.10	16.000	16.000	16.000	–	–
	有机玻璃 6mm	m^2	80.00	6.370	–	–	–	–
	茶色玻璃 6mm	m^2	55.00	–	6.370	8.240	–	–
	玻璃胶 350g	支	6.80	0.210	0.210	1.910	–	–
	拉铆钉 5×16	千个	35.82	0.001	0.001	0.001	0.001	0.002
	油灰	kg	5.00	–	–	15.320	–	–
	清油	kg	8.80	–	–	0.300	–	–
	一等硬木板方材 综合	m^3	2100.00	–	–	0.001	–	–
	钢钉	kg	6.80	–	–	–	0.600	–
	膨胀螺栓 M10～16(综合)	套	0.24	–	–	–	40.000	–
	自攻螺丝 3.5×25	千个	14.13	–	–	–	0.050	–
机械	砂轮切割机 ϕ350	台班	9.52	0.595	0.595	0.595	0.808	1.785

2. 不锈钢管扶手

工作内容:放样、下料、焊接、玻璃安装、打磨抛光。　　　　单位:见表

定额编号				1-7-146	1-7-147	1-7-148	1-7-149	1-7-150
项目				有机半玻栏板	茶色半玻栏板	茶色全玻栏板	不锈钢栏杆	弯头
单位				10m				10个
基价(元)				**3715.72**	**3365.22**	**3799.30**	**5821.65**	**458.25**
其中	人工费(元)			736.95	545.70	545.70	290.70	120.53
	材料费(元)			2844.73	2685.48	3119.56	5462.71	37.23
	机械费(元)			134.04	134.04	134.04	68.24	300.49
名称		单位	单价(元)	数量				
人工	综合工日	工日	75.00	9.826	7.276	7.276	3.876	1.607
材料	不锈钢管 ϕ75mm×2.5mm	m	139.00	10.600	10.600	10.600	–	–
	不锈钢管 ϕ60mm×2mm	m	89.00	–	–	–	10.600	–
	不锈钢管 ϕ32mm×1.5mm	m	35.00	10.290	10.290	10.290	56.930	–
	有机玻璃 6mm	m^2	80.00	6.370	–	–	–	–
	茶色玻璃 6mm	m^2	55.00	–	6.370	–	–	–
	茶色玻璃 10mm	m^2	85.00	–	–	8.240	–	–
	不锈钢 U 形卡	个	0.40	34.980	34.980	34.980	–	–

续前

单位：见表

定额编号				1-7-146	1-7-147	1-7-148	1-7-149	1-7-150
项目				有机半玻栏板	茶色半玻栏板	茶色全玻栏板	不锈钢栏杆	弯头
材料	不锈钢螺丝 φ6mm×25mm	套	0.30	34.980	34.980	34.980	–	–
	不锈钢法兰盘 65	个	37.26	11.540	11.540	11.540	57.710	–
	不锈钢氩弧焊丝 1Cr18Ni9Ti	kg	32.00	0.370	0.370	0.370	1.270	0.390
	环氧树脂（各种规格）	kg	28.60	0.300	0.300	0.300	1.500	–
	玻璃胶 350g	支	6.80	0.210	0.210	0.315	–	–
	棉纱头	kg	6.34	0.200	0.200	0.200	–	–
	氩气	m^3	15.00	1.040	1.040	1.040	3.570	1.090
	钍钨棒	kg	420.00	0.020	0.020	0.020	0.570	0.020
	油灰	kg	5.00	–	–	15.320	–	–
	清油	kg	8.80	–	–	0.320	–	–
	一等松板 综合	m^3	1950.00	–	–	0.002	–	–
机械	手持抛光机 φ150mm	台班	13.33	0.459	0.459	0.459	0.128	1.148
	交流弧焊机 30kV·A	台班	216.39	0.459	0.459	0.459	0.128	1.148
	管子切断机 φ150mm	台班	48.07	0.595	0.595	0.595	0.808	0.765

3. 塑料、钢管扶手

工作内容：焊接、安装、弯头制作、安装。

单位：见表

定额编号				1-7-151	1-7-152	1-7-153	1-7-154
项目				塑料扶手	钢管扶手	塑料弯头	钢管弯头
				型钢栏杆			
单位				10m		10个	
基价（元）				**1081.36**	**1176.40**	**60.76**	**182.44**
其中	人工费（元）			156.83	156.83	58.65	109.65
	材料费（元）			632.91	722.57	2.11	13.15
	机械费（元）			291.62	297.00	–	59.64
名称		单位	单价（元）	数量			
人工	综合工日	工日	75.00	2.091	2.091	0.782	1.462
材料	塑料扶手	m	12.60	10.600	–	–	–
	无缝钢管 ϕ50×4	m	26.02	–	10.600	–	–
	塑料粘结剂	kg	8.80	–	–	0.240	–
	塑料扶手堵头	只	0.77	0.290	–	–	–
	扁钢 边宽59mm以下	kg	4.10	47.800	34.720	–	–
	圆钢 ϕ>32	kg	4.10	54.390	55.040	–	–
	木螺丝 4×30	千个	13.50	0.104	–	–	–
	电焊条 结422 ϕ3.2	kg	6.70	2.500	2.500	–	0.420
	乙炔气	m^3	25.20	2.460	2.460	–	0.410
机械	交流弧焊机 30kV·A	台班	216.39	1.301	1.301	–	0.238
	管子切断机 ϕ60mm	台班	19.16	0.527	0.808	–	0.425

4. 硬木扶手

工作内容：制作、安装。　　　　单位：10m

定额编号				1-7-155	1-7-156	1-7-157
项目				型钢栏杆	木栏杆	弯头 10 个
基价（元）				**1151.33**	**1089.71**	**723.88**
其中	人工费（元）			205.95	449.48	483.90
	材料费（元）			650.33	640.23	239.98
	机械费（元）			295.05	–	–
名称		单位	单价(元)	数		量
人工	综合工日	工日	75.00	2.746	5.993	6.452
材料	一等硬木板方材 综合	m^3	2100.00	0.072	0.303	0.114
	扁钢 边宽 59mm 以下	kg	4.10	47.800	–	–
	圆钢 $\phi>32$	kg	4.10	54.390	–	–
	铁钉	kg	4.86	–	0.570	0.120
	木螺丝 4×30	千个	13.50	0.104	–	–
	乳胶	kg	5.80	–	0.200	–
	电焊条 结 422 $\phi3.2$	kg	6.70	2.500	–	–
	乙炔气	m^3	25.20	2.460	–	–
机械	交流弧焊机 30kV·A	台班	216.39	1.301	–	–
	管子切断机 $\phi60$mm	台班	19.16	0.706	–	–

5. 靠墙扶手

工作内容:制作、安装、支托煨弯、打洞堵混凝土。

单位:10m

定额编号				1-7-158	1-7-159	1-7-160	1-7-161	1-7-162
项目				不锈钢管	铝合金管	钢管扶手	硬木扶手	塑料扶手
基价(元)				**2417.85**	**995.78**	**530.07**	**571.97**	**449.04**
其中	人工费(元)			375.53	230.18	234.00	274.13	204.00
	材料费(元)			2011.76	759.06	265.51	279.45	221.02
	机械费(元)			30.56	6.54	30.56	18.39	24.02
名称		单位	单价(元)	数			量	
人工	综合工日	工日	75.00	5.007	3.069	3.120	3.655	2.720
材料	现浇混凝土 C20－10(砾石)	m^3	191.49	0.010	0.010	0.010	0.010	0.010
	不锈钢管 ϕ75mm×2.5mm	m	139.00	10.600	–	–	–	–
	不锈钢管 ϕ32mm×1.5mm	m	35.00	3.030	–	–	–	–
	铝合金扁管 100mm×44mm×1.8mm	m	65.00	–	10.600	–	–	–
	铝合金方管 25×25	m	7.70	–	3.030	–	–	–
	焊接钢管 DN50	m	17.54	–	–	10.600	–	–
	镀锌钢管 DN25	m	9.91	–	–	–	7.080	–
	一等硬木板方材 综合	m^3	2100.00	–	–	–	0.072	–
	塑料扶手	m	12.60	–	–	–	–	10.600
	塑料扶手堵头	只	0.77	–	–	–	–	0.270

续前 单位:10m

定额编号				1-7-158	1-7-159	1-7-160	1-7-161	1-7-162
项目				不锈钢管	铝合金管	钢管扶手	硬木扶手	塑料扶手
材料	不锈钢螺丝 ϕ6mm×25mm	套	0.30	11.000	–	–	–	–
	不锈钢法兰盘 65	个	37.26	11.110	–	–	–	–
	不锈钢氩弧焊丝 1Cr18Ni9Ti	kg	32.00	0.120	–	–	–	–
	电焊条 结422 ϕ3.2	kg	6.70	–	–	0.110	0.110	0.110
	钍钨棒	kg	420.00	0.010	–	–	–	–
	铝焊丝 丝301ϕ3.0	kg	32.40	–	0.040	–	–	–
	铝焊粉	kg	25.00	–	0.040	–	–	–
	氩气	m^3	15.00	0.340	–	–	–	–
	氧气	m^3	3.60	–	–	0.480	0.480	0.480
	乙炔气	m^3	25.20	–	0.100	0.210	0.210	0.210
	镀锌法兰 ϕ50	个	3.60	–	11.110	11.110	11.110	11.110
	光圆钢筋 ϕ10~14	kg	3.90	–	–	7.480	–	7.480
	扁钢 边宽59mm以下	kg	4.10	–	–	–	1.470	1.470
	镀锌螺丝	百个	6.75	–	–	0.110	0.110	0.110
	木螺丝 4×50	千个	24.57	–	–	–	0.067	0.067
机械	交流弧焊机 30kV·A	台班	216.39	0.111	–	0.111	0.085	0.111
	管子切断机 ϕ150mm	台班	48.07	0.136	0.136	0.136	–	–

第八章　屋面及防水工程

说　　明

一、本章包括:屋面工程、防水工程及变形缝3节,共225个子目。

二、水泥瓦、黏土瓦、小青瓦、石棉瓦规格与定额不同时,瓦材数量可以换算,其他不变。

三、压型板、采光板板型、厚度与定额不同时,可进行替换;定额子目已包含屋脊、包角及堵头板的安装,不得另行计取。

四、高分子卷材厚度,再生橡胶卷材按1.5mm取定;其他均按1.2mm取定。

五、防水工程也适用于楼地面、墙基、墙身、构筑物、水池、水塔及室内厕所、浴室等防水,建筑物±0.00以下的防水、防潮工程按防水工程相应项目计算。

六、三元乙丙丁基橡胶卷材屋面防水,按相应三元乙丙橡胶卷材屋面防水项目计算。

七、氯丁冷胶"二布三涂"项目,其"三涂"是指涂料构成防水层数并非指涂刷遍数;每一层"涂层"刷两遍至数遍不等。

八、本定额中沥青、玛蹄脂均指石油沥青、石油沥青玛蹄脂。

九、变形缝填缝:建筑油膏聚氯乙烯胶泥断面取定30mm×20mm;油浸木丝板取定为25mm×150mm;紫铜板止水带系2mm厚,展开宽450mm;氯丁橡胶宽300mm,涂刷式氯丁胶贴玻璃止水片宽350mm。其余均为150mm×30mm。如设计断面不同时,用料可以换算,人工不变。

十、盖缝:木板盖缝断面为20mm×25mm,如设计断面不同时,用料可以换算,人工不变。

十一、刚性屋面、屋面砂浆找平层、面层按楼地面相应定额项目计算。

工程量计算规则

一、瓦屋面、金属压型板屋面墙面工程量按以下规定计算：

1. 瓦屋面、金属压型板（包括挑檐部分）均按屋面坡度示意图中尺寸的水平投影面积乘以屋面坡度系数（详见屋面坡度系数表），以平方米（m^2）计算。不扣除房上烟囱、风帽底座、风道、屋面小气窗、斜沟等所占面积，屋面小气窗的出檐部分亦不增加。

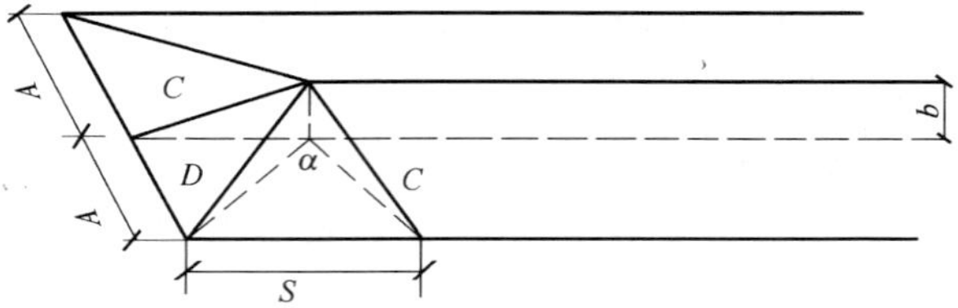

屋面坡度示意图

2. 压型钢板墙板按设计图示尺寸以铺挂面积计算。不扣除单个 0.3m^2 以内的孔洞所占面积，包角、包边、窗台泛水等不另加面积。

3. 彩板屋脊、泛水、包角、山头按设计长度以延长米计算，天沟按图示展开面积以平方米（m^2）计算。

二、卷材屋面工程量按以下规定计算：

1. 卷材屋面按图示尺寸的水平投影面积乘以规定的坡度系数表，以平方米（m^2）计算。但不扣除房上烟囱、风帽底座、风道、屋面小气窗和斜沟所占的面积，屋面的女儿墙、伸缩缝和天窗等处的弯起部分，按图示尺寸并入屋面工程量计算。如图纸无规定时，伸缩缝、女儿墙的弯起部分可按 250mm 计算，天窗弯起部分可按 500mm 计算。

2. 卷材屋面的附加层、接缝、收头、找平层的嵌缝、冷底子油已计入定额内，不另计算。

三、涂膜屋面的工程量计算同卷材屋面。涂膜屋面的油膏嵌缝、玻璃布盖缝、屋面分格缝，以延长米计算。

四、屋面排水工程量按以下规定计算：

1. 铁皮排水按图示尺寸以展开面积计算，如图纸没有注明尺寸时，可按铁皮排水单体零件折算表计算。咬口和搭接等已计入定额项目中，不另行计算。

铁皮排水单体零件折算表

名　　称	水落管(m)	檐沟(m)	滴水(m)	水斗(个)	漏斗(个)	下水口(个)
折算镀锌铁皮(m^2)	0.32	0.30	0.11	0.40	0.16	0.45
名　　称	天沟(m)	斜沟、天窗窗台泛水(m)	天窗侧面泛水(m)	烟囱泛水(m)	通气管泛水(m)	滴水檐头泛水(m)
折算镀锌铁皮(m^2)	1.30	0.50	0.70	0.80	0.22	0.24

2. 铸铁、玻璃钢水落管区别不同直径按图示尺寸以延长米计算，雨水口、水斗、弯头、短管以个计算。

五、防水工程工程量按以下规定计算：

1. 建筑物地面防水、防潮层，按主墙间净空面积计算，扣除凸出地面的构筑物、设备基础等所占的面积，不扣除柱、垛、间壁墙、烟囱及 $0.3m^2$ 以内孔洞所占面积。与墙面连接处高度在 500mm 以内者按展开面积计算，并入平面工程量内，超过 500mm 时，按立面防水层计算。

2. 建筑物墙基防水、防潮层、外墙长度按中心线，内墙按净长乘以宽度以平方米（m^2）计算。

3. 构筑物及建筑物地下室防水层，按实铺面积计算，但不扣除 0.3m^2 以内的孔洞面积。平面与立面交接处的防水层，其上卷高度超过 500mm 时，按立面防水层计算。

4. 防水卷材的附加层、接缝、收头、冷底子油等人工材料均已计入定额内，不另计算。

5. 变形缝按延长米计算。

附表　屋面坡度系数表

坡度 $B(A=1)$	坡度 $B/2A$	坡度 （角度 α）	延尺系数 $C(A=1)$	偶延尺系数 $D(A=1)$
1	1/2	45°	1.4142	1.7321
0.75		36°52′	1.2500	1.6008
0.7		35°	1.2207	1.5779
0.666	1/3	33°40′	1.2015	1.5620
0.65		33°01′	1.1926	1.5564
0.60		30°58′	1.1662	1.5362
0.577		30°	1.1547	1.5270
0.55		28°49′	1.1413	1.5170
0.50	1/4	26°34′	1.1180	1.5000
0.45		24°14′	1.0966	1.4839
0.4	1/5	21°48′	1.0770	1.4697
0.35		19°17′	1.0594	1.4569
0.3		16°42′	1.0440	1.4457
0.25		14°02′	1.0308	1.4362
0.20	1/10	11°19′	1.0198	1.4283
0.15		8°32′	1.0112	1.4221
0.125		7°8′	1.0078	1.4191
0.100	1/20	5°42′	1.0050	1.4177
0.083		4°45′	1.0035	1.4166
0.066	1/30	3°49′	1.0022	1.4157

一、屋面工程

1. 瓦屋面

工作内容：调制砂浆、铺瓦、安脊瓦、檐口梢头坐灰。　　　　单位：$100m^2$

定额编号				1-8-1	1-8-2	1-8-3
项目				水泥瓦	黏土瓦	小青瓦
				屋面板上或椽子挂瓦条上		椽子上
基价（元）				**2618.52**	**1954.50**	**2267.28**
其中	人工费（元）			430.35	430.35	765.00
	材料费（元）			2188.17	1524.15	1502.28
	机械费（元）			–	–	–
名称		单位	单价（元）	数		量
人工	综合工日	工日	75.00	5.738	5.738	10.200
材料	水泥瓦 385mm×235mm	千块	1250.00	1.700	–	–
	黏土瓦 380mm×240mm	千块	867.00	–	1.670	–
	小青瓦	千块	943.00	–	–	1.535
	黏土脊瓦	块	1.80	–	28.460	–
	水泥脊瓦	块	1.34	28.460	–	–
	水泥砂浆 1:2.5	m^3	227.55	0.110	0.110	–
	混合砂浆 1:1:4	m^3	176.70	–	–	0.310

注：水泥瓦或黏土瓦如果穿铁丝钉铁钉，每 $100m^2$ 檐瓦增加 2.2 工日，20 号铁丝 0.7kg，铁钉 0.49kg。

工作内容:檩条上铺钉石棉瓦、安脊瓦。

单位:100m^2

	定额编号			1-8-4	1-8-5	1-8-6
	项目			小波石棉瓦		
				木檩上	钢檩上	混凝土檩上
	基价(元)			**2763.80**	**3735.66**	**3842.27**
其中	人工费(元)			315.60	478.80	478.80
	材料费(元)			2448.20	3256.86	3363.47
	机械费(元)			–	–	–
	名称	单位	单价(元)	数量		
人工	综合工日	工日	75.00	4.208	6.384	6.384
材料	小波石棉瓦 1820mm×720mm	块	21.18	102.550	102.550	102.550
	小波石棉脊瓦	块	6.90	14.660	14.660	14.660
	石灰麻刀砂浆 1∶3	m^3	171.41	0.020	0.020	0.020
	油灰	kg	5.00	2.940	2.940	2.940
	镀锌螺钉(带垫)	个	0.39	402.330	–	–
	镀锌螺栓钩 6mm×600mm	个	0.45	–	201.160	–
	镀锌扁钢钩 3mm×12mm×300mm	个	4.35	–	201.160	–
	镀锌螺栓钩 6mm×800mm	个	0.54	–	–	201.160
	镀锌扁钢钩 3mm×12mm×400mm	个	4.79	–	–	201.160

工作内容:同前　　　　单位:100m²

定额编号				1-8-7	1-8-8	1-8-9
项目				大波石棉瓦		
				木檩上	钢檩上	混凝土檩上
基价（元）				**1570.62**	**2169.22**	**2244.00**
其中	人工费（元）			274.80	437.33	437.33
	材料费（元）			1295.82	1731.89	1806.67
	机械费（元）			–	–	–
名称		单位	单价(元)	数量		
人工	综合工日	工日	75.00	3.664	5.831	5.831
材料	大波石棉瓦 2800mm×994mm	块	19.20	53.700	53.700	53.700
	大波石棉脊瓦 850mm×460mm	块	5.50	14.660	14.660	14.660
	石灰麻刀砂浆 1:3	m³	171.41	0.030	0.030	0.030
	油灰	kg	5.00	2.940	2.940	2.940
	镀锌螺钉（带垫）	个	0.39	421.300	–	–
	镀锌螺栓钩 6mm×600mm	个	0.45	–	315.980	–
	镀锌扁钢钩 3mm×12mm×300mm	个	4.35	–	105.330	–
	镀锌螺栓钩 6mm×800mm	个	0.54	–	–	315.980
	镀锌扁钢钩 3mm×12mm×400mm	个	4.79	–	–	105.330

2. 压型板屋面、墙面

(1)成品

工作内容:现场倒运、微小变形的修理、临时加固、就位、找正、固定工作等。

单位:100m^2

定额编号				1-8-10	1-8-11	1-8-12	1-8-13
项目				成品压型屋面板		成品压型墙面板	
				单层	复合	单层	复合
基价(元)				**9762.44**	**12328.61**	**6221.78**	**11909.67**
其中	人工费(元)			1026.75	1026.75	1129.43	1129.43
	材料费(元)			8617.98	11184.15	4974.64	10662.53
	机械费(元)			117.71	117.71	117.71	117.71
名称		单位	单价(元)	数量			
人工	综合工日	工日	75.00	13.690	13.690	15.059	15.059
材料	彩色压型复合板 $H=100mm$ 0.6mm	m^2	95.00	-	104.000	-	105.920
	堵头板	块	5.80	118.620	118.620	-	-
	屋脊挡雨板 WD-3	块	4.20	59.310	59.300	-	-
	自攻螺丝带盖 M5.5	个	0.08	-	240.000	240.000	240.000

续前

单位:100m²

定额编号				1-8-10	1-8-11	1-8-12	1-8-13
项目				成品压型屋面板		成品压型墙面板	
				单层	复合	单层	复合
材料	包角彩板	m^2	34.00	5.450	5.450	12.450	12.450
	密封油膏	kg	3.74	1.000	1.000	0.500	1.000
	电焊条 结 422 ϕ2.5	kg	5.04	3.110	4.030	2.950	3.140
	铆钉	10个	0.60	–	–	30.000	–
	橡胶密封条	m	7.80	16.430	16.430	16.430	16.430
	彩色屋面板 YX75－380－760 型 0.8	m^2	58.49	104.000	–	–	–
	彩色墙面板 YX28－205－820 型 0.6	m^2	41.11	–	–	105.920	–
	固定架	个	4.72	263.158	–	–	–
	其他材料费	元	–	22.950	10.390	14.880	9.910
机械	交流弧焊机 32kV·A	台班	96.61	1.100	1.100	1.100	1.100
	其他机械费	元	–	11.440	11.440	11.440	11.440

(2)现场压制

工作内容:现场倒运、钢板压制、吊装就位、找正固定等。　　　　单位:100m²

定额编号				1-8-14	1-8-15	1-8-16	1-8-17	1-8-18
项目				单层屋面板		复合屋面板		
						暗藏檩条		
				760 型,0.8mm	666 型,0.8mm	外板 760 型,0.8mm 厚,内板 820 型,0.8mm 厚,100mm 厚玻璃棉	外板 666 型,0.8mm 厚,内板 820 型,0.8mm 厚,100mm 厚玻璃棉	外板 820 型,0.8mm 厚,内板 820 型,0.8mm 厚,100mm 厚玻璃棉
基价(元)				**10319.85**	**11554.45**	**18475.99**	**19710.60**	**17845.34**
其中	人工费(元)			1787.40	2025.90	3455.63	3726.45	3324.83
	材料费(元)			8403.29	9399.39	14868.31	15832.10	14368.46
	机械费(元)			129.16	129.16	152.05	152.05	152.05
名称		单位	单价(元)	数			量	
人工	综合工日	工日	75.00	23.832	27.012	46.075	49.686	44.331
材料	彩涂钢板 0.6~1.0	kg	6.50	901.800	1028.052	1655.900	1777.200	1593.000
	玻璃棉毡 容重 16kg/m³	m³	140.00	–	–	11.000	11.000	11.000
	堵头板	块	5.80	118.620	118.620	118.620	118.620	118.620

续前

单位:100m²

定额编号				1-8-14	1-8-15	1-8-16	1-8-17	1-8-18
项目				单层屋面板		复合屋面板		
						暗藏檩条		
				760 型,0.8mm	666 型,0.8mm	外板 760 型,0.8mm 厚,内板 820 型,0.8mm 厚,100mm 厚玻璃棉	外板 666 型,0.8mm 厚,内板 820 型,0.8mm 厚,100mm 厚玻璃棉	外板 820 型,0.8mm 厚,内板 820 型,0.8mm 厚,100mm 厚玻璃棉
材料	屋脊挡雨板 WD-3	块	4.20	59.310	59.310	59.310	59.310	59.310
	自攻螺丝带盖 M5.5	个	0.08	–	–	120.000	120.000	120.000
	包角彩板	m^2	34.00	5.450	5.450	5.450	5.450	5.450
	密封油膏	kg	3.74	1.000	1.000	1.000	1.000	1.000
	电焊条 结 422 ϕ2.5	kg	5.04	4.030	4.030	4.030	4.030	4.030
	镀锌铁丝	kg	6.20	–	–	3.000	3.000	3.000
	橡胶密封条	m	7.80	16.430	16.430	16.430	16.430	16.430
	固定架	个	4.72	263.158	300.300	263.158	300.300	243.902
	其他材料费	元	–	24.880	25.030	20.050	20.080	19.940
机械	交流弧焊机 32kV·A	台班	96.61	1.100	1.100	1.100	1.100	1.100
	其他机械费	元	–	22.890	22.890	45.780	45.780	45.780

工作内容：同前　　　　单位：100m²

定额编号				1-8-19	1-8-20	1-8-21
项目				复合屋面板		
				外露檩条		
				外板760型，0.8mm厚，内板688型，0.8mm厚，100mm厚玻璃棉	外板666型，0.8mm厚，内板688型，0.8mm厚，100mm厚玻璃棉	外板820型，0.8mm厚，内板688型，0.8mm厚，100mm厚玻璃棉
基价（元）				**22962.05**	**24196.82**	**22331.56**
其中	人工费（元）			3455.63	3726.45	3324.83
	材料费（元）			19354.37	20318.32	18854.68
	机械费（元）			152.05	152.05	152.05
名称		单位	单价（元）	数量		
人工	综合工日	工日	75.00	46.075	49.686	44.331
材料	彩涂钢板 0.6～1.0	kg	6.50	1808.700	1930.000	1745.800
	玻璃棉毡 容重 16kg/m³	m³	140.00	11.000	11.000	11.000
	堵头板	块	5.80	118.620	118.620	118.620
	屋脊挡雨板 WD－3	块	4.20	59.310	59.310	59.310
	自攻螺丝带盖 M5.5	个	0.08	120.000	120.000	120.000

续前 单位:100m²

定额编号				1-8-19	1-8-20	1-8-21
项目				复合屋面板		
				外露檩条		
				外板 760 型,0.8mm 厚,内板 688 型,0.8mm 厚,100mm 厚玻璃棉	外板 666 型,0.8mm 厚,内板 688 型,0.8mm 厚,100mm 厚玻璃棉	外板 820 型,0.8mm 厚,内板 688 型,0.8mm 厚,100mm 厚玻璃棉
材料	包角彩板	m^2	34.00	5.450	5.450	5.450
	密封油膏	kg	3.74	1.000	1.000	1.000
	电焊条 结 422 ϕ2.5	kg	5.04	4.030	4.030	4.030
	镀锌铁丝	kg	6.20	3.000	3.000	3.000
	橡胶密封条	m	7.80	16.430	16.430	16.430
	固定架	个	4.72	263.158	300.300	243.902
	镀锌五金铁件	kg	6.60	345.000	345.000	345.000
	穿钉	套	3.80	320.000	320.000	320.000
	其他材料费	元	–	19.910	20.100	19.960
机械	交流弧焊机 32kV·A	台班	96.61	1.100	1.100	1.100
	其他机械费	元	–	45.780	45.780	45.780

工作内容：同前　　　　单位：100m²

定额编号			1-8-22	1-8-23	1-8-24	1-8-25
项目			单层墙面板	复合墙面板		
				暗藏檩条		
			820 型，0.6mm	外板内板 820 型 0.6mm 厚，100mm 厚玻璃棉	外板内板 820、900 型 0.6mm 厚，100mm 厚玻璃棉	外板内板 750、900 型 0.6mm 厚，100mm 厚玻璃棉
基价（元）			**6392.96**	**13402.53**	**12903.78**	**13580.61**
其中	人工费（元）		1608.30	3276.15	3122.63	3437.40
	材料费（元）		4655.50	9974.33	9629.10	9991.16
	机械费（元）		129.16	152.05	152.05	152.05
名称	单位	单价（元）	数量			
人工　综合工日	工日	75.00	21.444	43.682	41.635	45.832
材料　彩涂钢板 0.6～1.0	kg	6.50	620.340	1194.800	1141.700	1197.400
玻璃棉毡 容重 16kg/m³	m³	140.00	–	11.000	11.000	11.000
自攻螺丝带盖 M5.5	个	0.08	240.000	240.000	240.000	240.000
包角彩板	m²	34.00	12.450	12.450	12.450	12.450
密封油膏	kg	3.74	0.500	1.000	1.000	1.000
电焊条 结 422 ϕ2.5	kg	5.04	2.950	4.030	4.030	4.030
镀锌铁丝	kg	6.20	–	3.000	3.000	3.000
铆钉	10 个	0.60	30.000	60.000	60.000	60.000
橡胶密封条	m	7.80	16.430	16.430	16.430	16.430
其他材料费	元	–	17.900	18.820	18.740	18.750
机械　交流弧焊机 32kV·A	台班	96.61	1.100	1.100	1.100	1.100
其他机械费	元	–	22.890	45.780	45.780	45.780

(3)采光板

工作内容：现场倒运、就位、找正、固定工作等。　　　　单位：100m²

定额编号				1-8-26	1-8-27	1-8-28
项目				采光板		采光板(墙板)
				760 型,1.5m 厚	666 型,1.5m 厚	820 型,1.5m 厚
基价（元）				**8960.23**	**9476.46**	**7185.69**
其中	人工费（元）			2100.00	2440.88	1935.38
	材料费（元）			6746.11	6921.46	5136.19
	机械费（元）			114.12	114.12	114.12
名称		单位	单价(元)	数量		
人工	综合工日	工日	75.00	28.000	32.545	25.805
材料	采光板	m^2	41.04	108.200	108.200	110.000
	固定架	个	4.72	263.158	300.300	–
	堵头板	块	5.80	118.620	118.620	–
	自攻螺丝带盖 M5.5	个	0.08	–	–	120.000
	包角彩板	m^2	34.00	5.450	5.450	12.450
	密封油膏	kg	3.74	1.000	1.000	1.000
	电焊条 结 422 ϕ2.5	kg	5.04	4.030	4.030	4.030
	铆钉	10 个	0.60	30.000	30.000	30.000
	橡胶密封条	m	7.80	16.430	16.430	16.430
	其他材料费	元	–	19.980	20.010	18.680
机械	交流弧焊机 32kV·A	台班	96.61	1.100	1.100	1.100
	其他机械费	元	–	7.850	7.850	7.850

(4)其他

工作内容：场内运输、弹线、裁料、拼装、安装。　　　　单位：10m

定额编号				1-8-29	1-8-30	1-8-31	1-8-32	1-8-33
项目				单层彩色钢板屋面			天沟	
				屋脊	泛水、包墙转角、山头		彩色夹芯板	彩色钢板
				展开宽 600mm	展开宽 500mm	每增减 100m	m^2	
基价（元）				**353.10**	**505.67**	**35.88**	**131.20**	**93.21**
其中	人工费（元）			38.25	299.63	–	11.93	11.93
	材料费（元）			314.85	206.04	35.88	119.27	81.28
	机械费（元）			–	–	–	–	–
名称		单位	单价(元)	数		量		
人工	综合工日	工日	75.00	0.510	3.995	–	0.159	0.159
材料	彩色屋面板 YX75－380－760 型 0.5	m^2	34.50	6.240	5.200	1.040	–	–
	彩色压型复合板 $H=100$mm 0.6mm	m^2	95.00	–	–	–	1.030	–
	彩色屋面板 YX75－380－760 型 0.8	m^2	58.49	–	–	–	–	1.030
	彩钢堵头	m	12.00	4.200	–	–	–	–
	玻璃胶 350g	支	6.80	3.640	3.640	–	–	–
	密封带	m	0.56	42.000	–	–	1.684	1.684
	铁件	kg	5.30	–	–	–	1.979	1.979
	螺栓（A 型带螺帽 $\phi12$）	个	5.23	–	–	–	1.684	1.684
	镀锌自攻螺钉 $\phi4\sim6\times10\sim16$	10 个	0.86	0.700	1.500	–	–	–
	其他材料费	元	–	0.300	0.600	–	1.180	0.800

3. 卷材屋面

工作内容: 熬制沥青玛蹄脂、配制冷底子油、刷冷底子油、贴附加层、铺贴卷材收头。　　单位:$100m^2$

定额编号				1-8-34	1-8-35	1-8-36
项目				石油沥青玛蹄脂卷材屋面		
				一毡二油	二毡三油	二毡三油一砂
基价(元)				2793.58	3813.13	4274.00
其中	人工费(元)			204.68	326.40	399.08
	材料费(元)			2588.90	3486.73	3874.92
	机械费(元)			–	–	–
名称		单位	单价(元)	数量		
人工	综合工日	工日	75.00	2.729	4.352	5.321
材料	石油沥青玛蹄脂	m^3	3800.00	0.460	0.610	0.690
	石油沥青油毡 350 号	m^2	2.55	124.170	237.940	237.940
	冷底子油 30：70	kg	6.30	48.960	48.960	48.960
	木柴	kg	0.95	205.700	245.400	301.180
	粗砂	m^3	60.00	–	–	0.520
	光圆钢筋 ϕ10 以内	t	3700.00	0.005	0.005	0.005
	钢钉	kg	6.80	0.280	0.280	0.280

工作内容:同前　　　　单位:100m²

定额编号				1-8-37	1-8-38
项目				石油沥青玛蹄脂卷材屋面	
				玛蹄脂卷材每增减一毡一油	干铺油毡一层
基价（元）				**1042.94**	**369.84**
其中	人工费（元）			121.80	79.73
	材料费（元）			921.14	290.11
	机械费（元）			–	–
名称		单位	单价(元)	数	量
人工	综合工日	工日	75.00	1.624	1.063
材料	石油沥青玛蹄脂	m^3	3800.00	0.150	–
	石油沥青油毡 350 号	m^2	2.55	113.770	113.770
	木柴	kg	0.95	64.240	–

工作内容：清理基层、找平层分格缝嵌油膏、防水薄弱处刷涂膜附加层、刷底胶、铺贴卷材、接缝嵌油膏、做收头、涂刷着色剂保护层二遍。

单位：100m²

定额编号				1-8-39	1-8-40	1-8-41	1-8-42
项目				三元乙丙橡胶卷材冷贴			
				满铺	空铺	点铺	条铺
基价（元）				**7391.25**	**7236.74**	**7255.86**	**7218.49**
其中	人工费（元）			587.78	587.78	587.78	517.05
	材料费（元）			6803.47	6648.96	6668.08	6701.44
	机械费（元）			–	–	–	–
名称		单位	单价(元)	数量			
人工	综合工日	工日	75.00	7.837	7.837	7.837	6.894
材料	三元乙丙橡胶卷材 1.2×1.2	m²	39.00	110.550	112.850	112.850	112.850
	粘结剂 CX－404	kg	8.20	40.400	7.890	10.450	14.290
	铁钉	kg	4.86	0.230	0.230	0.230	0.230
	光圆钢筋 ϕ10 以内	t	3700.00	0.004	0.004	0.004	0.004
	CSPE 嵌缝油膏 300mL	支	4.89	50.280	50.280	50.280	50.280
	107 胶素水泥浆	m³	650.00	0.010	0.010	0.010	0.010
	银色着色剂	kg	30.09	20.200	20.200	20.200	20.200
	二甲苯	kg	11.40	27.000	27.000	27.000	27.000
	乙酸乙酯	kg	15.32	5.050	5.050	5.050	5.050
	丁基粘结剂	kg	9.77	9.560	11.850	11.850	11.850
	聚氨酯 甲料	kg	19.00	16.210	16.210	16.210	16.210
	聚氨酯 乙料	kg	16.00	31.130	31.130	31.013	31.130

工作内容:同前　　　　　　　　　　　　　　　　　　　　　　　　　　单位:$100m^2$

定额编号				1-8-43	1-8-44	1-8-45	1-8-46
项目				再生橡胶卷材冷贴			
				满铺	空铺	点铺	条铺
基价（元）				**5395.67**	**5013.35**	**4962.76**	**4861.37**
其中	人工费（元）			587.78	587.78	587.78	517.05
	材料费（元）			4807.89	4425.57	4374.98	4344.32
	机械费（元）			–	–	–	–
名称		单位	单价(元)	数量			
人工	综合工日	工日	75.00	7.837	7.837	7.837	6.894
材料	再生橡胶卷材	m^2	17.80	110.550	112.850	112.850	112.850
	氯丁胶粘结剂	kg	15.87	49.950	23.280	20.210	18.160
	铁钉	kg	4.86	0.230	0.230	0.230	0.230
	光圆钢筋 ϕ10 以内	t	3700.00	0.004	0.004	0.004	0.004
	CSPE 嵌缝油膏 300mL	支	4.89	50.280	50.280	50.280	50.280
	107 胶素水泥浆	m^3	650.00	0.010	0.010	0.010	0.010
	银色着色剂	kg	30.09	20.200	20.200	20.200	20.200
	二甲苯	kg	11.40	25.250	25.250	25.250	25.250
	乙酸乙酯	kg	15.32	5.050	5.050	5.050	5.050
	聚氨酯 甲料	kg	19.00	16.210	16.210	16.210	16.210
	聚氨酯 乙料	kg	16.00	31.130	31.130	31.013	31.130

工作内容：同前　　单位：100m²

定额编号				1-8-47	1-8-48	1-8-49	1-8-50
项目				氯丁橡胶卷材冷贴			
				满铺	空铺	点铺	条铺
基价（元）				4482.69	4505.41	4500.65	4426.76
其中	人工费（元）			587.78	587.78	587.78	517.05
	材料费（元）			3894.91	3917.63	3912.87	3909.71
	机械费（元）			–	–	–	–
	名称	单位	单价(元)	数量			
人工	综合工日	工日	75.00	7.837	7.837	7.837	6.894
材料	氯丁橡胶卷材	m^2	17.40	110.550	112.850	112.850	112.850
	氯丁胶沥青胶液	kg	1.55	60.600	31.630	28.560	26.520
	CY409 液	kg	12.00	9.550	11.850	11.850	11.850
	铁钉	kg	4.86	0.230	0.230	0.230	0.230
	光圆钢筋 ϕ10 以内	t	3700.00	0.004	0.004	0.004	0.004
	CSPE 嵌缝油膏 300mL	支	4.89	50.280	50.280	50.280	50.280
	107 胶素水泥浆	m^3	650.00	0.010	0.010	0.010	0.010
	银色着色剂	kg	30.09	20.200	20.200	20.200	20.200
	二甲苯	kg	11.40	27.000	27.000	27.000	27.000
	乙酸乙酯	kg	15.32	5.050	5.050	5.050	5.050
	聚氨酯 甲料	kg	19.00	11.660	11.660	11.660	11.660
	聚氨酯 乙料	kg	16.00	17.500	17.500	17.500	17.500

工作内容:同前 单位:100m²

定额编号				1-8-51	1-8-52	1-8-53	1-8-54
项目				氯化聚乙烯橡胶共混卷材冷贴			
				满铺	空铺	点铺	条铺
基价(元)				**6094.92**	**5579.49**	**5514.01**	**5399.43**
其中	人工费(元)			587.78	587.78	587.78	517.05
	材料费(元)			5507.14	4991.71	4926.23	4882.38
	机械费(元)			–	–	–	–
名称		单位	单价(元)	数量			
人工	综合工日	工日	75.00	7.837	7.837	7.837	6.894
材料	氯化聚乙烯–橡胶共混卷材 1.2	m²	24.00	110.550	112.850	112.850	112.850
	氯丁胶乳	kg	1.60	18.180	18.180	18.180	18.180
	BX–12 粘结剂	kg	18.98	45.450	12.860	9.410	7.100
	BX–12 乙组分 880mL	瓶	16.70	11.940	14.810	14.810	14.810
	铁钉	kg	4.86	0.230	0.230	0.230	0.230
	光圆钢筋 ϕ10 以内	t	3700.00	0.004	0.004	0.004	0.004
	CSPE 嵌缝油膏 300mL	支	4.89	50.280	50.280	50.280	50.280
	107 胶素水泥浆	m³	650.00	0.010	0.010	0.010	0.010
	银色着色剂	kg	30.09	20.200	20.200	20.200	20.200
	二甲苯	kg	11.40	27.000	27.000	27.000	27.000
	乙酸乙酯	kg	15.32	5.050	5.050	5.050	5.050
	聚氨酯 甲料	kg	19.00	11.660	11.660	11.660	11.660
	聚氨酯 乙料	kg	16.00	17.500	17.500	17.500	17.500

工作内容:同前　　　　　　　　　　　　　　　　　　　　　　　　　　　　　　　单位:$100m^2$

定额编号				1-8-55	1-8-56	1-8-57	1-8-58
项目				氯磺化聚乙烯卷材冷贴			
				满铺	空铺	点铺	条铺
基价（元）				**6386.58**	**6174.38**	**6151.58**	**6033.15**
其中	人工费（元）			587.78	587.78	587.78	517.05
	材料费（元）			5798.80	5586.60	5563.80	5516.10
	机械费（元）			–	–	–	–
名称		单位	单价(元)	数量			
人工	综合工日	工日	75.00	7.837	7.837	7.837	6.894
材料	氯磺化聚乙烯卷材	m^2	29.00	110.550	112.850	112.850	112.850
	粘结剂 CX－404	kg	8.20	50.500	14.290	10.450	7.890
	CX－401 胶	kg	10.60	10.510	12.210	13.030	10.510
	铁钉	kg	4.86	0.230	0.230	0.230	0.230
	光圆钢筋 ϕ10 以内	t	3700.00	0.004	0.004	0.004	0.004
	CSPE 嵌缝油膏 300mL	支	4.89	50.280	50.280	50.280	50.280
	107 胶素水泥浆	m^3	650.00	0.010	0.010	0.010	0.010
	银色着色剂	kg	30.09	20.200	20.200	20.200	20.200
	二甲苯	kg	11.40	27.000	27.000	27.000	27.000
	乙酸乙酯	kg	15.32	5.050	5.050	5.050	5.050
	聚氨酯 甲料	kg	19.00	16.210	16.210	16.210	16.210
	聚氨酯 乙料	kg	16.00	31.130	31.130	31.130	31.130

工作内容:1. 聚氯乙烯卷材铝合金压条:清理基层、铺卷材、钉压条、射钉上嵌密封膏收头。
2. 复合卷材:找平层嵌缝、刷聚氨酯涂膜附加层;用掺胶水泥浆贴卷材,聚氨酯胶接缝搭接。

单位:100m²

定额编号				1-8-59	1-8-60	1-8-61	1-8-62
项目				聚氯乙烯防水卷材	SBC120	聚氯乙烯防水卷材	
				铝合金压条	复合卷材	PVC 胶	胶泥
				空铺	冷贴满铺		
基价(元)				**3661.28**	**3541.48**	**4537.25**	**9834.92**
其中	人工费(元)			563.55	342.98	1192.13	371.70
	材料费(元)			3097.73	3198.50	3345.12	9463.22
	机械费(元)			–	–	–	–
名称		单位	单价(元)	数量			
人工	综合工日	工日	75.00	7.514	4.573	15.895	4.956
材料	PVC 防水卷材	m^2	7.80	130.000	–	–	–
	聚乙烯丙纶双面复合防水卷材	m^2	17.78	–	110.550	–	–
	素水泥浆	m^3	497.74	–	0.150	–	–
	铝合金压条 3mm×30mm	m	4.67	105.000	–	–	–
	303 胶	kg	22.00	45.000	–	–	–
	108 胶	kg	2.00	–	11.380	–	–
	射钉	百个	39.00	5.270	–	–	–

续前

单位:100m²

定额编号				1-8-59	1-8-60	1-8-61	1-8-62
项目				聚氯乙烯防水卷材	SBC120	聚氯乙烯防水卷材	
				铝合金压条	复合卷材	PVC 胶	胶泥
				空铺	冷贴满铺		
材料	乙酸乙酯	kg	15.32	–	5.050	–	–
	CSPE 嵌缝油膏 300mL	支	4.89	–	48.960	–	–
	聚氨酯 甲料	kg	19.00	–	19.040	–	–
	聚氨酯 乙料	kg	16.00	–	28.560	–	–
	聚氯乙烯防水卷材 1.2	m^2	22.00	–	–	113.000	123.700
	玻璃丝布 $\delta=0.5$	m^2	3.68	–	–	10.000	–
	塑料粘结剂	kg	8.80	–	–	84.000	–
	冷底子油 30∶70	kg	6.30	–	–	–	48.000
	聚氯乙烯胶泥	kg	7.50	–	–	–	600.100
	水泥 801 胶浆结合层	m^3	523.00	–	–	–	0.010
	木柴	kg	0.95	–	–	–	35.800
	不锈钢压条 2mm	m	17.90	–	–	–	105.000
	其他材料费	元	–	397.850	–	83.120	19.930

工作内容:1. 屋面满涂油膏:油膏加热,屋面满涂油膏。2. 板嵌缝:油膏加热,板缝嵌油膏。　　单位:100m²

定额编号				1-8-63	1-8-64	1-8-65	1-8-66
项目				SBS 改性沥青防水卷材			
				厚度(cm)			
				2	3	4	5
基价(元)				**5664.42**	**6417.55**	**6857.15**	**6167.54**
其中	人工费(元)			472.43	474.30	489.00	495.38
	材料费(元)			5151.19	5899.90	6312.90	5612.66
	机械费(元)			40.80	43.35	55.25	59.50
名称		单位	单价(元)	数量			
人工	综合工日	工日	75.00	6.299	6.324	6.520	6.605
材料	改性沥青防水卷材 SBS I 型 G PE2	m²	28.80	127.300	–	–	–
	改性沥青防水卷材 SBS I 型 PY PE3	m²	34.65	–	127.300	–	–
	改性沥青防水卷材 SBS I 型 PY PE4	m²	37.80	–	–	127.300	–
	SBS 改性沥青油毡防水卷材 5mm	m²	32.26	–	–	–	127.300
	光圆钢筋 ϕ10 以内	t	3700.00	0.004	0.004	0.004	0.004
	乙酸乙酯	kg	15.32	5.100	5.100	5.100	5.100
	CSPE 嵌缝油膏 300mL	支	4.89	32.300	32.300	32.300	32.300
	单组分纯聚氨酯防水涂料(环保型) SPU－301	kg	22.00	29.200	29.200	29.200	29.200
	聚氨酯 乙料	kg	16.00	12.480	12.480	12.480	12.480
	聚氨酯 甲料	kg	19.00	8.320	8.320	8.320	8.320
	其他材料费	元	–	233.910	237.920	249.920	254.920
机械	其他机具费	元	–	40.800	43.350	55.250	59.500

工作内容:同前　　　　　　　　　　　　　　　　　　　　　　　　　　　　　　单位:$100m^2$

定额编号				1-8-67	1-8-68	1-8-69
项目				APP 改性沥青防水卷材		
				厚度(cm)		
				3	4	5
基价(元)				**6357.19**	**7168.56**	**6889.46**
其中	人工费(元)			495.38	499.20	503.63
	材料费(元)			5802.31	6607.31	6319.53
	机械费(元)			59.50	62.05	66.30
名称		单位	单价(元)	数量		
人工	综合工日	工日	75.00	6.605	6.656	6.715
材料	改性沥青防水卷材 APP Ⅰ型 PY PE3	m^2	33.75	127.300	–	–
	改性沥青防水卷材 APP Ⅰ型 PY PE4	m^2	40.05	–	127.300	–
	APP 改性沥青油毡防水卷材 5mm	m^2	37.75	–	–	127.300
	光圆钢筋 ϕ10 以内	t	3700.00	0.004	0.004	0.004
	乙酸乙酯	kg	15.32	5.100	5.100	5.100
	CSPE 嵌缝油膏 300mL	支	4.89	32.300	32.300	32.300
	单组分纯聚氨酯防水涂料(环保型) SPU－301	kg	22.00	29.200	29.200	29.200
	聚氨酯 甲料	kg	19.00	8.320	8.320	8.320
	聚氨酯 乙料	kg	16.00	12.480	12.480	12.480
	其他材料费	元	–	254.900	257.910	262.920
机械	其他机具费	元	–	59.500	62.050	66.300

4. 涂膜屋面

工作内容:1. 屋面满涂油膏:油膏加热,屋面满涂油膏。2. 板嵌缝:油膏加热,板缝嵌油膏。　　单位:见表

定额编号				1-8-70	1-8-71	1-8-72
项目				屋面满涂	塑料油膏嵌缝	
				塑料油膏 4mm	空心板	大型屋面板
				$100m^2$	100m	
基价(元)				**1531.47**	**485.60**	**569.51**
其中	人工费(元)			182.33	211.05	212.33
	材料费(元)			1349.14	274.55	357.18
	机械费(元)			–	–	–
名称		单位	单价(元)	数量		
人工	综合工日	工日	75.00	2.431	2.814	2.831
材料	塑料油膏	kg	2.01	585.120	119.070	154.910
	木柴	kg	0.95	182.160	37.070	48.220

注:嵌缝取定纵缝断面:空心板 $7.5cm^2$,大型屋面板 $9cm^2$,如果断面不同于定额取定断面,以纵缝断面比例调整人工、材料数量。

工作内容:1. 塑料油膏玻璃纤维布:包括刷冷底子油,找平层分格嵌缝嵌油膏,贴防水附加层,铺贴玻璃纤维布,表面撒粒砂保护层。2. 屋面分格缝:支座处于干铺油毡一层,清理缝、熬制油膏、油膏灌缝;沿缝上做二毡三油一砂。 单位:见表

定额编号				1-8-73	1-8-74	1-8-75
项目				塑料油膏玻璃纤维布		屋面分格缝
				一布二油	每增一布一油	
单位				$100m^2$		100m
基价(元)				**2568.46**	**1201.71**	**4173.99**
其中	人工费(元)			219.98	138.38	631.13
	材料费(元)			2348.48	1063.33	3542.86
	机械费(元)			–	–	–
名称		单位	单价(元)	数量		
人工	综合工日	工日	75.00	2.933	1.845	8.415
材料	玻璃纤维布	m^2	2.80	120.450	112.180	–
	塑料油膏	kg	2.01	872.260	324.940	303.680
	木柴	kg	0.95	271.560	101.150	218.110
	石油沥青油毡 350 号	m^2	2.55	–	–	232.100
	石油沥青玛蹄脂	m^3	3800.00	–	–	0.490
	冷底子油 30:70	kg	6.30	–	–	38.850
	绿豆砂	m^3	65.00	–	–	0.410

工作内容:1. 熬制油膏、油膏灌缝,缝上铺贴玻璃纤维布。
2. 涂刷聚氨酯底胶,刷聚氨酯防水层二遍,并撒石渣做保护层(或与钢性块料层的连接层)。 单位:$100m^2$

定额编号				1-8-76	1-8-77	1-8-78
项目				塑料油膏贴玻璃纤维布盖缝		聚氨酯涂膜屋面
				一布二油	每增一布一油	
基价(元)				**1026.33**	**467.45**	**5140.55**
其中	人工费(元)			132.00	79.05	325.13
	材料费(元)			894.33	388.40	4815.42
	机械费(元)			–	–	–
名称		单位	单价(元)	数量		
人工	综合工日	工日	75.00	1.760	1.054	4.335
材料	玻璃纤维布	m^2	2.80	30.300	30.300	–
	塑料油膏	kg	2.01	351.070	131.650	–
	木柴	kg	0.95	109.300	40.990	–
	二甲苯	kg	11.40	–	–	12.960
	绿豆砂	m^3	65.00	–	–	0.310
	聚氨酯 甲料	kg	19.00	–	–	105.550
	聚氨酯 乙料	kg	16.00	–	–	165.130

注:聚氨酯如果掺缓凝剂,应增加磷酸0.3kg;如果掺促凝剂应增加二月硅酸二丁基锡0.25kg。

工作内容：清理基层、调配砂浆、铺抹砂浆养护、筛铺镇水粉、铺隔离纸。

单位：100m²

定额编号				1-8-79	1-8-80	1-8-81	1-8-82
项目				掺无机盐铝防水剂		防水砂浆2cm厚	镇水粉隔离层
				素水泥浆	防水砂浆2cm		
基价（元）				**378.65**	**3106.74**	**1778.10**	**2253.30**
其中	人工费（元）			123.08	670.65	687.90	1188.30
	材料费（元）			255.57	2398.49	1052.60	1065.00
	机械费（元）			–	37.60	37.60	–
名称		单位	单价（元）	数量			
人工	综合工日	工日	75.00	1.641	8.942	9.172	15.844
材料	素水泥浆	m^3	497.74	0.100	0.100	0.100	–
	水泥砂浆 1∶2	m^3	243.72	–	2.020	2.020	–
	防水粉	kg	7.70	–	–	66.300	–
	无机盐铝防水剂	kg	14.00	14.700	132.600	–	–
	镇水粉	kg	1.19	–	–	–	600.000
	隔离纸	m^2	2.70	–	–	–	130.000
机械	灰浆搅拌机 200L	台班	126.18	–	0.298	0.298	–

工作内容:冷刷底胶:做一布一涂附加层防水薄弱处;冷胶贴聚酯布防水层;最表层撒细砂保护层。　　单位:100m²

定额编号				1-8-83	1-8-84
项目				氯丁冷胶	
				二布三涂	每增一布一涂
基价(元)				**5058.72**	**1445.93**
其中	人工费(元)			596.10	265.88
	材料费(元)			4462.62	1180.05
	机械费(元)			–	–
名称		单位	单价(元)	数量	
人工	综合工日	工日	75.00	7.948	3.545
材料	聚酯布 100g/m²	m²	2.35	236.360	110.890
	氯丁冷胶	kg	10.71	363.600	85.850
	河砂	m³	42.00	0.310	–

5. 屋面排水

工作内容:铁皮截料、制作安装。　　　　单位:$100m^2$

定额编号				1-8-85	1-8-86
项目				铁皮排水	
				水落管、檐沟	天沟、泛水
基价(元)				**4661.87**	**3249.67**
其中	人工费(元)			1836.68	663.68
	材料费(元)			2825.19	2585.99
	机械费(元)			-	-
名称		单位	单价(元)	数	量
人工	综合工日	工日	75.00	24.489	8.849
材料	镀锌铁皮 $\delta=0.5$	m^2	23.20	105.800	105.400
	铁件	kg	5.30	49.150	-
	铁钉	kg	4.86	0.380	3.000
	焊锡	kg	48.00	1.800	2.080
	盐酸	kg	0.95	0.380	0.440
	木炭	kg	2.80	7.690	9.240

工作内容:1. 铸铁落水管:包括切管、埋管卡、安水管、合灰捻口。2. 铸铁雨水口:包括就位、安装。

单位:见表

定额编号				1-8-87	1-8-88	1-8-89	1-8-90
项目				铸铁落水管		铸铁雨水口	
				φ100mm	φ150mm	φ100mm	φ150mm
单位				10m		10 个	
基价(元)				**957.05**	**1584.66**	**1277.91**	**1336.43**
其中	人工费(元)			179.78	198.90	205.95	214.20
	材料费(元)			777.27	1385.76	1071.96	1122.23
	机械费(元)			–	–	–	–
名称		单位	单价(元)	数量			
人工	综合工日	工日	75.00	2.397	2.652	2.746	2.856
材料	承插铸铁排水管 DN100	m	48.20	10.470	–	–	–
	承插铸铁排水管 DN150	m	102.00	–	10.100	–	–
	铸铁雨水口 100 带罩	套	65.50	–	–	10.470	–
	铸铁雨水口 150 带罩	套	106.61	–	–	–	10.100
	膨胀螺栓 6mm×22mm	套	1.23	10.500	–	–	–

续前

单位:见表

定额编号				1-8-87	1-8-88	1-8-89	1-8-90
项目				铸铁落水管		铸铁雨水口	
				ϕ100mm	ϕ150mm	ϕ100mm	ϕ150mm
材料	螺栓 M3×20	套	0.05	21.000	–	–	–
	普通硅酸盐水泥 32.5	kg	0.33	11.630	13.200	–	–
	中砂	m^3	60.00	0.020	0.020	–	–
	镀锌铁丝 13~17 号	kg	5.58	0.820	0.820	–	–
	石油沥青 30 号	kg	3.80	0.700	0.950	–	–
	麻丝	kg	7.75	0.180	0.250	–	–
	石棉绒	kg	5.70	1.740	2.360	–	–
	铁件	kg	5.30	1.440	7.780	–	–
	工程用水	t	–	(1.040)	(1.320)	–	–
	石油沥青玛蹄脂	m^3	3800.00	–	–	0.100	0.010
	石油沥青油毡 350 号	m^2	2.55	–	–	2.420	2.930
	铸铁三通 100mm×50mm	个	63.00	3.610	–	–	–
	铸铁三通 150mm×50mm	个	79.00	–	3.610	–	–

工作内容：就位、安装。　　　　　　　　　　　　　　　　　　　　　　　　单位：10 个

定额编号				1-8-91	1-8-92	1-8-93
项目				铸铁水斗（接水口）		铸铁弯头
				落水管直径（mm）		（含箅子板）
				100	150	
基价（元）				**413.08**	**615.26**	**732.15**
其中	人工费（元）			170.85	179.18	228.23
	材料费（元）			242.23	436.08	503.92
	机械费（元）			–	–	–
名称		单位	单价（元）	数量		
人工	综合工日	工日	75.00	2.278	2.389	3.043
材料	铸铁水斗（接水口）100mm	个	18.30	10.100	–	–
	铁件	kg	5.30	10.830	11.770	2.420
	铸铁水斗（接水口）150mm	个	37.00	–	10.100	–
	铸铁弯头（出水口）100mm	个	15.80	–	–	10.100
	二等板方材 综合	m^3	1800.00	–	–	0.036
	石油沥青玛蹄脂	m^3	3800.00	–	–	0.070
	防腐油	kg	1.78	–	–	0.400

工作内容：1. 单屋面排水系统：埋设管卡箍、截管、涂胶、接口。
2. 屋面阳台雨水管：卡箍、截管、涂胶、安三通、伸缩节、管等。

单位：10m

定额编号				1-8-94	1-8-95	1-8-96	1-8-97
项目				单屋面排水管系统		屋面阳台雨水管系统	
				玻璃钢排水管直径(mm)			
				$\phi 110$	$\phi 160$	$\phi 110$	$\phi 160$
基价（元）				**841.89**	**1395.91**	**920.45**	**1557.80**
其中	人工费（元）			184.28	204.68	189.98	204.68
	材料费（元）			657.61	1191.23	730.47	1353.12
	机械费（元）			–	–	–	–
名称		单位	单价(元)	数量			
人工	综合工日	工日	75.00	2.457	2.729	2.533	2.729
材料	玻璃钢排水管 110mm×1500mm	m	55.20	10.540	–	10.180	–
	卡箍膨胀螺栓 110mm	套	1.34	7.140	–	7.140	–
	玻璃钢排水管 160mm×1500mm	m	100.75	–	10.610	–	10.150
	卡箍膨胀螺栓 160mm	套	1.98	–	7.140	–	5.100
	排水管连接件 160mm×135mm	个	18.40	–	–	–	3.160
	排水管连接件 110mm×115mm	个	13.10	–	–	3.160	–
	玻璃钢三通 160mm×50mm	个	46.70	–	–	–	3.160
	玻璃钢三通 110mm×50mm	个	15.06	–	–	3.160	–
	排水管检查口 110mm	个	39.17	1.110	–	1.110	–
	排水管检查口 160mm	个	60.95	–	1.110	–	1.110
	排水管伸缩节 110mm	个	19.75	1.010	–	1.010	–
	排水管伸缩节 160mm	个	35.45	–	1.010	–	1.010
	密封胶	kg	23.40	0.120	0.200	0.280	0.480

工作内容:1.水斗:细石混凝土填缝、涂胶、接口。2.弯头及短管:涂胶、接口。　　单位:10个

定额编号				1-8-98	1-8-99	1-8-100	1-8-101
项目				玻璃钢排水部件			
				水斗(带罩)直径		弯头90°	短管
				ϕ110	ϕ160	ϕ50	
基价(元)				**573.07**	**620.20**	**589.88**	**121.44**
其中	人工费(元)			191.93	200.18	83.55	83.55
	材料费(元)			381.14	420.02	506.33	37.89
	机械费(元)			–	–	–	–
名称		单位	单价(元)	数量			
人工	综合工日	工日	75.00	2.559	2.669	1.114	1.114
材料	玻璃钢水斗110带罩	个	36.45	10.100	–	–	–
	玻璃钢水斗160带罩	个	39.48	–	10.100	–	–
	密封胶	kg	23.40	0.310	0.500	0.100	0.100
	现浇混凝土 C20－10(砾石)	m^3	191.49	0.030	0.050	–	–
	玻璃钢弯头50	个	49.90	–	–	10.100	–
	玻璃钢短管50	个	3.52	–	–	–	10.100

工作内容:切管、埋管卡、安水管、粘接等全部操作过程。　　　　单位:见表

定额编号				1-8-102	1-8-103	1-8-104	1-8-105
项目				塑料(PVC)落水管		塑料雨水口方形(接口直径)	
				ϕ100mm	ϕ150mm	ϕ100mm	ϕ150mm
单位				10m		10 个	
基价(元)				**500.85**	**818.70**	**425.96**	**548.53**
其中	人工费(元)			152.40	357.00	205.95	214.20
	材料费(元)			348.45	461.70	220.01	334.33
	机械费(元)			–	–	–	–
名称		单位	单价(元)	数量			
人工	综合工日	工日	75.00	2.032	4.760	2.746	2.856
材料	硬聚氯乙烯塑料三通 ϕ100	m	15.61	3.610	–	–	–
	PVC 塑料落水管 $\phi100\times3$	m	24.28	10.500	–	–	–
	PVC 塑料落水管 $\phi150\times4$	m	40.09	–	10.500	–	–
	硬聚氯乙烯塑粘剂	kg	24.65	1.240	1.360	–	–
	膨胀螺栓 M16	·套	0.36	4.320	4.320	–	–
	电	kW·h	0.85	2.240	2.860	–	–
	硬聚氯乙烯塑料雨水口 ϕ100	个	17.41	–	–	10.100	–
	硬聚氯乙烯塑料雨水口 ϕ150	个	28.60	–	–	–	10.100
	石油沥青玛蹄脂	m^3	3800.00	–	–	0.010	0.010
	石油沥青油毡 350 号	m^2	2.55	–	–	2.420	2.930
	其他材料费	元	–	3.130	3.240	–	–

工作内容:同前

单位:10个

定额编号				1-8-106	1-8-107	1-8-108	1-8-109
项目				塑料水斗方形(接口直径)		塑料弯头	
				ϕ100mm	ϕ150mm	ϕ100mm	ϕ150mm
基价(元)				**425.38**	**829.05**	**361.77**	**576.43**
其中	人工费(元)			188.10	197.63	251.18	273.53
	材料费(元)			237.28	631.42	110.59	302.90
	机械费(元)			–	–	–	–
名称		单位	单价(元)	数量			
人工	综合工日	工日	75.00	2.508	2.635	3.349	3.647
材料	硬聚氯乙烯塑料水斗 ϕ100	个	17.81	10.100	–	–	–
	硬聚氯乙烯塑料水斗 ϕ150	个	56.34	–	10.100	–	–
	硬聚氯乙烯塑料弯头 ϕ100	个	9.68	–	–	10.100	–
	硬聚氯乙烯塑料弯头 ϕ150	个	29.99	–	–	–	10.100
	铁件	kg	5.30	10.830	11.770	2.420	–

工作内容：切(配)管，埋管卡、安水管、和灰捻口；就位、安装。　　　　单位：见表

定额编号					1-8-110	1-8-111
项目					不锈钢落水管	不锈钢水斗
					φ100mm	
单位					10m	10个
基价（元）					**1879.56**	**736.78**
其中	人工费（元）				138.38	107.10
	材料费（元）				1741.18	629.68
	机械费（元）				–	–
名称			单位	单价(元)	数	量
人工	综合工日		工日	75.00	1.845	1.428
材料	不锈钢水斗		个	61.58	–	10.100
	不锈钢落水管 φ100		m	168.39	10.300	–
	不锈钢连接件		个	0.60	0.080	–
	普通硅酸盐水泥 32.5		kg	0.33	13.000	11.000
	其他材料费		元	–	2.420	4.090

工作内容:清理基层、安装金属面板;金属板制作、安装。 单位:$100m^2$

定额编号				1-8-112	1-8-113	1-8-114
项目				泛水		
				铝板	不锈钢板	镀锌钢板
基价(元)				**7457.56**	**17648.37**	**5092.82**
其中	人工费(元)			785.40	855.53	715.28
	材料费(元)			6497.90	16618.58	4377.54
	机械费(元)			174.26	174.26	-
名称		单位	单价(元)	数量		
人工	综合工日	工日	75.00	10.472	11.407	9.537
材料	铝板 $\delta=1.0$	m^2	60.05	107.000	-	-
	不锈钢板 $\delta=1.0$	m^2	157.60	-	105.000	-
	镀锌钢板 $\delta=1$	m^2	40.74	-	-	105.000
	玻璃胶 350g	支	6.80	7.280	7.280	-
	焊锡	kg	48.00	-	-	2.080
	其他材料费	元	-	23.050	21.080	-
机械	咬口机 1.5mm	台班	162.25	1.074	1.074	-

二、防水工程

1. 卷材防水

工作内容：配制涂刷冷底子油、熬制玛蹄脂，防水薄弱处贴附加层，铺贴玛蹄脂卷材。 单位：$100m^2$

定额编号				1-8-115	1-8-116	1-8-117	1-8-118
项目				玛蹄脂卷材			
				二毡三油		每增一毡一油	
				平面	立面	平面	立面
基价（元）				**3635.96**	**3936.57**	**1204.90**	**1335.73**
其中	人工费（元）			564.83	738.90	237.15	325.80
	材料费（元）			3071.13	3197.67	967.75	1009.93
	机械费（元）			–	–	–	–
名称		单位	单价（元）	数量			
人工	综合工日	工日	75.00	7.531	9.852	3.162	4.344
材料	石油沥青油毡 350 号	m^2	2.55	239.760	239.760	116.490	116.490
	石油沥青玛蹄脂	m^3	3800.00	0.510	0.540	0.160	0.170
	冷底子油 30：70	kg	6.30	48.480	48.480	–	–
	木柴	kg	0.95	227.700	240.900	66.000	70.400

工作内容：基层清理，配制、涂刷冷底子油、熬制玛蹄脂、防水薄弱处贴附加层、铺贴玛蹄脂玻璃纤维布。　　单位：$100m^2$

定额编号				1-8-119	1-8-120	1-8-121	1-8-122
项目				玛蹄脂玻璃纤维布			
				二布三油		每增一布一油	
				平面	立面	平面	立面
基价（元）				**3777.68**	**4205.12**	**1283.15**	**1444.50**
其中	人工费（元）			617.10	918.00	286.28	405.45
	材料费（元）			3160.58	3287.12	996.87	1039.05
	机械费（元）			–	–	–	–
名称		单位	单价（元）	数量			
人工	综合工日	工日	75.00	8.228	12.240	3.817	5.406
材料	玻璃纤维布	m^2	2.80	250.300	250.300	116.490	116.490
	石油沥青玛蹄脂	m^3	3800.00	0.510	0.540	0.160	0.170
	冷底子油 30∶70	kg	6.30	48.480	48.480	–	–
	木柴	kg	0.95	227.700	240.900	66.000	70.400

工作内容:同前　　　　　　　　　　　　　　　　　　　　　　　　　　　　　　单位:100m²

定额编号					1-8-123	1-8-124	1-8-125	1-8-126
项目					沥青玻璃布卷材			
					二布三油		每增一布一油	
					平面	立面	平面	立面
基价（元）					**3674.94**	**4120.63**	**1258.15**	**1423.94**
其中	人工费（元）				616.50	916.73	286.88	404.18
	材料费（元）				3058.44	3203.90	971.27	1019.76
	机械费（元）				–	–	–	–
名称		单位	单价(元)		数量			
人工	综合工日	工日	75.00		8.220	12.223	3.825	5.389
材料	玻璃纤维布	m²	2.80		250.300	250.300	121.760	121.760
	石油沥青 30 号	kg	3.80		489.720	524.700	151.580	163.240
	冷底子油 30：70	kg	6.30		48.480	48.480	–	–
	木柴	kg	0.95		201.300	214.500	57.200	61.600

工作内容：清理基层、滚铺、排气液压、搭接处加热压实、清理。　　　　单位：100m²

定额编号				1-8-127	1-8-128	1-8-129	1-8-130
项目				自粘性防水卷材	高密度聚乙烯土工膜	SY 系列聚乙烯丙纶复合卷材	
						冷贴满铺	
						平面	立面
基价（元）				**6088.97**	**1900.12**	**2245.13**	**2245.13**
其中	人工费（元）			147.30	–	–	–
	材料费（元）			5941.67	1900.12	2245.13	2245.13
	机械费（元）			–	–	–	–
名称		单位	单价(元)	数量			
人工	综合工日	工日	75.00	1.964	–	–	–
材料	自粘性防水卷材	m^2	47.00	126.300	–	–	–
	液化气	kg	4.80	0.530	–	–	–
	普通硅酸盐水泥 32.5	kg	0.33	–	0.360	0.380	0.380
	工程用水	t	–	–	(0.180)	(0.200)	(0.200)
	高密度聚乙烯土工膜	m^2	15.00	–	120.000	–	–
	胶粘剂	kg	20.00	–	5.000	–	–
	SY 系列聚乙烯丙纶复合卷材	m^2	18.00	–	–	124.000	124.000
	107 胶素水泥浆	m^3	650.00	–	–	0.020	0.020
	其他材料费	元	–	3.030	–	–	–

工作内容：清理基层、涂刷基底处理剂、铺贴无纺布、玻璃纤维布及附加层。　　单位：$100m^2$

定额编号				1-8-131	1-8-132	1-8-133
项目				APP冷胶贴无纺布	玻璃纤维布（APP粘接剂）	
				二布三涂	二布三涂	
					平面	立面
基价（元）				**5549.33**	**2731.87**	**3052.09**
其中	人工费（元）			478.13	439.88	669.38
	材料费（元）			5071.20	2291.99	2382.71
	机械费（元）			–	–	–
名称		单位	单价（元）	数量		
人工	综合工日	工日	75.00	6.375	5.865	8.925
材料	高强APP－841冷胶涂料	kg	11.34	306.000	–	–
	高强APP粘结剂B型	kg	5.04	–	306.000	324.000
	高强APP基底处理剂	kg	3.04	25.300	25.300	25.300
	化纤无纺布	m^2	6.50	234.500	–	–
	玻璃纤维布	m^2	2.80	–	240.300	240.300

工作内容：清理基层、加热熬制聚氯乙烯胶泥、涂刷胶泥、裁铺丝布。

单位：$100m^2$

定额编号				1-8-134	1-8-135
项目				聚氯乙烯胶泥	
				一毡二胶附贴层	二布三油 4.5mm 厚
基价（元）				**1251.43**	**5738.08**
其中	人工费（元）			382.50	656.63
	材料费（元）			868.93	5071.25
	机械费（元）			–	10.20
名称		单位	单价（元）	数量	
人工	综合工日	工日	75.00	5.100	8.755
材料	玻璃纤维布	m^2	2.80	–	234.500
	氯丁橡胶防水涂料	kg	3.04	114.600	–
	2 号合成纤维加筋毡	m^2	4.75	107.400	–
	聚氯乙烯胶泥	kg	7.50	–	583.300
	木柴	kg	0.95	–	42.000
	其他材料费	元	–	10.400	–
机械	其他机具费	元	–	–	10.200

工作内容:涂刷基层处理剂,防水薄弱处涂聚氨酯涂膜加强、铺贴卷材,卷材接缝贴卷材条加强,收头。 单位:100m²

定额编号				1-8-136	1-8-137
项目				氯化聚乙烯-橡胶共混卷材	
				平面	立面
基价(元)				**6626.22**	**6986.44**
其中	人工费(元)			1232.93	1593.15
	材料费(元)			5393.29	5393.29
	机械费(元)			-	-
名称		单位	单价(元)	数	量
人工	综合工日	工日	75.00	16.439	21.242
材料	氯化聚乙烯-橡胶共混卷材 1.2	m²	24.00	124.530	124.530
	氯丁冷胶	kg	10.71	20.200	20.200
	BX-12 粘结剂	kg	18.98	45.450	45.450
	BX-12 乙组分 880mL	瓶	16.70	32.280	32.280
	CSPE 嵌缝油膏 300mL	支	4.89	29.830	29.830
	二甲苯	kg	11.40	27.000	27.000
	乙酸乙酯	kg	15.32	5.050	5.050
	铁钉	kg	4.86	0.230	0.230
	光圆钢筋 ϕ10 以内	t	3700.00	0.004	0.004
	107 胶素水泥浆	m³	650.00	0.010	0.010
	聚氨酯 甲料	kg	19.00	5.420	5.420
	聚氨酯 乙料	kg	16.00	8.130	8.130

工作内容:同前

单位:100m²

定额编号				1-8-138	1-8-139	1-8-140	1-8-141
项目				三元乙丙橡胶卷材		再生橡胶卷材	
				冷贴满铺			
				平面	立面	平面	立面
基价(元)				**7338.71**	**7698.93**	**5548.93**	**5909.15**
其中	人工费(元)			1232.93	1593.15	1232.93	1593.15
	材料费(元)			6105.78	6105.78	4316.00	4316.00
	机械费(元)			–	–	–	–
名称		单位	单价(元)	数量			
人工	综合工日	工日	75.00	16.439	21.242	16.439	21.242
材料	三元乙丙橡胶卷材 1.2×1.2	m²	39.00	124.170	124.170	–	–
	再生橡胶卷材	m²	17.80	–	–	124.170	124.170
	氯丁胶粘合剂	kg	15.87	–	–	63.930	63.930
	CSPE 嵌缝油膏 300mL	支	4.89	29.830	29.830	29.830	29.830
	二甲苯	kg	11.40	27.000	27.000	27.000	27.000
	乙酸乙酯	kg	15.32	5.050	5.050	5.050	5.050
	铁钉	kg	4.86	0.230	0.230	0.230	0.230
	光圆钢筋 ϕ10 以内	t	3700.00	0.004	0.004	0.004	0.004
	107 胶素水泥浆	m³	650.00	0.010	0.010	0.010	0.010
	丁基粘结剂	kg	9.77	17.600	17.600	–	–
	聚氨酯 甲料	kg	19.00	9.970	9.970	9.970	9.970
	聚氨酯 乙料	kg	16.00	21.770	21.770	21.770	21.770

工作内容:清理基层、材料运输,平面、立面刷涂料,作卷材防水。　　　　单位:100m²

定额编号				1-8-142	1-8-143	1-8-144	1-8-145
项目				SBS 改性沥青油毡			
				厚度(mm)			
				2		3	
				平面	立面	平面	立面
基价(元)				**5707.93**	**6110.26**	**6460.44**	**6865.08**
其中	人工费(元)			716.55	1114.35	719.10	1118.18
	材料费(元)			4949.73	4951.71	5696.29	5699.30
	机械费(元)			41.65	44.20	45.05	47.60
名称		单位	单价(元)	数量			
人工	综合工日	工日	75.00	9.554	14.858	9.588	14.909
材料	改性沥青防水卷材 SBS Ⅰ型 G PE2	m^2	28.80	137.700	137.700	–	–
	改性沥青防水卷材 SBS Ⅱ型 G PE3	m^2	34.20	–	–	137.700	137.700
	CSPE 嵌缝油膏 300mL	支	4.89	32.300	32.300	32.300	32.300
	其他材料费	元	–	826.020	828.000	829.000	832.010
机械	其他机具费	元	–	41.650	44.200	45.050	47.600

工作内容:同前

单位:100m²

定额编号				1-8-146	1-8-147	1-8-148	1-8-149
项目				SBS 改性沥青油毡		APP 改性沥青油毡	
				厚度(mm)			
				4			
				平面	立面	平面	立面
基价(元)				**6751.61**	**6770.05**	**7562.64**	**7967.02**
其中	人工费(元)			735.68	750.38	747.83	1147.50
	材料费(元)			5958.13	5960.17	6746.81	6749.82
	机械费(元)			57.80	59.50	68.00	69.70
名称		单位	单价(元)	数量			
人工	综合工日	工日	75.00	9.809	10.005	9.971	15.300
材料	改性沥青防水卷材 APP Ⅰ型 PY PE4	m^2	40.05	–	–	137.700	137.700
	改性沥青防水卷材 SBS Ⅰ型 G PE4	m^2	36.00	137.700	137.700	–	–
	CSPE 嵌缝油膏 300mL	支	4.89	32.300	32.300	32.300	32.300
	其他材料费	元	–	842.980	845.020	1073.980	1076.990
机械	其他机具费	元	–	57.800	59.500	68.000	69.700

2. 涂膜防水

工作内容:清理基层、刷涂料。　　　　单位:100m²

定额编号				1-8-150	1-8-151	1-8-152	1-8-153
项目				苯乙烯涂料二遍		刷冷底子油	
				平面	立面	第一遍	第二遍
基价(元)				**590.38**	**603.73**	**421.23**	**333.75**
其中	人工费(元)			140.93	140.93	100.13	84.83
	材料费(元)			449.45	462.80	321.10	248.92
	机械费(元)			–	–	–	–
名称		单位	单价(元)	数量			
人工	综合工日	工日	75.00	1.879	1.879	1.335	1.131
材料	苯乙烯涂料	kg	8.90	50.500	52.000	–	–
	冷底子油 30∶70	kg	6.30	–	–	48.480	–
	冷底子油 50∶50	kg	6.30	–	–	–	36.360
	木柴	kg	0.95	–	–	16.500	20.900

工作内容:1. 焦油玛蹄脂、塑料油膏:配制涂刷冷底子油,熬制玛蹄脂或油膏,涂刷油膏或玛蹄脂。2. 氯偏共聚乳液:成品涂刷。3. 聚氨酯:涂刷底胶及附加层,刷聚氨酯两道,并盖石渣保护层(或刚性连接层)。

单位:100m²

定额编号				1-8-154	1-8-155	1-8-156	1-8-157	1-8-158
项目				焦油玛蹄脂	塑料油膏	氯偏共聚乳胶	聚氨酯	聚氨酯
				涂刷厚度(遍数)			涂刷厚度 2mm(遍数)	每增减 0.5mm
				3mm	二遍	三遍	二遍	
基价(元)				**1601.18**	**1484.29**	**270.12**	**5312.04**	**1275.58**
其中	人工费(元)			225.08	135.15	103.95	424.58	35.40
	材料费(元)			1376.10	1349.14	166.17	4887.46	1240.18
	机械费(元)			–	–	–	–	–
名称		单位	单价(元)	数量				
人工	综合工日	工日	75.00	3.001	1.802	1.386	5.661	0.472
材料	冷底子油 30:70	kg	6.30	48.480	–	–	–	–
	焦油玛蹄脂	m^3	2905.00	0.320	–	–	–	–
	木柴	kg	0.95	148.500	182.160	–	–	–
	塑料油膏	kg	2.01	–	585.120	–	–	–
	氯偏共聚乳液	kg	7.20	–	–	21.000	–	–
	磷酸三钠溶液 0.1	kg	7.82	–	–	0.590	–	–
	聚乙烯醇溶液 0.1	kg	10.90	–	–	0.950	–	–
	二甲苯	kg	11.40	–	–	–	12.960	4.850
	聚氨酯 甲料	kg	19.00	–	–	–	107.640	26.910
	聚氨酯 乙料	kg	16.00	–	–	–	168.410	42.100

注:聚氨酯如果掺缓凝剂,应增加磷酸 0.3kg;如果掺促凝剂应增加二月硅酸二丁基锡 0.25kg。

工作内容:熬制石油沥青,配制冷底子油,刷冷底子油一遍,涂刷沥青。 单位:100m^2

定额编号				1-8-159	1-8-160	1-8-161
项目				石油沥青一遍		
				平面	混凝土立面	砖墙立面
基价(元)				**1216.16**	**1295.25**	**1404.78**
其中	人工费(元)			119.25	149.85	161.93
	材料费(元)			1096.91	1145.40	1242.85
	机械费(元)			–	–	–
名称		单位	单价(元)	数量		
人工	综合工日	工日	75.00	1.590	1.998	2.159
材料	冷底子油 30:70	kg	6.30	48.480	48.480	48.480
	石油沥青 30 号	kg	3.80	186.560	198.220	221.540
	木柴	kg	0.95	86.900	91.300	100.600

工作内容：熬制石油沥青，刷沥青一遍。

单位：$100m^2$

定额编号					1-8-162	1-8-163	1-8-164
项目					每增加石油沥青一遍		
					平面	混凝土立面	砖墙立面
基价（元）					**645.25**	**734.93**	**833.15**
其中	人工费（元）				42.08	56.10	65.70
	材料费（元）				603.17	678.83	767.45
	机械费（元）				–	–	–
名称			单位	单价（元）	数量		
人工	综合工日		工日	75.00	0.561	0.748	0.876
材料	石油沥青 30 号		kg	3.80	144.430	163.240	186.560
	木柴		kg	0.95	57.200	61.600	61.600

工作内容：配制涂刷冷底子油一遍、熬制石油沥青玛蹄脂、涂刷石油沥青玛蹄脂一遍。 单位：$100m^2$

定额编号				1-8-165	1-8-166	1-8-167
项目				刷石油沥青玛蹄脂一遍		
				平面	混凝土立面	砖墙立面
基价（元）				**1189.04**	**1517.45**	**1658.26**
其中	人工费（元）			112.88	146.03	164.48
	材料费（元）			1076.16	1371.42	1493.78
	机械费（元）			–	–	–
名称		单位	单价(元)	数量		
人工	综合工日	工日	75.00	1.505	1.947	2.193
材料	石油沥青玛蹄脂	m^3	3800.00	0.180	0.250	0.280
	冷底子油 30：70	kg	6.30	48.480	48.480	48.480
	木柴	kg	0.95	91.300	122.100	130.900

工作内容:同前　　　　单位:$100m^2$

定额编号				1-8-168	1-8-169	1-8-170
项目				每增加一遍石油沥青玛蹄脂		
				平面	混凝土抹灰立面	砖墙立面
基价（元）				**672.55**	**726.80**	**820.09**
其中	人工费（元）			44.03	56.10	65.03
	材料费（元）			628.52	670.70	755.06
	机械费（元）			-	-	-
名称		单位	单价(元)	数量		
人工	综合工日	工日	75.00	0.587	0.748	0.867
材料	石油沥青玛蹄脂	m^3	3800.00	0.150	0.160	0.180
	木柴	kg	0.95	61.600	66.000	74.800

工作内容：清理基层，调制砂浆，抹水泥砂浆。　　　　单位：100m²

定额编号				1-8-171	1-8-172	1-8-173	1-8-174
项目				防水砂浆			
				平面	立面	五层做法平面	五层做法立面
基价（元）				1544.94	1847.11	1690.00	2024.54
其中	人工费（元）			587.78	889.95	1111.20	1443.30
	材料费（元）			920.69	920.69	549.78	552.22
	机械费（元）			36.47	36.47	29.02	29.02
名称		单位	单价（元）	数量			
人工	综合工日	工日	75.00	7.837	11.866	14.816	19.244
材料	水泥砂浆 1∶2	m^3	243.72	2.040	2.040	1.010	1.020
	防水粉	kg	7.70	55.000	55.000	–	–
	素水泥浆	m^3	497.74	–	–	0.610	0.610
	工程用水	t	–	(3.800)	(3.800)	(3.800)	(3.800)
机械	灰浆搅拌机 200L	台班	126.18	0.289	0.289	0.230	0.230

工作内容：清理基层，调配涂料，铺贴附加层、贴布（聚酯布或玻璃纤维布），刷涂料（最后两遍掺水泥作保护层）。　　单位：$100m^2$

定额编号				1-8-175	1-8-176	1-8-177	1-8-178
项目				水乳型			
				普通乳化沥青涂料二布三涂		水性石棉质沥青一布二涂	
				平面	立面	平面	立面
基价（元）				**2019.69**	**2472.30**	**2126.87**	**2393.94**
其中	人工费（元）			612.00	1064.63	467.33	734.40
	材料费（元）			1407.69	1407.67	1659.54	1659.54
	机械费（元）			–	–	–	–
名称		单位	单价（元）	数量			
人工	综合工日	工日	75.00	8.160	14.195	6.231	9.792
材料	聚酯布 $100g/m^2$	m^2	2.35	243.040	243.040	–	–
	乳化沥青	kg	3.20	260.000	260.000	–	–
	普通硅酸盐水泥 32.5	kg	0.33	13.770	13.730	61.200	61.200
	玻璃纤维布	m^2	2.80	–	–	124.910	124.910
	水性石棉质沥青（水乳型）	kg	1.55	–	–	832.000	832.000

工作内容:清理基层,调配涂料,铺贴附加层、刷涂料(最后两遍掺水泥作保护层),贴聚酯布。　　单位:$100m^2$

定额编号				1-8-179	1-8-180	1-8-181	1-8-182
项目				水乳型再生胶沥青聚酯布			
				二布三涂		每增一布一涂	
				平面	立面	平面	立面
基价(元)				**1785.69**	**2238.32**	**764.84**	**806.91**
其中	人工费(元)			612.00	1064.63	248.03	290.10
	材料费(元)			1173.69	1173.69	516.81	516.81
	机械费(元)			–	–	–	–
名称		单位	单价(元)	数量			
人工	综合工日	工日	75.00	8.160	14.195	3.307	3.868
材料	聚酯布 $100g/m^2$	m^2	2.35	243.040	243.040	118.130	118.130
	再生胶沥青(水乳型)	kg	2.30	260.000	260.000	104.000	104.000
	普通硅酸盐水泥 32.5	kg	0.33	13.770	13.770	–	–

工作内容:同前　　　　　　　　　　　　　　　　　　　　　　　　　　　　　　　　单位:100m²

定额编号				1-8-183	1-8-184	1-8-185	1-8-186
项目				水乳型阴离子合成胶乳化沥青聚酯布			
				一布二涂		每增一布一涂	
				平面	立面	平面	立面
基价(元)				**2325.92**	**2592.99**	**1695.64**	**1737.71**
其中	人工费(元)			467.33	734.40	248.03	290.10
	材料费(元)			1858.59	1858.59	1447.61	1447.61
	机械费(元)			–	–	–	–
名称		单位	单价(元)	数量			
人工	综合工日	工日	75.00	6.231	9.792	3.307	3.868
材料	聚酯布 100g/m²	m²	2.35	124.910	124.910	118.130	118.130
	阴离子合成胶乳沥青(水乳型)	kg	7.50	208.000	208.000	156.000	156.000
	普通硅酸盐水泥 32.5	kg	0.33	15.300	15.300	–	–

工作内容:同前

单位:$100m^2$

定额编号				1-8-187	1-8-188	1-8-189	1-8-190
项目				水乳型阳离子氯丁胶乳化沥青聚酯布			
				一布二涂		每增一布一涂	
				平面	立面	平面	立面
基价(元)				**1930.72**	**2197.79**	**1399.24**	**1441.31**
其中	人工费(元)			467.33	734.40	248.03	290.10
	材料费(元)			1463.39	1463.39	1151.21	1151.21
	机械费(元)			–	–	–	–
名称		单位	单价(元)	数量			
人工	综合工日	工日	75.00	6.231	9.792	3.307	3.868
材料	聚酯布 $100g/m^2$	m^2	2.35	124.910	124.910	118.130	118.130
	阳离子氯丁胶乳沥青(水乳型)	kg	5.60	208.000	208.000	156.000	156.000
	普通硅酸盐水泥 32.5	kg	0.33	15.300	15.300	–	–

工作内容:同前　　　　单位:100m²

定额编号				1-8-191	1-8-192	1-8-193	1-8-194
项目				溶剂型再生胶沥青聚酯布			
				二布三涂		每增一布一涂	
				平面	立面	平面	立面
基价(元)				**1907.48**	**2319.88**	**884.44**	**926.51**
其中	人工费(元)			612.00	1024.50	248.03	290.10
	材料费(元)			1295.48	1295.38	636.41	636.41
	机械费(元)			–	–	–	–
名称		单位	单价(元)	数量			
人工	综合工日	工日	75.00	8.160	13.660	3.307	3.868
材料	聚酯布 100g/m²	m²	2.35	243.040	243.000	118.130	118.130
	再生胶沥青(溶剂型)	kg	2.30	312.000	312.000	156.000	156.000
	普通硅酸盐水泥 32.5	kg	0.33	20.400	20.400	–	–

工作内容：清理基层、调制、涂刷防水层；在防水薄弱处涂布附加层，贴布防水层。　　单位：$100m^2$

定额编号				1-8-195	1-8-196	1-8-197
项目				刷聚氨酯防水涂料		
				三涂	二涂	一布三涂
				2mm	1.5mm	
基价（元）				**5739.00**	**4285.13**	**1928.20**
其中	人工费（元）			459.00	325.13	459.00
	材料费（元）			5280.00	3960.00	1469.20
	机械费（元）			–	–	–
名称		单位	单价（元）	数量		
人工	综合工日	工日	75.00	6.120	4.335	6.120
材料	单组分纯聚氨酯防水涂料（环保型）SPU－301	kg	22.00	240.000	180.000	–
	聚氨脂防水涂料 特种	kg	23.00	–	–	50.000
	玻璃纤维布	m^2	2.80	–	–	114.000

三、变形缝

1. 填缝

工作内容：1. 油浸麻丝：熬制沥青，调配沥青麻丝、填塞沥青麻丝。2. 油浸木丝板：熬制沥青，浸木丝板，油浸木丝板填缝。
3. 玛蹄脂：熬制玛蹄脂，玛蹄脂灌缝。

单位：100m

定额编号				1-8-198	1-8-199	1-8-200	1-8-201
项目				油浸麻丝		油浸木丝板	玛蹄脂
				平面	立面		
基价（元）				**1822.03**	**2056.03**	**1328.48**	**2436.68**
其中	人工费（元）			479.40	713.40	374.25	424.58
	材料费（元）			1342.63	1342.63	954.23	2012.10
	机械费（元）			–	–	–	–
名称		单位	单价(元)	数量			
人工	综合工日	工日	75.00	6.392	9.512	4.990	5.661
材料	石油沥青 30 号	kg	3.80	216.240	216.240	163.240	–
	麻丝	kg	7.75	55.080	55.080	–	–
	木柴	kg	0.95	99.000	99.000	61.600	198.000
	木丝板	m^2	18.00	–	–	15.300	–
	石油沥青玛蹄脂	m^3	3800.00	–	–	–	0.480

工作内容：1. 石灰麻刀：调制石灰麻刀，石灰麻刀嵌缝，缝上贴二毡二油条一层。2. 建筑油膏、沥青砂浆：熬制油膏、沥青，拌和沥青砂浆，沥青砂浆或建筑油膏嵌缝。

单位：100m

定额编号				1-8-202	1-8-203	1-8-204	1-8-205
项目				石灰麻刀		建筑油膏	沥青砂浆
				平面	立面		
基价（元）				**913.93**	**975.73**	**542.47**	**1173.31**
其中	人工费（元）			443.10	504.90	354.45	419.48
	材料费（元）			470.83	470.83	188.02	753.83
	机械费（元）			–	–	–	–
名称		单位	单价（元）	数量			
人工	综合工日	工日	75.00	5.908	6.732	4.726	5.593
材料	建筑油膏	kg	1.85	–	–	87.770	–
	沥青砂浆 1∶2∶7	m^3	1178.60	–	–	–	0.480
	石油沥青油毡 350 号	m^2	2.55	17.000	17.000	–	–
	生石灰	kg	0.15	180.000	180.000	–	–
	麻刀	kg	1.21	108.000	108.000	–	–
	木柴	kg	0.95	24.000	24.000	27.000	198.000
	石油沥青 30 号	kg	3.80	65.000	65.000	–	–

工作内容：1. 贴氯丁橡胶片：清理用乙酸乙酯洗缝，隔纸，用氯丁胶粘剂贴氯丁橡胶片，最后在氯丁橡胶片上涂胶铺砂。2. 紫铜板止水片：铜板剪裁、焊接成型，铺设。3. 聚氯乙烯胶泥：清缝、水泥砂浆勾缝，垫牛皮纸，熬灌聚氯乙烯胶泥。

单位：100m

定额编号				1-8-206	1-8-207	1-8-208
项目				氯丁橡胶片止水带	预埋式紫铜板止水片	聚氯乙烯胶泥
基价（元）				**1848.95**	**54383.24**	**1168.85**
其中	人工费（元）			228.23	1684.95	481.95
	材料费（元）			1620.72	52541.10	686.90
	机械费（元）			–	157.19	–
名称		单位	单价（元）	数		量
人工	综合工日	工日	75.00	3.043	22.466	6.426
材料	氯丁橡胶片 2mm 厚	m^2	17.50	31.820	–	–
	乙酸乙酯	kg	15.32	23.000	–	–
	氯丁橡胶浆液	kg	8.20	60.580	–	–
	三异氰酸酯	kg	21.66	9.090	–	–
	普通硅酸盐水泥 32.5	kg	0.33	9.090	–	–
	聚氯乙烯胶泥	kg	7.50	–	–	83.320
	牛皮纸	张	0.89	5.910	–	53.230
	水泥砂浆 1∶2	m^3	243.72	–	–	0.060
	紫铜板 各种规格	kg	64.00	–	810.900	–
	粗砂	m^3	60.00	0.160	–	–
	铜焊条 铜 107 ϕ2.5	kg	45.00	–	14.300	–
机械	剪板机 20mm×2500mm	台班	302.52	–	0.094	–
	交流弧焊机 30kV·A	台班	216.39	–	0.595	–

工作内容：1. 清理基层，刷底胶，缝上粘贴 350mm 宽一布二涂氯丁胶贴玻璃纤维布。
2. 在缝中心贴 150mm 宽一布二涂氯丁胶玻璃布。3. 止水片干后，表面涂胶并贴粒砂。

单位：100m

定额编号				1-8-209	1-8-210
项目				涂刷式一布二涂氯丁胶贴玻璃纤维布止水片	
				湿基层	干基层
基价（元）				**2625.95**	**2380.90**
其中	人工费（元）			311.10	311.10
	材料费（元）			2314.85	2069.80
	机械费（元）			–	–
名称		单位	单价(元)	数量	
人工	综合工日	工日	75.00	4.148	4.148
材料	乙酸乙酯	kg	15.32	15.310	15.310
	粗砂	m^3	60.00	0.180	0.180
	玻璃纤维布	m^2	2.80	95.200	95.200
	氯丁橡胶浆液	kg	8.20	116.940	135.980
	三异氰酸酯	kg	21.66	17.540	20.400
	普通硅酸盐水泥 32.5	kg	0.33	7.000	3.000
	环氧树脂（各种规格）	kg	28.60	14.420	–
	300 号低分子聚酰胺	kg	17.15	2.880	–

工作内容:剪裁、制作、成型、安装。　　　　单位:100m

定额编号				1-8-211
项目				钢板止水带 宽 450mm
基价(元)				**6380.06**
其中	人工费(元)			1466.25
	材料费(元)			4625.28
	机械费(元)			288.53
名称		单位	单价(元)	数量
人工	综合工日	工日	75.00	19.550
材料	钢板综合	kg	3.75	1123.000
	光圆钢筋 ϕ10 以内	t	3700.00	0.030
	预埋铁件	kg	5.50	20.000
	电焊条 结 422 ϕ2.5	kg	5.04	28.000
	其他材料费	元	–	51.910
机械	剪板机 20mm×2500mm	台班	302.52	0.094
	自动埋弧焊机 500A	台班	253.01	1.028

工作内容：止水带制作，接头及安装。　　单位：100m

定额编号					1-8-212	1-8-213
项目					预埋式止水带	
					橡胶	塑料
基价（元）					**6842.14**	**5043.49**
其中	人工费（元）				701.25	701.25
	材料费（元）				6140.89	4342.24
	机械费（元）				–	–
名称			单位	单价(元)	数	量
人工	综合工日		工日	75.00	9.350	9.350
材料	橡胶止水带 6×26×322		m	57.13	105.000	–
	塑料止水带		m	40.00	–	105.000
	环氧树脂（各种规格）		kg	28.60	3.040	3.040
	乙二胺		kg	23.60	0.240	0.240
	丙酮 95%		kg	10.80	3.040	3.040
	甲苯 国产		kg	7.00	2.400	2.400

2. 盖缝

工作内容:1. 木板盖面:平面板材加工,板缝一侧涂胶粘合;立面埋木砖,钉木盖板。
2. 铁皮盖面:平面(屋面)埋木砖,钉木条,木条上钉铁皮;立面埋木砖,木砖上钉铁皮。

单位:100m

定额编号				1-8-214	1-8-215	1-8-216	1-8-217
项目				木板盖板		铁皮盖板	
				平面	立面	平面	立面
基价(元)				**1275.04**	**2129.15**	**4037.27**	**1992.83**
其中	人工费(元)			–	–	–	–
	材料费(元)			1275.04	2129.15	4037.27	1992.83
	机械费(元)			–	–	–	–
名称		单位	单价(元)	数量			
材料	一等板方材 综合	m^3	2050.00	0.612	0.655	0.999	–
	二等板方材 综合	m^3	1800.00	–	0.432	0.150	0.301
	镀锌铁皮 $\delta=0.5$	m^2	23.20	–	–	62.540	53.000
	铁钉	kg	4.86	–	1.810	2.100	0.700
	焊锡	kg	48.00	–	–	4.060	3.440
	防腐油	kg	1.78	–	–	6.760	5.310
	盐酸	kg	0.95	–	–	0.860	0.740
	木炭	kg	2.80	–	–	18.020	15.270
	XY508 粘合剂	kg	13.45	1.520	–	–	–

工作内容：盖缝板加工，盖缝板安装。　　　　单位：100m

定额编号				1-8-218	1-8-219	1-8-220	1-8-221
项目				外墙变形缝			
				铝板 $\delta=1.5$		不锈钢板 $\delta=1.0$	
				缝宽 50mm 内	缝宽 100mm 内	缝宽 50mm 内	缝宽 100mm 内
基价（元）				**2593.59**	**3031.77**	**4511.76**	**5343.11**
其中	人工费（元）			458.40	481.35	458.40	481.35
	材料费（元）			2135.19	2550.42	4053.36	4861.76
	机械费（元）			–	–	–	–
名称		单位	单价(元)	数量			
人工	综合工日	工日	75.00	6.112	6.418	6.112	6.418
材料	铝板 各种规格	kg	18.90	106.400	128.250	–	–
	膨胀螺栓 M8×60	套	0.17	680.000	680.000	680.000	680.000
	不锈钢板 $\delta=1.0$	m^2	157.60	–	–	24.890	30.000
	其他材料费	元	–	8.630	10.890	15.100	18.160

工作内容：钢板、铝板加工，预埋铁件，盖缝板安装。　　　　　　　　单位：100m

定额编号				1-8-222	1-8-223
项目				楼面变形缝	
				钢板 δ=5	铝板 δ=3
				缝宽 150mm	
基价（元）				**5971.47**	**5817.11**
其中	人工费（元）			752.93	752.93
	材料费（元）			5218.54	5064.18
	机械费（元）			–	–
名称		单位	单价(元)	数量	
人工	综合工日	工日	75.00	10.039	10.039
材料	镀锌薄钢板 δ=0.5~0.9	kg	5.25	162.790	162.790
	花纹钢板 δ=5	t	3900.00	0.977	0.008
	金属膨胀螺栓 M8×80	套	0.70	680.000	680.000
	环氧防锈漆 红丹	kg	26.68	2.170	–
	铝板 各种规格	kg	18.90	–	194.850
	其他材料费	元	–	19.700	19.670

工作内容：铝板、不锈钢板加工，盖缝板安装，砂浆抹面。　　　　单位：100m

定额编号				1-8-224	1-8-225
项目				屋面变形缝	
				铝板 $\delta=1.5$	不锈钢板 $\delta=1.0$
				缝宽100mm内	
基价（元）				**3574.04**	**7097.51**
其中	人工费（元）			1369.35	1369.35
	材料费（元）			2204.69	5728.16
	机械费（元）			–	–
名称		单位	单价(元)	数	量
人工	综合工日	工日	75.00	18.258	18.258
材料	铝板 各种规格	kg	18.90	82.560	–
	水泥砂浆 1：2.5	m^3	227.55	1.248	–
	普通硅酸盐水泥 32.5	kg	0.33	632.000	–
	中(粗)砂	m^3	60.00	1.087	–
	碎石 15mm	m^3	55.00	1.415	–
	不锈钢板 $\delta=1.0$	m^2	157.60	–	36.210
	其他材料费	元	–	8.720	21.460

第九章　防腐、保温、隔热工程

说　明

一、本章包括：防腐工程、保温隔热工程 2 节，共 246 个子目。

二、耐酸防腐：

1. 整体面层、隔离层适用于平面、立面的防腐耐酸工程，包括沟、坑、槽。

2. 块料面层以平面砌为准，砌立面者按平面砌相应项目，人工乘以系数1.38，踢脚板人工乘以系数1.56，其他不变。

3. 各种砂浆、胶泥、混凝土材料的种类、配合比及各种整体面层的厚度，如设计与定额不同时，可以换算，但各种块料面层的结合层砂浆或胶泥厚度不变。

4. 本章的各种面层，除软聚氯乙烯塑料地面外，均不包括踢脚板。

5. 花岗岩板以六面剁斧的板材为准。如底面为毛面者，每 $100m^2$ 水玻璃砂浆增加 $0.38m^3$；耐酸沥青砂浆增加 $0.44m^3$。

三、保温隔热：

1. 本定额适用于中温、低温及恒温的工业厂（库）房隔热工程，以及一般保温工程。

2. 本定额保温隔热材料的铺贴，不包括隔气防潮和保护层。

3. 玻璃棉、矿渣棉包装材料和人工均已包括在定额内。

4. 墙体铺贴块体材料，包括基层涂沥青一遍。

工程量计算规则

一、防腐工程量按以下规定计算：

1. 防腐工程项目应区分不同防腐材料种类及其厚度，按设计实铺面积以平方米（m^2）计算。应扣除凸出地面的构筑物、设备基础等所占的面积，砖垛等突出路面部分按展开面积计算并入墙面防腐工程量之内。

2. 踢脚板按实铺长度乘以高度以平方米（m^2）计算，应扣除门洞所占面积并相应增加侧壁展开面积。

3. 平面砌筑双层酞酸块料时，按单层面积乘以系数 2 计算。

4. 防腐卷材接缝、附加层、收头等人工材料已计入在定额中，不再另行计算。

二、保温隔热工程量按以下规定计算：

1. 保温隔热层应区别不同保温隔热材料，除另有规定者外，均按设计实铺厚度以立方米（m^3）计算。

2. 保温隔热层的厚度按隔热材料（不包括胶结材料）净厚度计算。

3. 地面隔热层按围护结构墙体间净面积乘以设计厚度以立方米（m^3）计算，不扣除柱、垛所占的体积。

4. 墙体隔热层，外墙按隔热层中心线、内墙按隔热层净长乘以图示尺寸的高度及厚度以立方米（m^3）计算。应扣除冷藏门洞口和管道穿墙洞口所占的体积。

5. 柱包隔热层，按图示柱的隔热层中心线的展开长度乘以图示尺寸高度及厚度以立方米（m^3）计算。

6. 其他保温隔热：

(1)池槽隔热层按图示池槽保温隔热层的长、宽及其厚度以立方米(m^3)计算。其中池壁按墙面计算,池底按地面计算。

(2)门洞口侧壁周围的隔热部分,按图示隔热层尺寸以立方米(m^3)计算,并入墙面的保温隔热工程量内。

(3)柱帽保温隔热层按图示保温隔热层体积并入天棚保温隔热层工程量内。

一、防腐工程

1. 整体面层防腐

工作内容：清扫基层、底层或施工缝刷稀胶泥、调运砂浆胶泥、混凝土、浇灌混凝土。　　单位：100m²

定额编号				1-9-1	1-9-2	1-9-3	1-9-4
项目				水玻璃耐酸混凝土		耐酸沥青砂浆	
				60mm	增减 10mm	30mm	增减 5mm
基价（元）				**17067.33**	**2676.18**	**10161.37**	**1491.14**
其中	人工费（元）			2970.00	445.50	1410.75	222.75
	材料费（元）			13695.62	2164.83	8750.62	1268.39
	机械费（元）			401.71	65.85	–	–
名称		单位	单价(元)	数		量	
人工	综合工日	工日	75.00	39.600	5.940	18.810	2.970
材料	水玻璃耐酸混凝土	m³	2122.38	6.120	1.020	–	–
	耐酸沥青砂浆 铺设压实用 1.3：2.6：7.4	m³	1954.30	–	–	3.030	0.510
	冷底子油 30：70	kg	6.30	–	–	48.000	–
	耐酸沥青胶泥 1：0.3	m³	4059.70	–	–	0.200	–
	水玻璃稀胶泥 1：0.15：0.5：0.5	m³	3365.00	0.210	–	–	–
	木柴	kg	0.95	–	–	1805.000	286.000
机械	混凝土搅拌机(机动) 400L 以内	台班	301.75	1.220	0.200	–	–
	混凝土振捣器 平板式 BL11	台班	13.76	2.440	0.400	–	–

工作内容:清扫基层、熬沥青、填充料加热、调运胶泥、刷胶泥、搅拌沥青混凝土、摊铺并压实沥青混凝土。 单位:100m²

定额编号				1-9-5	1-9-6	1-9-7
项目				耐酸沥青混凝土		碎石灌沥青
				60mm	增减 10mm	100mm
基价(元)				**15281.61**	**2289.28**	**22965.60**
其中	人工费(元)			1504.50	238.50	1806.00
	材料费(元)			13375.40	1984.93	21159.60
	机械费(元)			401.71	65.85	–
名称		单位	单价(元)	数量		
人工	综合工日	工日	75.00	20.060	3.180	24.080
材料	耐酸沥青混凝土 中粒式	m³	1609.73	6.060	1.010	–
	耐酸沥青胶泥 1∶0.3	m³	4059.70	0.200	–	–
	石油沥青 30 号	kg	3.80	–	–	3608.000
	冷底子油 30∶70	kg	6.30	48.000	–	–
	碎石 15mm	m³	55.00	–	–	10.800
	木柴	kg	0.95	2638.000	378.000	7216.000
机械	混凝土搅拌机(机动) 400L 以内	台班	301.75	1.220	0.200	–
	混凝土振捣器 平板式 BL11	台班	13.76	2.440	0.400	–

工作内容：清扫基层、熬制硫磺、烘干粉骨料、调运混凝土、砂浆、胶泥。　　单位：$100m^2$

				1-9-8	1-9-9	1-9-10	1-9-11
定额编号				1-9-8	1-9-9	1-9-10	1-9-11
项目				硫磺混凝土		环氧砂浆	
				60mm	增减 10mm	5mm	增减 1mm
基价（元）				**17510.93**	**2577.77**	**11511.12**	**2015.40**
其中	人工费（元）			3278.25	504.00	3075.00	483.00
	材料费（元）			13830.97	2007.92	8436.12	1532.40
	机械费（元）			401.71	65.85	–	–
名称		单位	单价（元）	数量			
人工	综合工日	工日	75.00	43.710	6.720	41.000	6.440
材料	硫磺混凝土	m^3	1804.28	6.120	1.010	–	–
	硫磺砂浆 1：0.35：0.6：0.06	m^3	2933.00	0.510	–	–	–
	环氧砂浆 1：0.07：2：4	m^3	15170.90	–	–	0.510	0.100
	环氧打底料 1：1：0.07：0.15	m^3	20197.70	–	–	0.030	–
	木柴	kg	0.95	137.000	20.000	–	–
	煤	kg	0.85	1368.000	196.000	–	–
	其他材料费	元	–	–	–	93.030	15.310
机械	混凝土搅拌机（机动）400L 以内	台班	301.75	1.220	0.200	–	–
	混凝土振捣器 平板式 BL11	台班	13.76	2.440	0.400	–	–

工作内容：清扫基层、调运胶泥、刷稀胶泥。

单位：100m²

定额编号				1-9-12	1-9-13	1-9-14
项目				环氧稀胶泥	环氧煤焦油砂浆	
				2mm	5mm	增减1mm
基价（元）				**7789.90**	**7221.75**	**1138.41**
其中	人工费（元）			2625.00	3075.00	450.00
	材料费（元）			5164.90	4146.75	688.41
	机械费（元）			–	–	–
名称		单位	单价(元)	数量		
人工	综合工日	工日	75.00	35.000	41.000	6.000
材料	环氧稀胶泥 1∶0.08∶0.1∶1	m³	22923.30	0.210	–	–
	环氧煤焦油 砂浆 0.5∶0.5∶0.04∶0.1∶2∶4∶0.04	m³	6760.30	–	0.510	0.100
	环氧打底料 1∶1∶0.07∶0.15	m³	20197.70	0.014	0.030	–
	其他材料费	元	–	68.240	93.070	12.380

工作内容：清扫基层、打底料、调运砂浆、摊铺砂浆。 单位：$100m^2$

定额编号				1-9-15	1-9-16	1-9-17	1-9-18
项目				环氧呋喃砂浆		邻苯型不饱和聚酯砂浆	
				5mm	增减 1mm	5mm	增减 1mm
基价（元）				**8992.81**	**1473.90**	**6769.80**	**1050.37**
其中	人工费（元）			3150.00	450.00	3075.00	450.00
	材料费（元）			5842.81	1023.90	3694.80	600.37
	机械费（元）			–	–	–	–
名称		单位	单价(元)	数量			
人工	综合工日	工日	75.00	42.000	6.000	41.000	6.000
材料	环氧呋喃砂浆 0.7:0.3:0.05:2:4	m^3	10126.06	0.510	0.100	–	–
	邻苯型不饱和聚酯砂浆	m^3	5941.88	–	–	0.510	0.100
	环氧打底料 1:1:0.07:0.15	m^3	20197.70	0.030	–	0.030	–
	其他材料费	元	–	72.590	11.290	58.510	6.180

工作内容:同前

单位:100m²

定额编号				1-9-19	1-9-20	1-9-21	1-9-22
项目				双酚 A 型不饱和聚酯砂浆		邻苯型聚酯稀胶泥	铁屑砂浆
				5mm	增减 1mm	2mm	20mm
基价(元)				**3713.15**	**453.38**	**5296.03**	**4099.68**
其中	人工费(元)			3075.00	450.00	2625.00	1537.50
	材料费(元)			638.15	3.38	2671.03	2562.18
	机械费(元)			–	–	–	–
名称		单位	单价(元)	数量			
人工	综合工日	工日	75.00	41.000	6.000	35.000	20.500
材料	双酚 A 型不饱和聚酯树脂	kg	33.45	0.510	0.100	–	–
	邻苯型稀胶泥	m³	11276.11	–	–	0.210	–
	环氧打底料 1:1:0.07:0.15	m³	20197.70	0.030	–	0.014	–
	铁屑砂浆 1:0.3:1.5	m³	1227.13	–	–	–	2.020
	素水泥浆	m³	497.74	–	–	–	0.100
	水	t	4.00	–	–	–	8.400
	其他材料费	元	–	15.160	0.030	20.280	–

工作内容：同前　　　　　　单位：$100m^2$

定额编号				1-9-23	1-9-24	1-9-25	1-9-26	1-9-27
项目				不发火沥青砂浆	重晶石混凝土	重晶石砂浆		酸化处理
				20mm	$10m^3$	30mm	增减5mm	
基价（元）				**11361.62**	**14101.80**	**14308.80**	**2404.80**	**477.40**
其中	人工费（元）			2015.25	2625.00	1050.00	195.00	432.00
	材料费（元）			9346.37	11476.80	13258.80	2209.80	45.40
	机械费（元）			–	–	–	–	–
名称		单位	单价(元)	数量				
人工	综合工日	工日	75.00	26.870	35.000	14.000	2.600	5.760
材料	不发火沥青砂浆 1:0.533:0.533:3.121	m^3	3249.42	2.020	–	–	–	–
	重晶石混凝土	m^3	1124.02	–	10.150	–	–	–
	重晶石砂浆 1:4	m^3	4321.96	–	–	3.060	0.510	–
	纯硫酸	kg	1.00	–	–	–	–	45.000
	耐酸沥青胶泥 1:0.3	m^3	4059.70	0.200	–	–	–	–
	冷底子油 30:70	kg	6.30	48.000	–	–	–	–
	木柴	kg	0.95	1756.000	–	–	–	–
	水	t	4.00	–	17.000	8.400	1.400	0.100

工作内容：涂料干燥、过筛、胶浆配制、涂刷、腻子嵌刮、贴布一层。　　单位：$100m^2$

定额编号				1-9-28	1-9-29	1-9-30	1-9-31
项目				环氧底料	刮腻子	环氧玻璃钢	
				每遍		贴布每层	面漆每层
基价（元）				**862.01**	**526.18**	**4172.70**	**671.94**
其中	人工费（元）			342.00	214.50	2847.00	220.50
	材料费（元）			477.20	243.18	1111.65	408.63
	机械费（元）			42.81	68.50	214.05	42.81
名称		单位	单价（元）	数量			
人工	综合工日	工日	75.00	4.560	2.860	37.960	2.940
材料	环氧树脂（各种规格）	kg	28.60	11.960	3.590	17.940	11.960
	丙酮 95%	kg	10.80	9.680	0.720	6.090	4.290
	乙二胺	kg	23.60	0.840	0.250	1.260	0.840
	石英粉	kg	0.50	2.390	7.180	3.590	0.840
	玻璃丝布 $\delta=0.5$	m^2	3.68	–	–	115.000	–
	砂布	张	3.00	–	40.000	20.000	–
	其他材料费	元	–	9.580	3.240	18.060	–
机械	轴流风机 7.5kW	台班	42.81	1.000	1.600	5.000	1.000

工作内容:同前　　　　单位:$100m^2$

定额编号				1-9-32	1-9-33	1-9-34	1-9-35
项目				环氧酚醛玻璃钢		酚醛玻璃钢	
				贴布每层	面漆每层	贴布每层	面漆每层
基价(元)				**4028.48**	**570.58**	**4136.84**	**486.44**
其中	人工费(元)			2847.00	200.25	3112.50	200.25
	材料费(元)			967.43	327.52	810.29	243.38
	机械费(元)			214.05	42.81	214.05	42.81
名称		单位	单价(元)	数量			
人工	综合工日	工日	75.00	37.960	2.670	41.500	2.670
材料	环氧树脂(各种规格)	kg	28.60	12.560	8.370	–	–
	酚醛树脂	kg	16.83	5.380	3.590	17.940	11.960
	丙酮 95%	kg	10.80	5.190	1.200	–	–
	乙二胺	kg	23.60	0.900	0.600	–	–
	石英粉	kg	0.50	3.590	1.200	7.160	1.200
	玻璃丝布 $\delta=0.5$	m^2	3.68	115.000	–	115.000	–
	苯磺酰氯	kg	11.92	–	–	1.610	1.080
	工业酒精 99.5%	kg	8.20	–	–	4.290	3.490
	其他材料费	元	–	15.380	–	27.210	–
机械	轴流风机 7.5kW	台班	42.81	5.000	1.000	5.000	1.000

工作内容：清理基层、调运胶泥、涂刷。

单位：100m²

定额编号				1-9-36	1-9-37	1-9-38	1-9-39
项目				环氧煤焦油玻璃钢		环氧呋喃玻璃钢	
				贴布每层	面漆每层	贴布每层	面漆每层
基价（元）				**3855.45**	**454.70**	**4039.57**	**594.28**
其中	人工费（元）			2847.00	220.50	2847.00	228.00
	材料费（元）			794.40	191.39	978.52	323.47
	机械费（元）			214.05	42.81	214.05	42.81
名称		单位	单价(元)	数量			
人工	综合工日	工日	75.00	37.960	2.940	37.960	3.040
材料	环氧树脂（各种规格）	kg	28.60	8.970	5.600	12.560	8.370
	煤焦油	kg	2.00	8.970	5.600	–	–
	呋喃树脂	kg	15.70	–	–	5.380	3.590
	甲苯 国产	kg	7.00	2.690	1.200	–	–
	丙酮 95%	kg	10.80	–	–	2.690	1.200
	乙二胺	kg	23.60	0.720	0.480	0.900	0.600
	石英粉	kg	0.50	1.800	0.600	2.690	1.200
	玻璃丝布 $\delta=0.5$	m²	3.68	115.000	–	115.000	–
	砂布	张	3.00	20.000	–	20.000	–
机械	轴流风机 7.5kW	台班	42.81	5.000	1.000	5.000	1.000

工作内容：清理基层、调运砂浆、贴布、涂刷面层。

单位：100m²

定额编号				1-9-40	1-9-41	1-9-42	1-9-43
项目				邻苯型不饱和聚酯玻璃钢		双酚A型不饱和聚酯玻璃钢	
				贴布每层	面漆每层	贴布每层	面漆每层
基价（元）				**4543.32**	**461.56**	**4896.54**	**688.42**
其中	人工费（元）			3513.75	233.25	3530.25	235.50
	材料费（元）			772.71	185.50	1109.43	410.11
	机械费（元）			256.86	42.81	256.86	42.81
名称		单位	单价（元）	数量			
人工	综合工日	工日	75.00	46.850	3.110	47.070	3.140
材料	邻苯型不饱和聚酯树脂	kg	14.67	17.930	11.960	–	–
	双酚A型不饱和聚酯树脂	kg	33.45	–	–	17.930	11.960
	过氯化环乙酮二丁酯糊 0.5	kg	16.50	0.710	0.480	0.710	0.480
	环烷酸钴苯乙烯	kg	6.38	0.360	0.240	0.360	0.240
	石英粉	kg	0.50	2.690	1.200	2.690	1.200
	玻璃丝布 $\delta=0.5$	m²	3.68	115.000	–	115.000	–
	砂布	张	3.00	20.000	–	20.000	–
	其他材料费	元	–	11.120	–	11.110	–
机械	轴流风机 7.5kW	台班	42.81	6.000	1.000	6.000	1.000

工作内容：清理基层、配料、下料、涂胶、铺贴、滚压、养护、焊接缝、整平、安装压条、铺贴踢脚板。　　单位：$100m^2$

定额编号				1-9-44
项目				软聚氯乙烯板地面
基价（元）				**11009.99**
其中	人工费（元）			4278.75
	材料费（元）			6671.31
	机械费（元）			59.93
名称		单位	单价(元)	数量
人工	综合工日	工日	75.00	57.050
材料	软塑料	m^2	26.47	149.020
	XY401 胶	kg	12.82	90.000
	聚氯乙烯焊条	kg	23.20	2.230
	二等板方材 综合	m^3	1800.00	0.339
	硬木压条	m^3	1450.00	0.176
	稀释剂	kg	11.00	35.300
	防腐油	kg	1.78	6.750
	白布 0.9m	m^2	8.54	3.570
	砂布	张	3.00	70.000
	木螺丝	百个	2.20	3.800
	铁钉	kg	4.86	1.080
	聚氯乙烯薄膜	kg	14.00	0.100
机械	轴流风机 7.5kW	台班	42.81	1.400

2. 防腐隔离层

工作内容：清理基层、熬沥青、填充料加热、调运胶泥、基层涂冷底子油、铺设油毡。　　　　单位：100m^2

定额编号				1-9-45	1-9-46	1-9-47	1-9-48
项目				耐酸沥青胶泥卷材		耐酸沥青胶泥玻璃布	
				二毡三油	增减一毡一油	一布一油	增减一布一油
基价（元）				**4683.92**	**1468.83**	**3343.18**	**1632.04**
其中	人工费（元）			726.00	324.75	351.00	269.25
	材料费（元）			3957.92	1144.08	2992.18	1362.79
	机械费（元）			–	–	–	–
名称		单位	单价（元）	数量			
人工	综合工日	工日	75.00	9.680	4.330	4.680	3.590
材料	石油沥青油毡 350 号	m^2	2.55	237.500	115.400	–	–
	耐酸沥青胶泥 隔离层用 1：0.3：0.05	m^3	4275.20	0.567	0.181	0.400	0.200
	玻璃丝布 $\delta=0.5$	m^2	3.68	–	–	115.000	115.000
	冷底子油 30：70	kg	6.30	107.080	–	107.080	–
	木柴	kg	0.95	267.000	80.000	194.000	89.000

工作内容：清理基层、熬沥青胶泥、铺设沥青胶泥。　　　　单位：100m²

定额编号				1-9-49	1-9-50
项目				沥青胶泥 8mm	一道冷底子油二道热沥青
基价（元）				**5222.26**	**2309.31**
其中	人工费（元）			1637.25	275.25
	材料费（元）			3585.01	2034.06
	机械费（元）			–	–
名称		单位	单价（元）	数量	
人工	综合工日	工日	75.00	21.830	3.670
材料	耐酸沥青胶泥 1∶0.3	m³	4059.70	0.800	–
	冷底子油 30∶70	kg	6.30	–	48.000
	石油沥青 30 号	kg	3.80	–	405.200
	木柴	kg	0.95	355.000	202.000

3. 平面砌块料面层防腐

工作内容：清理基层运料、清洗磁砖（板）、调制胶泥、砌磁砖（板）。

单位：100m²

定额编号				1-9-51	1-9-52	1-9-53	1-9-54
项目				树脂类胶泥			
				磁砖 230×113		磁板 150×150	
				65mm	113mm	20mm	30mm
基价（元）				**31559.25**	**46012.34**	**32989.45**	**38436.92**
其中	人工费（元）			7236.75	9414.75	7499.25	7500.00
	材料费（元）			24236.88	36511.97	25404.58	30851.30
	机械费（元）			85.62	85.62	85.62	85.62
名称		单位	单价（元）	数量			
人工	综合工日	工日	75.00	96.490	125.530	99.990	100.000
材料	环氧树脂胶泥 1：0.1：0.08：2	m^3	21223.40	0.890	1.300	0.680	0.750
	磁砖 230mm×113mm×65mm	m^2	50.00	98.090	–	–	–
	磁砖 230mm×113mm×113mm	m^2	88.00	–	96.250	–	–
	磁板 150mm×150mm×20mm	m^2	104.00	–	–	101.280	–
	磁板 150mm×150mm×30mm	m^2	145.00	–	–	–	99.960
	环氧打底料 1：1：0.07：0.15	m^3	20197.70	0.020	0.020	0.020	0.020
	棉纱头	kg	6.34	2.460	2.460	2.460	2.460
	水	t	4.00	6.000	8.000	5.000	5.000
机械	轴流风机 7.5kW	台班	42.81	2.000	2.000	2.000	2.000

工作内容：清理基层运料、清洗砖板、调制胶泥、铺砌磁板陶板。　　　　单位：$100m^2$

定额编号				1-9-55	1-9-56	1-9-57	1-9-58
项目				树脂类胶泥			
				磁板 180×110		陶板 150×150	
				20mm	30mm	20mm	30mm
基价（元）				**30927.92**	**33720.39**	**30038.08**	**31988.27**
其中	人工费（元）			7677.00	7804.50	7485.00	7548.75
	材料费（元）			23165.30	25830.27	22467.46	24353.90
	机械费（元）			85.62	85.62	85.62	85.62
名称		单位	单价（元）	数量			
人工	综合工日	工日	75.00	102.360	104.060	99.800	100.650
材料	环氧树脂胶泥 1∶0.1∶0.08∶2	m^3	21223.40	0.690	0.760	0.680	0.750
	磁板 180mm×110mm×20mm	m^2	80.00	101.020	–	–	–
	磁板 180mm×110mm×30mm	m^2	93.00	–	99.580	–	–
	陶板 150mm×150mm×20mm	m^2	75.00	–	–	101.280	–
	陶板 150mm×150mm×30mm	m^2	80.00	–	–	–	99.960
	环氧打底料 1∶1∶0.07∶0.15	m^3	20197.70	0.020	0.020	0.020	0.020
	棉纱头	kg	6.34	2.460	2.460	2.460	2.460
	水	t	4.00	5.000	5.000	5.000	5.000
机械	轴流风机 7.5kW	台班	42.81	2.000	2.000	2.000	2.000

工作内容：清理基层运料、清洗块材、调制胶泥、砌铸石板。　　　　单位：$100m^2$

定额编号				1-9-59	1-9-60	1-9-61	1-9-62
项目				树脂类胶泥			
				铸石板 180×110		铸石板 300×200	
				20mm	30mm	20mm	30mm
基价（元）				**46729.68**	**58889.97**	**45311.86**	**57713.57**
其中	人工费（元）			7677.00	7804.50	6837.00	6839.25
	材料费（元）			38967.06	50999.85	38389.24	50788.70
	机械费（元）			85.62	85.62	85.62	85.62
名称		单位	单价（元）	数量			
人工	综合工日	工日	75.00	102.360	104.060	91.160	91.190
材料	环氧树脂胶泥 1∶0.1∶0.08∶2	m^3	21223.40	0.750	0.810	0.710	0.760
	铸石板 180mm×110mm×20mm	m^2	228.13	99.110	–	–	–
	铸石板 180mm×110mm×30mm	m^2	336.69	–	99.110	–	–
	铸石板 300mm×200mm×20mm	m^2	227.13	–	–	100.740	–
	铸石板 300mm×200mm×30mm	m^2	339.68	–	–	–	100.740
	环氧打底料 1∶1∶0.07∶0.15	m^3	20197.70	0.020	0.020	0.020	0.020
	棉纱头	kg	6.34	2.460	2.460	2.460	2.460
	水	t	4.00	5.000	5.000	5.000	5.000
机械	轴流风机 7.5kW	台班	42.81	2.000	2.000	2.000	2.000

工作内容：清理基层、运料、清洗块材、调制胶泥、铺砌块材。

单位：100m²

定额编号				1-9-63	1-9-64	1-9-65	1-9-66
项目				水玻璃胶泥			
				磁砖 230×113		磁板 150×150	
				65mm	113mm	20mm	30mm
基价（元）				**15703.58**	**24162.14**	**20719.22**	**25012.30**
其中	人工费（元）			7288.50	9352.50	7482.00	7546.50
	材料费（元）			8329.46	14724.02	13151.60	17380.18
	机械费（元）			85.62	85.62	85.62	85.62
名称		单位	单价（元）	数量			
人工	综合工日	工日	75.00	97.180	124.700	99.760	100.620
材料	水玻璃胶泥 1：0.18：1.2：1.1	m^3	3821.30	0.890	1.710	0.680	0.750
	磁砖 230mm×113mm×65mm	m^2	50.00	98.090	–	–	–
	磁砖 230mm×113mm×113mm	m^2	88.00	–	92.700	–	–
	磁板 150mm×150mm×20mm	m^2	104.00	–	–	101.280	–
	磁板 150mm×150mm×30mm	m^2	145.00	–	–	–	99.960
	水	t	4.00	6.000	8.000	5.000	5.000
机械	轴流风机 7.5kW	台班	42.81	2.000	2.000	2.000	2.000

工作内容：清理基层运料、清洗磁板、调制胶泥、铺砌磁板陶板。　　　　单位：$100m^2$

定额编号				1-9-67	1-9-68	1-9-69	1-9-70
项目				水玻璃胶泥			
				磁板 180×110		陶板 150×150	
				20mm	30mm	20mm	30mm
基价（元）				**18499.42**	**20075.25**	**17779.85**	**18514.90**
其中	人工费（元）			7675.50	7804.50	7482.00	7546.50
	材料费（元）			10738.30	12185.13	10212.23	10882.78
	机械费（元）			85.62	85.62	85.62	85.62
名称		单位	单价（元）	数量			
人工	综合工日	工日	75.00	102.340	104.060	99.760	100.620
材料	水玻璃胶泥 1∶0.18∶1.2∶1.1	m^3	3821.30	0.690	0.760	0.680	0.750
	磁板 180mm×110mm×20mm	m^2	80.00	101.020	–	–	–
	磁板 180mm×110mm×30mm	m^2	93.00	–	99.580	–	–
	陶板 150mm×150mm×20mm	m^2	75.00	–	–	101.250	–
	陶板 150mm×150mm×30mm	m^2	80.00	–	–	–	99.960
	水	t	4.00	5.000	5.000	5.000	5.000
机械	轴流风机 7.5kW	台班	42.81	2.000	2.000	2.000	2.000

工作内容：清理基层运料、清洗磁板、调制胶泥、铺砌铸石板。　　　　单位：100m²

定额编号				1-9-71	1-9-72	1-9-73	1-9-74
项目				水玻璃胶泥			
				铸石板 180×110		铸石板 300×200	
				20mm	30mm	20mm	30mm
基价（元）				**33472.65**	**44385.45**	**32688.85**	**44079.92**
其中	人工费（元）			7675.50	7804.50	6837.00	6846.75
	材料费（元）			25711.53	36495.33	25766.23	37147.55
	机械费（元）			85.62	85.62	85.62	85.62
名称		单位	单价（元）	数量			
人工	综合工日	工日	75.00	102.340	104.060	91.160	91.290
材料	水玻璃胶泥 1：0.18：1.2：1.1	m^3	3821.30	0.720	0.810	0.700	0.760
	铸石板 180mm×110mm×20mm	m^2	228.13	100.540	–	–	–
	铸石板 180mm×110mm×30mm	m^2	336.69	–	99.130	–	–
	铸石板 300mm×200mm×20mm	m^2	227.13	–	–	101.560	–
	铸石板 300mm×200mm×30mm	m^2	339.68	–	–	–	100.740
	水	t	4.00	6.000	6.000	6.000	6.000
机械	轴流风机 7.5kW	台班	42.81	2.000	2.000	2.000	2.000

工作内容:清理基层运料、调制胶泥、铺砌磁砖。 单位:100m²

定额编号				1-9-75	1-9-76	1-9-77	1-9-78
项目				硫磺胶泥			
				磁砖 230×113		磁板 150×150	
				65mm	113mm	20mm	30mm
基价(元)				**15814.54**	**23113.06**	**19886.50**	**24057.85**
其中	人工费(元)			7401.00	9562.50	7597.50	7663.50
	材料费(元)			8327.92	13464.94	12203.38	16308.73
	机械费(元)			85.62	85.62	85.62	85.62
名称		单位	单价(元)	数量			
人工	综合工日	工日	75.00	98.680	127.500	101.300	102.180
材料	硫磺胶泥 6:4:0.15	m³	2668.60	1.340	1.960	0.770	0.980
	磁砖 230mm×113mm×65mm	m²	50.00	94.400	–	–	–
	磁砖 230mm×113mm×113mm	m²	88.00	–	93.210	–	–
	磁板 150mm×150mm×20mm	m²	104.00	–	–	97.390	–
	磁板 150mm×150mm×30mm	m²	145.00	–	–	–	94.300
	水	t	4.00	8.000	8.000	5.000	5.000
机械	轴流风机 7.5kW	台班	42.81	2.000	2.000	2.000	2.000

工作内容：清理基层运料、清洗砖板、调制胶泥、铺砌陶板、铸石板。　　单位：$100m^2$

定额编号				1-9-79	1-9-80	1-9-81	1-9-82
项目				硫磺胶泥			
				陶板 150×150		铸石板 180×110	
				20mm	30mm	20mm	30mm
基价（元）				17036.26	18049.66	32283.97	43042.04
其中	人工费（元）			7597.50	7663.50	7794.00	7925.25
	材料费（元）			9353.14	10300.54	24404.35	35031.17
	机械费（元）			85.62	85.62	85.62	85.62
名称		单位	单价(元)	数量			
人工	综合工日	工日	75.00	101.300	102.180	103.920	105.670
材料	硫磺胶泥 6：4：0.15	m^3	2668.60	0.760	0.970	0.900	1.130
	陶板 150mm×150mm×20mm	m^2	75.00	97.400	–	–	–
	陶板 150mm×150mm×30mm	m^2	80.00	–	96.150	–	–
	铸石板 180mm×110mm×20mm	m^2	228.13	–	–	96.360	–
	铸石板 180mm×110mm×30mm	m^2	336.69	–	–	–	95.030
	水	t	4.00	5.000	5.000	5.000	5.000
机械	轴流风机 7.5kW	台班	42.81	2.000	2.000	2.000	2.000

工作内容：清理基层运料、清洗磁砖、调制胶泥、铺砌磁砖。　　　　单位：$100m^2$

定额编号				1-9-83	1-9-84	1-9-85	1-9-86
项目				耐酸沥青胶泥			
				磁砖 230×113		磁板 150×150	
				65mm	113mm	20mm	30mm
基价（元）				**15513.51**	**22209.45**	**17662.80**	**19633.13**
其中	人工费（元）			7288.50	9417.00	7482.00	7546.50
	材料费（元）			8139.39	12706.83	10095.18	12001.01
	机械费（元）			85.62	85.62	85.62	85.62
名称		单位	单价(元)	数量			
人工	综合工日	工日	75.00	97.180	125.560	99.760	100.620
材料	耐酸沥青胶泥 铺砌平面 1∶1∶0.05	m^3	3691.80	0.660	0.920	0.380	0.560
	磁砖 230mm×113mm×65mm	m^2	50.00	98.090	–	–	–
	磁砖 230mm×113mm×113mm	m^2	88.00	–	95.590	–	–
	磁板 180mm×110mm×20mm	m^2	80.00	–	–	99.960	–
	磁板 180mm×110mm×30mm	m^2	93.00	–	–	–	98.650
	冷底子油 30∶70	kg	6.30	84.000	84.000	84.000	84.000
	水	t	4.00	6.000	8.000	5.000	5.000
	木柴	kg	0.95	258.000	355.000	154.000	221.000
机械	轴流风机 7.5kW	台班	42.81	2.000	2.000	2.000	2.000

工作内容：清理基层运料、清洗块材、调制胶泥、铺砌块材。

单位：$100m^2$

定额编号				1-9-87	1-9-88	1-9-89	1-9-90
项目				耐酸沥青胶泥			
				陶板 150×150		铸石板 180×110	
				20mm	30mm	20mm	30mm
基价（元）				**17140.80**	**18293.56**	**32995.00**	**44093.05**
其中	人工费（元）			7482.00	7546.50	7675.50	7804.50
	材料费（元）			9573.18	10661.44	25233.88	36202.93
	机械费（元）			85.62	85.62	85.62	85.62
名称		单位	单价(元)	数量			
人工	综合工日	工日	75.00	99.760	100.620	102.340	104.060
材料	耐酸沥青胶泥 铺砌平面 1∶1∶0.05	m^3	3691.80	0.350	0.520	0.510	0.720
	陶板 150mm×150mm×20mm	m^2	75.00	101.280	–	–	–
	陶板 150mm×150mm×30mm	m^2	80.00	–	99.960	–	–
	铸石板 180mm×110mm×20mm	m^2	228.13	–	–	99.110	–
	铸石板 180mm×110mm×30mm	m^2	336.69	–	–	–	97.210
	冷底子油 30∶70	kg	6.30	84.000	84.000	84.000	84.000
	水	t	4.00	5.000	5.000	5.000	5.000
	木柴	kg	0.95	143.000	206.000	202.000	280.000
机械	轴流风机 7.5kW	台班	42.81	2.000	2.000	2.000	2.000

工作内容:清理基层、调运胶泥、铺砌砖。　　单位:100m²

定额编号				1-9-91	1-9-92
项目				耐酸沥青胶泥	
				沥青浸渍砖 240×115	
				115mm	53mm
基价（元）				**39453.92**	**24173.07**
其中	人工费（元）			14538.00	11188.50
	材料费（元）			24830.30	12898.95
	机械费（元）			85.62	85.62
名称		单位	单价（元）	数	量
人工	综合工日	工日	75.00	193.840	149.180
材料	耐酸沥青胶泥 铺砌平面 1∶1∶0.05	m^3	3691.80	2.030	1.140
	普通黏土砖（红砖）240mm×115mm×53mm	千块	300.00	7.389	3.571
	木柴	kg	0.95	2979.000	1440.000
	石油沥青 30 号	kg	3.80	3234.000	1645.000
机械	轴流风机 7.5kW	台班	42.81	2.000	2.000

工作内容：清理基层、运料、清洗花岗岩石、调制砂浆、铺砌花岗岩石。 单位：100m²

定额编号				1-9-93	1-9-94	1-9-95	1-9-96
项目				水玻璃耐酸砂浆			
				花岗岩石 500×400		花岗岩石 600×400	
				60mm	80mm	100mm	120mm
基价（元）				**25036.72**	**28564.12**	**33578.12**	**36777.62**
其中	人工费（元）			6888.75	6889.50	6901.50	6901.50
	材料费（元）			18062.35	21589.00	26591.00	29790.50
	机械费（元）			85.62	85.62	85.62	85.62
名称		单位	单价（元）	数量			
人工	综合工日	工日	75.00	91.850	91.860	92.020	92.020
材料	水玻璃耐酸砂浆 1∶0.15∶1.1∶1∶2.6	m³	2700.00	1.470	1.700	1.940	2.070
	花岗岩石 500mm×400mm×60mm	m²	145.00	97.030	–	–	–
	花岗岩石 500mm×400mm×80mm	m²	175.00	–	97.000	–	–
	花岗岩石 600mm×400mm×100mm	m²	220.00	–	–	96.950	–
	花岗岩石 600mm×400mm×120mm	m²	250.00	–	–	–	96.710
	水	t	4.00	6.000	6.000	6.000	6.000
机械	轴流风机 7.5kW	台班	42.81	2.000	2.000	2.000	2.000

工作内容：同前　　　　单位：100m²

定额编号				1-9-97	1-9-98	1-9-99	1-9-100
项目				耐酸沥青砂浆			
				花岗岩石 500×400		花岗岩石 600×400	
				60mm	80mm	100mm	120mm
基价（元）				**24865.39**	**28004.02**	**32695.88**	**36244.00**
其中	人工费（元）			6837.00	6837.00	6901.50	6901.50
	材料费（元）			17942.77	21081.40	25708.76	29256.88
	机械费（元）			85.62	85.62	85.62	85.62
名称		单位	单价（元）	数量			
人工	综合工日	工日	75.00	91.160	91.160	92.020	92.020
材料	耐酸沥青砂浆 铺设压实用 1.3：2.6：7.4	m^3	1954.30	1.550	1.640	1.770	2.030
	花岗岩石 500mm×400mm×60mm	m^2	145.00	97.000	–	–	–
	花岗岩石 500mm×400mm×80mm	m^2	175.00	–	97.030	–	–
	花岗岩石 600mm×400mm×100mm	m^2	220.00	–	–	96.710	–
	花岗岩石 600mm×400mm×120mm	m^2	250.00	–	–	–	96.710
	水	t	4.00	6.000	6.000	8.000	8.000
	木柴	kg	0.95	868.000	918.000	991.000	1137.000
机械	轴流风机 7.5kW	台班	42.81	2.000	2.000	2.000	2.000

工作内容:清理基层、运料、清洗块材、调制胶泥、铺砌块材、树脂胶泥勾缝。　　单位:100m²

定额编号				1-9-101	1-9-102	1-9-103	1-9-104
项目				水玻璃胶泥结合层			
				树脂胶泥勾缝			
				磁砖 230×113		磁板 150×150	
				65mm	113mm	20mm	30mm
基价(元)				**19829.03**	**28389.98**	**22580.51**	**26839.99**
其中	人工费(元)			7723.50	9835.50	7900.50	7965.00
	材料费(元)			12019.91	18468.86	14594.39	18789.37
	机械费(元)			85.62	85.62	85.62	85.62
名称		单位	单价(元)	数量			
人工	综合工日	工日	75.00	102.980	131.140	105.340	106.200
材料	水玻璃稀胶泥 1:0.15:0.5:0.5	m^3	3365.00	1.040	1.500	0.700	0.790
	磁砖 230mm×113mm×65mm	m^2	50.00	93.210	–	–	–
	磁砖 230mm×113mm×113mm	m^2	88.00	–	89.360	–	–
	磁板 150mm×150mm×20mm	m^2	104.00	–	–	94.930	–
	磁板 150mm×150mm×30mm	m^2	145.00	–	–	–	94.930
	环氧树脂胶泥 1:0.1:0.08:2	m^3	21223.40	0.180	0.260	0.110	0.110
	棉纱头	kg	6.34	2.460	2.460	2.460	2.460
	水	t	4.00	6.000	6.000	4.000	4.000
机械	轴流风机 7.5kW	台班	42.81	2.000	2.000	2.000	2.000

工作内容：清理基层、运料、清洗磁板、调运胶泥、铺砌磁板、树脂胶泥勾缝。　　单位：$100m^2$

定额编号				1-9-105	1-9-106	1-9-107	1-9-108
项目				水玻璃胶泥结合层			
				树脂胶泥勾缝			
				磁板 180×110		陶板 150×150	
				20mm	30mm	20mm	30mm
基价（元）				**20679.07**	**22270.76**	**19667.04**	**20573.54**
其中	人工费（元）			8095.50	8127.00	7740.00	7869.00
	材料费（元）			12497.95	14058.14	11841.42	12618.92
	机械费（元）			85.62	85.62	85.62	85.62
名称		单位	单价（元）	数量			
人工	综合工日	工日	75.00	107.940	108.360	103.200	104.920
材料	水玻璃稀胶泥 1:0.15:0.5:0.5	m^3	3365.00	0.710	0.810	0.700	0.790
	环氧树脂胶泥 1:0.1:0.08:2	m^3	21223.40	0.120	0.120	0.110	0.110
	磁板 180mm×110mm×20mm	m^2	80.00	94.130	–	–	–
	磁板 180mm×110mm×30mm	m^2	93.00	–	94.130	–	–
	陶板 150mm×150mm×20mm	m^2	75.00	–	–	94.930	–
	陶板 150mm×150mm×30mm	m^2	80.00	–	–	–	94.930
	棉纱头	kg	6.34	2.460	2.460	2.460	2.460
	水	t	4.00	4.000	4.000	4.000	4.000
机械	轴流风机 7.5kW	台班	42.81	2.000	2.000	2.000	2.000

工作内容：清理基层、选运块料、清洗铸石板、调制胶泥、铺砌铸石板、树脂胶泥勾缝。 单位：$100m^2$

定额编号				1-9-109	1-9-110	1-9-111	1-9-112
项目				水玻璃胶泥结合层			
				树脂胶泥勾缝			
				铸石板 180×110		铸石板 300×200	
				20mm	30mm	20mm	30mm
基价（元）				**33944.67**	**45517.08**	**33543.12**	**44939.12**
其中	人工费（元）			7418.25	8127.75	7159.50	7159.50
	材料费（元）			26440.80	37303.71	26298.00	37694.00
	机械费（元）			85.62	85.62	85.62	85.62
名称		单位	单价(元)	数量			
人工	综合工日	工日	75.00	98.910	108.370	95.460	95.460
材料	水玻璃稀胶泥 1:0.15:0.5:0.5	m^3	3365.00	0.710	0.810	0.670	0.740
	环氧树脂胶泥 1:0.1:0.08:2	m^3	21223.40	0.110	0.120	0.070	0.070
	铸石板 180mm×110mm×20mm	m^2	228.13	95.040	–	–	–
	铸石板 180mm×110mm×30mm	m^2	336.69	–	95.030	–	–
	铸石板 300mm×200mm×20mm	m^2	227.13	–	–	99.160	–
	铸石板 300mm×200mm×30mm	m^2	339.68	–	–	–	99.160
	棉纱头	kg	6.34	2.460	2.460	2.460	2.460
	水	t	4.00	5.000	5.000	5.000	5.000
机械	轴流风机 7.5kW	台班	42.81	2.000	2.000	2.000	2.000

工作内容:清理基层、选运块料、熬制胶泥、铺砌块料、树脂胶泥勾缝。 单位:$100m^2$

定额编号				1-9-113	1-9-114	1-9-115	1-9-116
项目				耐酸沥青胶泥结合层			
				树脂胶泥勾缝			
				磁砖 230×113		磁板 150×150	
				65mm	113mm	20mm	30mm
基价(元)				**19127.17**	**29207.77**	**21796.39**	**26117.59**
其中	人工费(元)			7224.00	9159.00	7546.50	7611.00
	材料费(元)			11903.17	20048.77	14249.89	18506.59
	机械费(元)			–	–	–	–
名称		单位	单价(元)	数量			
人工	综合工日	工日	75.00	96.320	122.120	100.620	101.480
材料	耐酸沥青胶泥 铺砌平面 1:1:0.05	m^3	3691.80	0.840	1.640	0.500	0.590
	环氧树脂胶泥 1:0.1:0.08:2	m^3	21223.40	0.180	0.260	0.110	0.110
	磁砖 230mm×113mm×65mm	m^2	50.00	93.210	–	–	–
	磁砖 230mm×113mm×113mm	m^2	88.00	–	89.360	–	–
	磁板 150mm×150mm×20mm	m^2	104.00	–	–	94.930	–
	磁板 150mm×150mm×30mm	m^2	145.00	–	–	–	94.930
	水	t	4.00	6.000	8.000	5.000	5.000
	木柴	kg	0.95	313.000	611.000	186.000	220.000

工作内容：清理基层、运料、调制胶泥、清洗砖板、铺砌砖板、树脂胶泥勾缝。　　　　单位：$100m^2$

定额编号				1-9-117	1-9-118	1-9-119	1-9-120
项目				耐酸沥青胶泥结合层			
				树脂胶泥勾缝			
				陶板 150×150		铸石板 180×110	
				20mm	30mm	20mm	30mm
基价（元）				**19044.17**	**19431.14**	**34073.10**	**44859.34**
其中	人工费（元）			7547.25	7095.00	7804.50	7869.00
	材料费（元）			11496.92	12336.14	26268.60	36990.34
	机械费（元）			–	–	–	–
名称		单位	单价(元)	数量			
人工	综合工日	工日	75.00	100.630	94.600	104.060	104.920
材料	耐酸沥青胶泥 铺砌平面 1:1:0.05	m^3	3691.80	0.500	0.590	0.500	0.600
	环氧树脂胶泥 1:0.1:0.08:2	m^3	21223.40	0.110	0.110	0.120	0.120
	陶板 150mm×150mm×20mm	m^2	75.00	94.930	–	–	–
	陶板 150mm×150mm×30mm	m^2	80.00	–	94.930	–	–
	铸石板 180mm×110mm×20mm	m^2	228.13	–	–	95.030	–
	铸石板 180mm×110mm×30mm	m^2	336.69	–	–	–	95.030
	水	t	4.00	5.000	5.000	5.000	5.000
	木柴	kg	0.95	186.000	220.000	186.000	224.000

4. 池、沟、槽砌块料防腐

工作内容：清理基层、洗运砖板、调制胶泥，打底料、铺砌砖板。　　单位：100m²

定额编号				1-9-121	1-9-122	1-9-123	1-9-124
项目				树脂类胶泥			
				磁砖 230×113		磁板 150×150	
				65mm	113mm	20mm	30mm
基价（元）				**34361.88**	**36300.49**	**35657.98**	**41672.25**
其中	人工费（元）			9933.00	12835.50	10191.00	10384.50
	材料费（元）			24428.88	23464.99	25466.98	31287.75
	机械费（元）			–	–	–	–
名称		单位	单价(元)	数量			
人工	综合工日	工日	75.00	132.440	171.140	135.880	138.460
材料	环氧树脂胶泥 1∶0.1∶0.08∶2	m³	21223.40	0.890	0.670	0.680	0.750
	磁砖 230mm×113mm×65mm	m²	50.00	101.930	–	–	–
	磁砖 230mm×113mm×113mm	m²	88.00	–	100.020	–	–
	磁板 150mm×150mm×20mm	m²	104.00	–	–	101.880	–
	磁板 150mm×150mm×30mm	m²	145.00	–	–	–	102.970
	环氧打底料 1∶1∶0.07∶0.15	m³	20197.70	0.020	0.020	0.020	0.020
	棉纱头	kg	6.34	2.460	2.460	2.460	2.460
	水	t	4.00	6.000	6.000	5.000	5.000

工作内容：同前　　　　单位：$100m^2$

定额编号				1-9-125	1-9-126	1-9-127	1-9-128
项目				树脂类胶泥			
				磁板 180×110		铸石板 180×110	
				20mm	30mm	20mm	30mm
基价（元）				**33318.80**	**36070.83**	**49179.01**	**61378.34**
其中	人工费（元）			9997.50	10062.00	9997.50	10062.00
	材料费（元）			23321.30	26008.83	39181.51	51316.34
	机械费（元）			–	–	–	–
名称		单位	单价（元）	数量			
人工	综合工日	工日	75.00	133.300	134.160	133.300	134.160
材料	环氧树脂胶泥 1:0.1:0.08:2	m^3	21223.40	0.690	0.760	0.750	0.810
	磁板 180mm×110mm×20mm	m^2	80.00	102.970	–	–	–
	磁板 180mm×110mm×30mm	m^2	93.00	–	101.500	–	–
	铸石板 180mm×110mm×20mm	m^2	228.13	–	–	100.050	–
	铸石板 180mm×110mm×30mm	m^2	336.69	–	–	–	100.050
	环氧打底料 1:1:0.07:0.15	m^3	20197.70	0.020	0.020	0.020	0.020
	棉纱头	kg	6.34	2.460	2.460	2.460	2.460
	水	t	4.00	5.000	5.000	5.000	5.000

工作内容：同前

单位：100m²

定额编号				1-9-129	1-9-130	1-9-131	1-9-132
项目				水玻璃胶泥			
				磁砖 230×113		磁板 150×150	
				65mm	113mm	20mm	30mm
基价（元）				**17938.46**	**27233.96**	**23093.90**	**27566.74**
其中	人工费（元）			9417.00	12190.50	9739.50	9868.50
	材料费（元）			8521.46	15043.46	13354.40	17698.24
	机械费（元）			–	–	–	–
名称		单位	单价（元）	数量			
人工	综合工日	工日	75.00	125.560	162.540	129.860	131.580
材料	水玻璃胶泥 1∶0.18∶1.2∶1.1	m³	3821.30	0.890	1.710	0.680	0.760
	磁砖 230mm×113mm×65mm	m²	50.00	101.930	–	–	–
	磁砖 230mm×113mm×113mm	m²	88.00	–	96.330	–	–
	磁板 150mm×150mm×20mm	m²	104.00	–	–	103.230	–
	磁板 150mm×150mm×30mm	m²	145.00	–	–	–	101.890
	水	t	4.00	6.000	8.000	5.000	5.000

工作内容：同前

单位：100m²

定额编号				1-9-133	1-9-134	1-9-135	1-9-136
项目				水玻璃胶泥			
				磁板 180×110		铸石板 180×110	
				20mm	113mm	20mm	30mm
基价（元）				**20805.40**	**22425.69**	**35928.03**	**46870.45**
其中	人工费（元）			9997.50	10062.00	9997.50	10062.00
	材料费（元）			10807.90	12363.69	25930.53	36808.45
	机械费（元）			–	–	–	–
名称		单位	单价(元)	数量			
人工	综合工日	工日	75.00	133.300	134.160	133.300	134.160
材料	水玻璃胶泥 1:0.18:1.2:1.1	m^3	3821.30	0.690	0.760	0.720	0.810
	磁板 180mm×110mm×20mm	m^2	80.00	101.890	–	–	–
	磁板 180mm×110mm×30mm	m^2	93.00	–	101.500	–	–
	铸石板 180mm×110mm×20mm	m^2	228.13	–	–	101.500	–
	铸石板 180mm×110mm×30mm	m^2	336.69	–	–	–	100.060
	水	t	4.00	5.000	5.000	6.000	6.000

工作内容:同前　　　　单位:100m²

定额编号				1-9-137	1-9-138
项目				水玻璃胶泥	
				铸石板 300×200	
				20mm	30mm
基价(元)				**34562.78**	**46052.14**
其中	人工费(元)			8578.50	8578.50
	材料费(元)			25984.28	37473.64
	机械费(元)			–	–
名称		单位	单价(元)	数	量
人工	综合工日	工日	75.00	114.380	114.380
材料	水玻璃胶泥 1:0.18:1.2:1.1	m^3	3821.30	0.700	0.760
	铸石板 300mm×200mm×20mm	m^2	227.13	102.520	–
	铸石板 300mm×200mm×30mm	m^2	339.68	–	101.700
	水	t	4.00	6.000	6.000

工作内容：同前　　　　单位：100m²

定额编号				1-9-139	1-9-140	1-9-141	1-9-142
项目				耐酸沥青胶泥			
				磁砖 230×113		磁板 150×150	
				65mm	113mm	20mm	30mm
基价（元）				**17296.89**	**25227.33**	**22111.94**	**26887.81**
其中	人工费（元）			8965.50	12190.50	9417.00	9481.50
	材料费（元）			8331.39	13036.83	12694.94	17406.31
	机械费（元）			–	–	–	–
名称		单位	单价(元)	数量			
人工	综合工日	工日	75.00	119.540	162.540	125.560	126.420
材料	耐酸沥青胶泥 铺砌平面 1∶1∶0.05	m^3	3691.80	0.660	0.920	0.380	0.560
	磁砖 230mm×113mm×65mm	m^2	50.00	101.930	–	–	–
	磁砖 230mm×113mm×113mm	m^2	88.00	–	99.340	–	–
	磁板 150mm×150mm×20mm	m^2	104.00	–	–	101.890	–
	磁板 150mm×150mm×30mm	m^2	145.00	–	–	–	100.550
	冷底子油 30∶70	kg	6.30	84.000	84.000	84.000	84.000
	水	t	4.00	6.000	8.000	5.000	5.000
	木柴	kg	0.95	258.000	355.000	154.000	221.000

工作内容：同前 单位：100m²

定额编号				1-9-143	1-9-144
项目				耐酸沥青胶泥	
				铸石板 180×110	
				20mm	30mm
基价（元）				**35187.82**	**46488.40**
其中	人工费（元）			9739.50	9804.00
	材料费（元）			25448.32	36684.40
	机械费（元）			–	–
名称		单位	单价(元)	数量	
人工	综合工日	工日	75.00	129.860	130.720
材料	耐酸沥青胶泥 铺砌平面 1：1：0.05	m^3	3691.80	0.510	0.720
	铸石板 180mm×110mm×20mm	m^2	228.13	100.050	–
	铸石板 180mm×110mm×30mm	m^2	336.69	–	98.640
	冷底子油 30：70	kg	6.30	84.000	84.000
	水	t	4.00	5.000	5.000
	木柴	kg	0.95	202.000	280.000

5. 耐酸涂料防腐

工作内容: 清理基层、刷涂料。 单位:$100m^2$

定额编号				1-9-145	1-9-146	1-9-147
项目				过氯乙烯漆		
				混凝土面		
				底漆一遍	中间漆一遍	面漆一遍
基价(元)				**642.42**	**990.41**	**420.79**
其中	人工费(元)			85.50	131.25	65.25
	材料费(元)			348.90	547.13	216.86
	机械费(元)			208.02	312.03	138.68
名称		单位	单价(元)	数量		
人工	综合工日	工日	75.00	1.140	1.750	0.870
材料	过氯乙烯底漆 G06-4 铁红	kg	16.89	10.000	–	–
	过氯乙烯磁漆 G52-1	kg	18.31	–	17.200	–
	过氯乙烯清漆	kg	16.62	–	–	7.200
	过氯乙烯漆稀释剂 X3	kg	13.50	10.000	17.200	7.200
	砂布	张	3.00	15.000	–	–
机械	轴流风机 7.5kW	台班	42.81	1.200	1.800	0.800
	电动空气压缩机 $0.6m^3/min$	台班	130.54	1.200	1.800	0.800

工作内容：同前　　　　单位：$100m^2$

定额编号				1-9-148	1-9-149	1-9-150
项目				过氯乙烯漆		
				抹灰面		
				底漆一遍	中间漆一遍	面漆一遍
基价（元）				**549.03**	**864.55**	**389.99**
其中	人工费（元）			78.75	124.50	59.25
	材料费（元）			279.59	462.69	192.06
	机械费（元）			190.69	277.36	138.68
名称		单位	单价(元)	数量		
人工	综合工日	工日	75.00	1.050	1.660	0.790
材料	过氯乙烯底漆 G06－4 铁红	kg	16.89	9.200	–	–
	过氯乙烯中间漆	kg	15.60	–	15.900	–
	过氯乙烯面漆	kg	15.60	–	–	6.600
	过氯乙烯漆稀释剂 X3	kg	13.50	9.200	15.900	6.600
机械	轴流风机 7.5kW	台班	42.81	1.100	1.600	0.800
	电动空气压缩机 $0.6m^3/min$	台班	130.54	1.100	1.600	0.800

工作内容:同前　　　　单位:100m²

定额编号				1-9-151	1-9-152	1-9-153	1-9-154
项目				沥青漆		漆酚树脂漆	
				混凝土面、抹灰面		混凝土面	
				面漆一遍	面漆增一遍	底漆一遍	底漆增一遍
基价(元)				**2775.64**	**1261.29**	**1441.11**	**1210.76**
其中	人工费(元)			1833.75	786.00	484.50	517.50
	材料费(元)			556.60	90.00	571.32	307.97
	机械费(元)			385.29	385.29	385.29	385.29
名称		单位	单价(元)	数量			
人工	综合工日	工日	75.00	24.450	10.480	6.460	6.900
材料	沥青漆	kg	10.00	19.000	9.000	–	–
	漆酚树脂漆	kg	22.75	–	–	14.900	5.100
	石油沥青 30 号	kg	3.80	22.000	–	–	–
	汽油 93 号	kg	10.05	24.000	–	10.800	6.800
	石英粉	kg	0.50	–	–	7.600	7.200
	砂布	张	3.00	–	–	40.000	40.000
	木柴	kg	0.95	44.000	–	–	–
机械	轴流风机 7.5kW	台班	42.81	9.000	9.000	9.000	9.000

工作内容:同前

单位:100m²

定额编号				1-9-155	1-9-156	1-9-157	1-9-158
项目				漆酚树脂漆(混凝土面)			
				中间漆一遍	中间漆增一遍	面漆一遍	面漆增一遍
基价(元)				**1179.17**	**1141.04**	**1062.33**	**1019.15**
其中	人工费(元)			381.75	373.50	354.00	327.75
	材料费(元)			412.13	382.25	323.04	306.11
	机械费(元)			385.29	385.29	385.29	385.29
名称		单位	单价(元)	数量			
人工	综合工日	工日	75.00	5.090	4.980	4.720	4.370
材料	漆酚树脂漆	kg	22.75	13.400	12.100	12.300	11.600
	汽油 93 号	kg	10.05	4.500	4.500	4.300	4.200
	石英粉	kg	0.50	4.100	3.500	-	-
	砂布	张	3.00	20.000	20.000	-	-
机械	轴流风机 7.5kW	台班	42.81	9.000	9.000	9.000	9.000

工作内容:同前

单位:$100m^2$

定额编号				1-9-159	1-9-160	1-9-161	1-9-162
项目				漆酚树脂漆(抹灰面)			
				底漆一遍	底漆增一遍	中间漆一遍	中间漆增一遍
基价(元)				**1303.74**	**1278.47**	**1115.91**	**1051.21**
其中	人工费(元)			438.75	464.25	342.00	335.25
	材料费(元)			479.70	428.93	388.62	330.67
	机械费(元)			385.29	385.29	385.29	385.29
名称		单位	单价(元)	数量			
人工	综合工日	工日	75.00	5.850	6.190	4.560	4.470
材料	漆酚树脂漆	kg	22.75	13.700	13.200	12.400	11.200
	汽油 93 号	kg	10.05	10.400	6.500	4.400	4.400
	石英粉	kg	0.50	7.000	6.600	4.600	3.300
	砂布	张	3.00	20.000	20.000	20.000	10.000
机械	轴流风机 7.5kW	台班	42.81	9.000	9.000	9.000	9.000

工作内容：同前　　　　单位：$100m^2$

定额编号				1-9-163	1-9-164	1-9-165	1-9-166
项目				漆酚树脂漆（抹灰面）		酚醛树脂漆（混凝土面）	
				面漆一遍	面漆增一遍	底漆一遍	底漆增一遍
基价（元）				1175.36	1065.32	1325.83	1244.18
其中	人工费（元）			315.75	303.00	478.50	524.25
	材料费（元）			474.32	377.03	462.04	334.64
	机械费（元）			385.29	385.29	385.29	385.29
名称		单位	单价（元）	数量			
人工	综合工日	工日	75.00	4.210	4.040	6.380	6.990
材料	漆酚树脂漆	kg	22.75	11.300	10.700	–	–
	酚醛树脂漆	kg	17.50	–	–	16.400	13.900
	汽油 93 号	kg	10.05	4.200	4.200	–	–
	工业酒精 99.5%	kg	8.20	7.700	3.700	7.700	3.700
	石英粉	kg	0.50	12.800	3.500	12.800	3.500
	苯磺酰氯	kg	11.92	1.300	1.200	1.300	1.200
	砂布	张	3.00	30.000	15.000	30.000	15.000
机械	轴流风机 7.5kW	台班	42.81	9.000	9.000	9.000	9.000

工作内容:同前　　单位:100m²

定额编号				1-9-167	1-9-168	1-9-169	1-9-170
项目				酚醛树脂漆(混凝土面)			
				中间漆一遍	中间漆增一遍	面漆一遍	面漆增一遍
基价(元)				**1117.44**	**1102.47**	**1096.93**	**1056.60**
其中	人工费(元)			393.00	380.25	360.00	354.00
	材料费(元)			339.15	336.93	351.64	317.31
	机械费(元)			385.29	385.29	385.29	385.29
名称		单位	单价(元)	数量			
人工	综合工日	工日	75.00	5.240	5.070	4.800	4.720
材料	酚醛树脂漆	kg	17.50	13.800	13.700	17.500	15.700
	工业酒精 99.5%	kg	8.20	4.700	4.800	3.500	3.300
	石英粉	kg	0.50	2.000	1.800	–	–
	苯磺酰氯	kg	11.92	1.100	1.000	1.400	1.300
	砂布	张	3.00	15.000	15.000	–	–
机械	轴流风机 7.5kW	台班	42.81	9.000	9.000	9.000	9.000

工作内容：同前　　单位：$100m^2$

定额编号				1-9-171	1-9-172	1-9-173	1-9-174
项目				酚醛树脂漆(抹灰面)			
				底漆一遍	底漆增一遍	中间漆一遍	中间漆增一遍
基价(元)				**1224.24**	**1198.76**	**1063.45**	**1051.18**
其中	人工费(元)			465.00	484.50	360.00	354.00
	材料费(元)			373.95	328.97	318.16	311.89
	机械费(元)			385.29	385.29	385.29	385.29
名称		单位	单价(元)	数量			
人工	综合工日	工日	75.00	6.200	6.460	4.800	4.720
材料	酚醛树脂漆	kg	17.50	15.200	12.900	12.700	12.600
	工业酒精 99.5%	kg	8.20	5.500	5.300	4.500	4.100
	石英粉	kg	0.50	7.100	3.300	1.800	1.700
	苯磺酰氯	kg	11.92	1.200	1.100	1.100	1.000
	砂布	张	3.00	15.000	15.000	15.000	15.000
机械	轴流风机 7.5kW	台班	42.81	9.000	9.000	9.000	9.000

工作内容:同前

单位:100m²

定额编号				1-9-175	1-9-176
项目				酚醛树脂漆(抹灰面)	
				面漆一遍	面漆增一遍
基价(元)				**1001.64**	**995.08**
其中	人工费(元)			327.75	327.75
	材料费(元)			288.60	282.04
	机械费(元)			385.29	385.29
名称		单位	单价(元)	数	量
人工	综合工日	工日	75.00	4.370	4.370
材料	酚醛树脂漆	kg	17.50	13.800	13.800
	工业酒精 99.5%	kg	8.20	4.000	3.200
	苯磺酰氯	kg	11.92	1.200	1.200
机械	轴流风机 7.5kW	台班	42.81	9.000	9.000

工作内容:同前 单位:100m²

定额编号				1-9-177	1-9-178	1-9-179	1-9-180
项目				氯磺化聚乙烯漆(混凝土面)			
				底漆一遍	刮腻子	中间漆一遍	面漆一遍
基价(元)				**1553.61**	**1360.34**	**1396.77**	**1492.76**
其中	人工费(元)			589.50	458.25	524.25	570.00
	材料费(元)			578.82	516.80	487.23	537.47
	机械费(元)			385.29	385.29	385.29	385.29
名称		单位	单价(元)	数量			
人工	综合工日	工日	75.00	7.860	6.110	6.990	7.600
材料	氯磺化聚乙烯底漆	kg	16.13	28.000	25.000	-	-
	氯磺化聚乙烯漆稀释剂	kg	17.17	5.600	5.000	4.300	5.200
	氯磺化聚乙烯中间漆	kg	16.13	-	-	24.000	-
	氯磺化聚乙烯面漆	kg	16.13	-	-	-	26.000
	其他材料费	元	-	31.030	27.700	26.280	28.810
机械	轴流风机 7.5kW	台班	42.81	9.000	9.000	9.000	9.000

工作内容:同前　　　　　　　　　　　　　　　　　　　　单位:$100m^2$

定额编号				1-9-181	1-9-182	1-9-183
项目				氯磺化聚乙烯漆(抹灰面)		
				底漆一遍	中间漆一遍	面漆一遍
基价(元)				**1520.61**	**1365.92**	**1459.76**
其中	人工费(元)			556.50	484.50	537.00
	材料费(元)			578.82	496.13	537.47
	机械费(元)			385.29	385.29	385.29
名称		单位	单价(元)	数量		
人工	综合工日	工日	75.00	7.420	6.460	7.160
材料	氯磺化聚乙烯中间漆	kg	16.13	–	24.000	–
	氯磺化聚乙烯面漆	kg	16.13	–	–	26.000
	氯磺化聚乙烯底漆	kg	16.13	28.000	–	–
	氯磺化聚乙烯漆稀释剂	kg	17.17	5.600	4.800	5.200
	其他材料费	元	–	31.030	26.590	28.810
机械	轴流风机 7.5kW	台班	42.81	9.000	9.000	9.000

工作内容：同前　　单位：100m²

定额编号				1-9-184	1-9-185	1-9-186
项目				聚氨酯漆（混凝土面）		
				清漆一遍	刮腻子	底漆一遍
基价（元）				**646.55**	**453.87**	**813.07**
其中	人工费（元）			288.00	301.50	438.75
	材料费（元）			358.55	152.37	374.32
	机械费（元）			–	–	–
名称		单位	单价（元）	数量		
人工	综合工日	工日	75.00	3.840	4.020	5.850
材料	聚氨酯清漆 S01 –5　3.5×6	kg	18.70	15.000	–	–
	聚氨酯腻子	kg	12.70	–	1.500	–
	二甲苯	kg	11.40	6.300	3.800	3.800
	砂布	张	3.00	–	30.000	15.000
	弹性聚氨酯底漆	kg	22.00	–	–	13.000
	其他材料费	元	–	6.230	–	–

工作内容:同前　　　　单位:100m²

定额编号				1-9-187	1-9-188	1-9-189
项目				聚氨酯漆(混凝土面)		
				中间漆一遍	中间漆增一遍	面漆一遍
基价(元)				**676.07**	**721.07**	**392.67**
其中	人工费(元)			285.75	314.25	314.25
	材料费(元)			390.32	406.82	78.42
	机械费(元)			-	-	-
名称		单位	单价(元)	数量		
人工	综合工日	工日	75.00	3.810	4.190	4.190
材料	弹性聚氨酯底漆	kg	22.00	9.800	6.500	-
	聚氨酯磁漆	kg	27.00	3.200	6.500	1.300
	二甲苯	kg	11.40	3.800	3.800	3.800
	砂布	张	3.00	15.000	15.000	-

工作内容：同前

单位：100m²

定额编号				1-9-190	1-9-191	1-9-192
项目				聚氨酯漆（抹灰面）		
				清漆一遍	刮腻子	底漆一遍
基价（元）				**538.88**	**458.53**	**750.93**
其中	人工费（元）			268.50	282.00	399.75
	材料费（元）			270.38	176.53	351.18
	机械费（元）			–	–	–
名称		单位	单价（元）	数量		
人工	综合工日	工日	75.00	3.580	3.760	5.330
材料	聚氨酯清漆 S01－5　3.5×6	kg	18.70	13.900	–	–
	聚氨酯腻子	kg	12.70	–	13.900	–
	弹性聚氨酯底漆	kg	22.00	–	–	12.000
	二甲苯	kg	11.40	–	–	3.700
	砂布	张	3.00	–	–	15.000
	其他材料费	元	–	10.450	–	–

工作内容:同前　　　　单位:100m²

定额编号				1-9-193	1-9-194	1-9-195
项目				聚氨酯漆(抹灰面)		
				中间漆一遍	中间漆增一遍	面漆一遍
基价(元)				**660.93**	**678.93**	**660.93**
其中	人工费(元)			294.75	294.75	294.75
	材料费(元)			366.18	384.18	366.18
	机械费(元)			-	-	-
名称		单位	单价(元)	数量		
人工	综合工日	工日	75.00	3.930	3.930	3.930
材料	弹性聚氨酯底漆	kg	22.00	9.000	6.000	-
	聚氨酯磁漆	kg	27.00	3.000	6.000	12.000
	二甲苯	kg	11.40	3.700	3.700	3.700
	砂布	张	3.00	15.000	16.000	-

二、保温隔热

1. 屋面保温

工作内容：清扫基层、拍实、平整、找坡、铺砌。

单位：$10m^3$

定额编号				1-9-196	1-9-197	1-9-198	1-9-199
项目				屋面保温			
				沥青玻璃棉毡	沥青矿渣棉毡	沥青珍珠岩块	水泥蛭石块
基价（元）				**2688.10**	**1805.50**	**3632.75**	**3736.75**
其中	人工费（元）			349.50	349.50	408.75	408.75
	材料费（元）			2338.60	1456.00	3224.00	3328.00
	机械费（元）			–	–	–	–
名称		单位	单价（元）	数量			
人工	综合工日	工日	75.00	4.660	4.660	5.450	5.450
材料	沥青玻璃棉毡	m^3	220.00	10.630	–	–	–
	沥青矿渣棉毡	m^3	140.00	–	10.400	–	–
	沥青珍珠岩块	m^3	310.00	–	–	10.400	–
	水泥蛭石块	m^3	320.00	–	–	–	10.400

工作内容:同前　　　　单位:10m³

定额编号				1-9-200	1-9-201	1-9-202	1-9-203
项目				屋面保温			
				现浇水泥珍珠岩	现浇水泥蛭石	干铺蛭石	干铺珍珠岩
基价(元)				**1842.19**	**2356.47**	**1422.68**	**985.88**
其中	人工费(元)			539.25	539.25	237.08	237.08
	材料费(元)			1302.94	1817.22	1185.60	748.80
	机械费(元)			–	–	–	–
名称		单位	单价(元)	数量			
人工	综合工日	工日	75.00	7.190	7.190	3.161	3.161
材料	水泥珍珠岩 1∶10	m^3	122.59	10.400	–	–	–
	水泥蛭石 1∶10	m^3	172.04	–	10.400	–	–
	蛭石	m^3	95.00	–	–	12.480	–
	水	t	4.00	7.000	7.000	–	–
	珍珠岩粉	m^3	60.00	–	–	–	12.480

工作内容:同前　　单位:10m³

定额编号				1-9-204	1-9-205	1-9-206	1-9-207
项目				屋面保温			
				加气混凝土块		膨胀珍珠岩块	特制加气混凝土块浆铺
				浆铺	干铺		
基价(元)				3065.43	2323.24	1706.65	4281.66
其中	人工费(元)			545.25	321.75	408.75	545.25
	材料费(元)			2520.18	2001.49	1297.90	3736.41
	机械费(元)			–	–	–	–
名称		单位	单价(元)	数量			
人工	综合工日	工日	75.00	7.270	4.290	5.450	7.270
材料	加气混凝土块	m³	185.00	10.700	10.700	–	–
	特制加气混凝土块	m³	275.00	–	–	–	10.700
	膨胀珍珠岩块	m³	120.00	–	–	10.400	–
	混合砂浆 M2.5	m³	136.80	3.300	–	–	–
	水泥砂浆 1:2.5	m³	227.55	–	–	–	3.300
	其他材料费	元	–	89.240	21.990	49.900	42.990

工作内容:同前　　　　　　　　　　　　　　　　　　　　　　　　　　　　　　　　　　　单位:10m³

定额编号				1-9-208	1-9-209	1-9-210	1-9-211
项目				屋面保温			
				细石混凝土	发泡聚氨酯	聚苯乙烯泡沫板	挤塑板
基价(元)				**2962.44**	**9831.44**	**3959.23**	**4627.74**
其中	人工费(元)			827.25	601.50	461.25	461.25
	材料费(元)			2135.19	9229.94	3497.98	4166.49
	机械费(元)			–	–	–	–
名称		单位	单价(元)	数量			
人工	综合工日	工日	75.00	11.030	8.020	6.150	6.150
材料	现浇混凝土 C20-15(碎石)	m^3	195.20	10.150	–	–	–
	发泡聚氨酯	m^3	900.00	–	10.200	–	–
	聚苯乙烯泡沫板 阻燃 容重20~80kg/m^3	m^3	330.00	–	–	10.100	–
	聚氨酯泡沫塑料	m^3	1282.50	–	–	0.030	–
	挤塑板	m^3	400.00	–	–	–	10.100
	其他材料费	元	–	153.910	49.940	126.500	126.490

2. 楼地面隔热

工作内容：清扫基层、拍实、平整、找坡、铺砌。

单位：$10m^3$

定额编号				1-9-212	1-9-213	1-9-214
项目				楼地面隔热		
				贴软木	聚苯乙烯泡沫塑料板	铺砌加气混凝土块
基价（元）				**10651.60**	**6595.95**	**3240.45**
其中	人工费（元）			2395.88	3057.45	1180.95
	材料费（元）			8255.72	3538.50	2059.50
	机械费（元）			–	–	–
名称		单位	单价（元）	数量		
人工	综合工日	工日	75.00	31.945	40.766	15.746
材料	软木板 1000mm×50mm	m^3	769.83	10.500	–	–
	聚苯乙烯泡沫板 阻燃 容重 20～80kg/m^3	m^3	330.00	–	10.200	–
	加气混凝土块	m^3	185.00	–	–	10.200
	乳液型建筑胶粘剂	kg	1.85	60.000	60.000	60.000
	普通硅酸盐水泥 32.5	kg	0.33	150.000	150.000	150.000
	砂	kg	0.04	300.000	300.000	300.000

3. 天棚保温

工作内容：清扫基层、拍实、平整、找坡、铺砌。

单位：100m²

定额编号				1-9-215	1-9-216	1-9-217	1-9-218	1-9-219
项目				粘贴		保温吸音层		
				聚苯乙烯塑料板(50mm)		袋装玻璃丝棉	袋装矿渣棉	聚苯乙烯泡沫板
				现浇板	预制板	厚度 50mm		
基价（元）				**3113.26**	**3260.91**	**3500.51**	**2526.51**	**2268.49**
其中	人工费（元）			1027.50	1132.50	1320.00	1320.00	577.50
	材料费（元）			2085.76	2128.41	2180.51	1206.51	1690.99
	机械费（元）			–	–	–	–	–
名称		单位	单价(元)	数量				
人工	综合工日	工日	75.00	13.700	15.100	17.600	17.600	7.700
材料	聚苯乙烯泡沫板 阻燃 $\delta=50$	m²	16.50	105.000	105.000	–	–	102.000
	袋装玻璃丝棉	m³	425.00	–	–	5.100	–	–
	袋装矿渣棉	m³	235.00	–	–	–	5.100	–
	普通硅酸盐水泥 32.5	kg	0.33	75.000	121.300	–	–	–
	砂	kg	0.04	150.000	211.300	–	–	–
	耐碱涂塑玻纤网格布	m²	2.00	110.000	110.000	–	–	–
	乳液型建筑胶粘剂	kg	1.85	50.000	50.000	–	–	–
	生石灰	kg	0.15	–	13.000	–	–	–
	其他材料费	元	–	10.010	32.980	13.010	8.010	7.990

4. 墙体保温

(1)保温墙面

工作内容:1. 清理基层、铺贴隔热层。2. 冲筋、粘贴砌块,保温板,粘贴耐碱涂塑玻纤网格布,缝面抹平;石膏类保温板还包括防火保温踢脚。3. 砌保温块,嵌缝条等。

单位:100m²

定额编号				1-9-220	1-9-221	1-9-222	1-9-223
项目				外墙内保温墙面			
				δ=60 增强石膏聚苯复合板	δ=60 增强水泥聚苯复合板	玻璃棉石膏复合板	饰面石膏聚苯板
基价(元)				**5340.28**	**6184.67**	**5548.62**	**6257.22**
其中	人工费(元)			1072.50	1125.00	735.00	3585.00
	材料费(元)			4267.78	5059.67	4813.62	2672.22
	机械费(元)			–	–	–	–
名称		单位	单价(元)	数量			
人工	综合工日	工日	75.00	14.300	15.000	9.800	47.800
材料	增强石膏聚苯复合保温板 2400~2800×600×60	m²	36.00	98.600	–	–	–
	增强水泥聚苯复合板	m²	43.50	–	105.000	–	–
	玻璃棉石膏复合板	m²	43.50	–	–	98.600	–
	聚苯乙烯泡沫板 阻燃 容重 20~80kg/m³	m³	330.00	0.200	–	0.200	3.900
	耐碱涂塑玻纤网格布	m²	2.00	141.100	141.100	124.200	216.100
	乳液型建筑胶粘剂	kg	1.85	45.000	45.000	45.000	70.000
	普通硅酸盐水泥 32.5	kg	0.33	40.100	227.900	–	–
	砂	kg	0.04	159.300	637.200	–	399.900
	石膏粉	kg	1.02	67.500	–	67.500	740.700
	WKF 接缝腻子	kg	2.18	64.800	–	–	–
	其他材料费	元	–	57.010	26.020	58.020	52.010

工作内容:同前

单位:$100m^2$

定额编号				1-9-224	1-9-225	1-9-226	1-9-227	1-9-228
项目				外墙内保温墙面				
				岩棉石膏复合板	水泥聚苯板	充气石膏板	石膏聚苯复合板	
							无纸	纸面
基价(元)				**6327.98**	**2752.04**	**5055.59**	**6271.44**	**5911.33**
其中	人工费(元)			2025.00	997.50	960.00	2107.50	1957.50
	材料费(元)			4302.98	1754.54	4095.59	4163.94	3953.83
	机械费(元)			–	–	–	–	–
名称		单位	单价(元)	数量				
人工	综合工日	工日	75.00	27.000	13.300	12.800	28.100	26.100
材料	纸面石膏板 3000×1200×12	m^2	12.60	105.000	–	–	–	–
	水泥聚苯板 600×900×60	m^2	13.00	–	105.000	–	–	–
	充气石膏板	m^2	34.50	–	–	105.000	–	–
	无纸面石膏聚苯复合板	m^2	35.00	–	–	–	105.000	–
	纸面石膏聚苯复合板	m^2	35.00	–	–	–	–	105.000
	耐碱涂塑玻纤网格布	m^2	2.00	124.200	124.200	133.000	115.800	10.800
	乳液型建筑胶粘剂	kg	1.85	–	45.000	45.000	70.000	45.000
	普通硅酸盐水泥 32.5	kg	0.33	–	90.000	–	–	–
	砂	kg	0.04	–	180.000	–	–	–
	岩棉板 $\delta=50$	m^2	8.50	104.000	–	–	–	–
	复合保温龙骨	m	4.60	363.600	–	–	–	–
	石膏粉	kg	1.02	118.600	–	67.500	67.500	67.500
	石膏腻子	kg	1.52	–	–	–	–	31.000
	其他材料费	元	–	54.050	20.990	54.990	58.990	58.010

工作内容:同前　　　　　　　　　　　　　　　　　　　　单位:$100m^2$

定额编号				1-9-229	1-9-230	1-9-231	1-9-232
项目				外墙外保温墙面			
				预制陶粒混凝土聚苯复合块	聚苯板随混凝土浇筑保温墙	粘贴挤塑板	
						厚度 40mm	每增减 10mm
基价（元）				**11200.52**	**2901.15**	**5117.01**	**779.50**
其中	人工费（元）			1837.50	697.50	1710.00	337.50
	材料费（元）			9363.02	2203.65	3407.01	442.00
	机械费（元）			–	–	–	–
名称		单位	单价(元)	数量			
人工	综合工日	工日	75.00	24.500	9.300	22.800	4.500
材料	预制陶粒混凝土聚苯复合块	m^2	66.50	105.000	–	–	–
	聚苯乙烯泡沫板 阻燃 容重 20～$80kg/m^3$	m^3	330.00	–	5.300	–	–
	挤塑板	m^3	400.00	–	–	4.400	1.100
	防裂剂	kg	1.60	–	10.700	10.700	–
	乳液型建筑胶粘剂	kg	1.85	36.000	15.000	30.000	–
	普通硅酸盐水泥 32.5	kg	0.33	90.000	356.900	431.900	–
	砂	kg	0.04	180.000	1417.800	1567.800	–
	耐碱涂塑玻纤网格布	m^2	2.00	–	109.200	122.500	–
	镀锌低碳钢丝 ϕ2.8～5	kg	5.30	–	1.300	–	–
	弹性嵌缝膏 HBEW－6	kg	21.60	–	–	15.100	–
	其他材料费	元	–	2277.020	10.000	797.990	2.000

工作内容:同前　　　　单位:$100m^2$

定额编号				1-9-233	1-9-234	1-9-235	1-9-236
项目				外墙外保温墙面			
				粘贴聚苯颗粒板		粘贴聚苯板	
				厚度50mm	每增减10mm	厚度50mm	每增减10mm
基价(元)				**4945.60**	**598.50**	**5172.00**	**702.50**
其中	人工费(元)			1372.50	277.50	1710.00	337.50
	材料费(元)			3573.10	321.00	3462.00	365.00
	机械费(元)			–	–	–	–
名称		单位	单价(元)	数量			
人工	综合工日	工日	75.00	18.300	3.700	22.800	4.500
材料	预制泡沫水泥聚苯颗粒板	m^3	290.00	5.300	1.100	–	–
	聚苯乙烯泡沫板 阻燃 容重20~80kg/m^3	m^3	330.00	–	–	5.500	1.100
	防裂剂	kg	1.60	10.700	–	10.700	–
	乳液型建筑胶粘剂	kg	1.85	40.000	–	30.000	–
	普通硅酸盐水泥 32.5	kg	0.33	456.900	–	431.900	–
	砂	kg	0.04	1617.800	–	1567.800	–
	耐碱涂塑玻纤网格布	m^2	2.00	109.200	–	122.500	–
	等边角钢 边宽60mm以下	kg	4.00	183.500	–	–	–
	弹性嵌缝膏 HBEW-6	kg	21.60	15.100	–	15.100	–
	其他材料费	元	–	450.930	2.000	797.980	2.000

(2)保温层

工作内容:填装保温材料等。　　　　单位:100m²

定额编号				1-9-237	1-9-238	1-9-239	1-9-240
项目				保温层			
				离心玻璃棉毡		岩棉板	
				厚度 40mm	每增减 10mm	厚度 50mm	每增减 10mm
基价(元)				**1923.49**	**382.40**	**1554.48**	**245.61**
其中	人工费(元)			277.50	67.50	277.50	67.50
	材料费(元)			1645.99	314.90	1276.98	178.11
	机械费(元)			–	–	–	–
名称		单位	单价(元)	数量			
人工	综合工日	工日	75.00	3.700	0.900	3.700	0.900
材料	岩棉板 容重 100kg/m³	m³	170.00	–	–	5.200	1.040
	离心玻璃棉毡 容重 12～24kg/m³	m³	298.00	4.200	1.050	–	–
	玻璃丝布 $\delta=0.5$	m²	3.68	105.000	–	105.000	–
	其他材料费	元	–	7.990	2.000	6.580	1.310

工作内容:同前　　　　单位:$100m^2$

定额编号				1-9-241	1-9-242	1-9-243	1-9-244
项目				保温层			
				离心玻璃棉板		粘贴聚苯板	
				厚度 80mm	每增减 10mm	厚度 50mm	每增减 10mm
基价(元)				**4124.65**	**471.50**	**2540.75**	**494.30**
其中	人工费(元)			277.50	37.50	697.50	142.50
	材料费(元)			3847.15	434.00	1843.25	351.80
	机械费(元)			–	–	–	–
名称		单位	单价(元)	数量			
人工	综合工日	工日	75.00	3.700	0.500	9.300	1.900
材料	离心玻璃棉板 容重 $65kg/m^3$	m^3	412.50	8.300	1.040	–	–
	聚苯乙烯泡沫板 阻燃 容重 $20\sim80kg/m^3$	m^3	330.00	–	–	5.300	1.060
	玻璃丝布 $\delta=0.5$	m^2	3.68	105.000	–	–	–
	乳液型建筑胶粘剂	kg	1.85	–	–	30.000	–
	普通硅酸盐水泥 32.5	kg	0.33	–	–	75.000	–
	砂	kg	0.04	–	–	150.000	–
	其他材料费	元	–	37.000	5.000	8.000	2.000

工作内容:同前 单位:100m²

定额编号				1-9-245	1-9-246
项目				保温层	
				粘贴挤塑板	
				厚度 30mm	每增减 10mm
基价(元)				**2063.75**	**568.50**
其中	人工费(元)			697.50	142.50
	材料费(元)			1366.25	426.00
	机械费(元)			–	–
名称		单位	单价(元)	数量	
人工	综合工日	工日	75.00	9.300	1.900
材料	挤塑板	m^3	400.00	3.180	1.060
	乳液型建筑胶粘剂	kg	1.85	30.000	–
	普通硅酸盐水泥 32.5	kg	0.33	75.000	–
	砂	kg	0.04	150.000	–
	其他材料费	元	–	8.000	2.000

第十章　装 饰 工 程

说　　明

一、本章包括：墙、柱面装饰，天棚装饰，油漆、涂料、裱糊，共3节585个子目。

二、墙、柱面装饰：

1. 本章定额凡注明砂浆种类、配合比、饰面材料型号规格的（含型材）如与设计规定不同时，可按设计规定调整，但人工、机械消耗量不变。

2. 墙面抹石灰砂浆分两遍、三遍、四遍，其标准如下：

（1）两遍：一遍底层，一遍面层。

（2）三遍：一遍底层，一遍中层，一遍面层。

（3）四遍：一遍底层，一遍中层，两遍面层。

3. 抹灰等级与抹灰遍数、工序、外观质量的对应关系见下表：

名　称	普通抹灰	中级抹灰	高级抹灰
遍　数	两遍	三遍	四遍
主要工序	分层找平、修整、表面压光	阳角找方、设置标筋、分层找平、修整、表面压光	阳角找方、设置标筋、分层找平、修整、表面压光
外观质量	表面光滑、洁净、接搓平整	表面光滑、洁净、接搓平整、压线清晰、顺直	表面光滑、洁净、颜色均匀、无抹纹压线、平直方正、清晰美观

4. 抹灰厚度，如设计与定额取定不同时，应按设计调整用量。抹灰厚度，按不同的砂浆分别列在定额项目中，同类砂浆列总厚度，不同砂浆分别列出厚度，如定额项目中18mm＋6mm即表示两种不同砂浆的各自

厚度。

5. 圆弧形、锯齿形、不规则墙面抹灰、镶贴块料饰面，按相应项目人工乘以系数 1.15。

6. 外墙贴块料釉面砖、劈离砖子目灰缝宽分密缝、10mm 以内和 20mm 以内列项，其人工、材料已综合考虑。如灰缝超过 20mm 以上者，其块料及灰缝材料用量允许调整，其他不变。

7. 定额木材种类除注明者外，均以一、二类木种为准，如采用三、四类木种，其人工及木工机械乘以系数 1.3。

8. 面层、隔墙（间壁）、隔断定额内，除注明者外均未包括压条、收边、装饰线（板），如设计要求时，应按相应定额计算。

9. 面层、木基层均未包括刷防火涂料，如设计要求时，另按相应定额计算。

10. 幕墙、隔墙（间壁）、隔断所用的轻钢、铝合金龙骨，如设计要求与定额规定不同时允许按设计调整，但人工不变。

11. 块料镶贴和装饰抹灰的“零星项目”适用于挑檐、天沟、腰线、窗台线、门窗套、压顶、栏板、扶手、遮阳板、雨篷周边以及每个平面面积在 $1m^2$ 以内的镶贴面。一般抹灰的“零星子目”适用于各种壁柜、碗柜、过人洞、暖气壁龛、池槽、花台以及 $1m^2$ 以内的抹灰。抹灰的“装饰线条”适用于门窗套、挑檐腰线、压顶、遮阳板、楼梯边梁、宣传栏边框等凸出墙面或灰面展开宽度小于 300mm 以内的竖、横线条抹灰。超过 300mm 的线条抹灰按“零星子目”执行。

12. 压条、装饰条以成品安装为准。如在现场制作木压条者，每 10m 增加 0.25 工日。木材按净断面加刨光损耗计算（单面刨光加 3mm，双面刨光加 5mm）。如在木基层天棚面上钉压条、装饰条者，其人工乘以系数1.34；在轻钢龙骨天棚板面钉压条、装饰条者，其人工乘以系数 1.68；木装饰条做图案者，人工乘以系数 1.8。

13. 木龙骨基层是按双向计算的，设计为单向时，材料、人工用量乘以系数 0.55；木龙骨基层用于隔断、隔墙时每 100m^2 木砖改按木材 0.07m^3 计算。

14. 隔墙如设计有平、推拉窗者，扣除平、推拉窗面积，另按门窗工程相应定额执行。

15. 木龙骨如采用膨胀螺栓固定者，均按定额执行。

16. 墙柱面抹灰，装饰项目均包括 3.6m 以下简易脚手架的搭设及拆除。

三、天棚装饰：

1. 本定额凡注明了砂浆种类和配合比、饰面材料型号规格的，如与设计不同时，可按设计规定调整。

2. 本章龙骨是按常用材料及规格组合编制的，如与设计规定不同时，可以换算，人工不变。

3. 定额中木龙骨规格，大龙骨为 50mm × 70mm，中、小龙骨为 50mm × 50mm，吊木筋为 50mm × 50mm，设计规格不同时，允许换算，人工及其他材料不变。

4. 天棚骨架、天棚面层分别列项，使用时应根据不同的龙骨与面层按相应项目分别执行相应的定额子目。

5. 天棚高低错台立面需要封板龙骨的，执行立面封板龙骨相应子目。

6. 吊筋安装，如在混凝土板上钻眼、挂筋者，按相应项目每 100m^2 增加人工 3.4 工日；如在砖墙上打洞搁放骨架者，按相应天棚项目 100m^2 增加人工 1.4 工日。上人型天棚骨架吊筋为射钉者，每 100m^2 减少人工 0.25 工日，吊筋 3.8kg；增加钢板 27.6kg，射钉 585 个。

7. 装饰天棚顶项目已包括 3.6m 以下简易脚手架搭设及拆除。

四、油漆、涂料、裱糊：

1. 本定额刷涂、刷油采用手工操作，喷涂、喷油采用机械操作，操作方法不同时不另调整。

2. 油漆浅、中、深各种颜色已综合在定额内，颜色不同，不另调整。

3. 本定额在同一平面上的分色及门窗内外分色已综合考虑。如需做美术图案者另行计算。

4. 定额规定的喷、涂、刷遍数，如与设计要求不同时，可按每增加一遍定额项目进行调整。

5. 木扶手刷漆定额子目是按无托板编制的。

工程量计算规则

一、内墙抹灰工程量按以下规定计算：

1. 内墙抹灰面积，应扣除门窗洞口和空圈所占的面积，不扣除踢脚板、挂镜线、0.3m^2以内的孔洞和墙与构件交接处的面积，洞口侧壁和顶面亦不增加。墙垛和附墙烟囱侧壁面积与内墙抹灰工程量合并计算。

2. 内墙面抹灰的长度，以主墙间的图示净长尺寸计算；其高度确定如下：

(1)无墙裙的，其高度按室内地面或楼面至天棚底面之间距离计算。

(2)有墙裙的，其高度按墙裙顶至天棚底面之间距离计算。

(3)天棚有吊顶的(含板条天棚)内墙面抹灰，其高度按室内地面或楼面至吊顶下表面另加100mm计算。

3. 内墙裙抹灰面积按内墙净长乘以高度计算。应扣除门窗洞口和空圈所占的面积，门窗洞口和空圈的侧壁面积不另增加，墙垛、附墙烟囱侧壁面积并入墙裙抹灰面积内计算。

二、外墙抹灰工程量按以下规定计算：

1. 外墙抹灰面积，按外墙面的垂直投影面积以平方米(m^2)计算。应扣除门窗洞口、外墙裙和大于0.3m^2孔洞所占面积，洞口侧壁面积不另增加。附墙垛、梁、柱侧面抹灰面积并入外墙面抹灰工程量内计算。栏板、栏杆、窗台线、门窗套、扶手、压顶、挑檐、遮阳板、突出墙外的腰线等，另按相应规定计算。

2. 外墙裙抹灰面积按其长度乘高度计算，扣除门窗洞口和大于0.3m^2孔洞所占的面积，门窗洞口及孔洞的侧壁不增加。

3. 窗台线、门窗套、挑檐、腰线、遮阳板等展开宽度在300mm以内者，按装饰线以延长米计算。如展开宽度超过300mm以上时，按图示尺寸以展开面积计算，套零星抹灰定额项目。

4. 栏板、栏杆（包括立柱、扶手或压顶等）抹灰按立面垂直投影面积乘以系数2.2，以平方米（m^2）计算，套用零星项目子目。

5. 阳台底面抹灰按水平投影面积以平方米（m^2）计算，并入相应天棚抹灰面积内。阳台如带悬臂梁者，其工程量乘以系数1.30。

6. 雨篷底面或顶面抹灰分别按水平投影面积以平方米（m^2）计算，并入相应天棚抹灰面积内。雨篷顶面带反沿或反梁者，其工程量乘以系数1.20，底面带悬臂梁者，其工程量乘以系数1.20。雨篷外边线按相应装饰或零星项目执行。

三、外墙装饰抹灰工程量按以下规定计算：

1. 外墙各种装饰抹灰均按图示尺寸以实抹面积计算。应扣除门窗洞口空圈的面积，其侧壁面积不另增加。

2. 挑檐、天沟、腰线、栏杆、栏板、门窗套、窗台线、压顶等均按图示尺寸展开面积以平方米（m^2）计算，并入相应的外墙面积内。

四、块料面层工程量按以下规定计算：

1. 墙面贴块料面层均按图示尺寸以实贴面积计算。

2. 墙裙以高度在1500mm以内为准，超过1500mm时按墙面计算，高度低于300mm以内时，按踢脚板计算。

五、木隔墙、墙裙、护壁板，均按图示尺寸长度乘以高度按实铺面积以平方米（m^2）计算。

六、铝合金板隔断按上横档顶面至下横档底面之间高度乘以宽度（两边立挺外边线之间）以平方米（m^2）

计算。

七、浴厕木隔断,按下横档底面至上横档顶面高度乘以图示长度以平方米(m^2)计算,门扇面积并入隔断面积内计算。

八、铝合金、轻钢隔墙,按四周框外围面积计算。

九、独立柱:

1. 一般抹灰、装饰抹灰、镶贴块料按结构断面周长乘以柱的高度以平方米(m^2)计算。

2. 柱面装饰按柱外围饰面尺寸乘以柱的高度以平方米(m^2)计算。

十、各种"零星项目"均按图示尺寸以展开面积计算。镶贴块料面层的规格是按与镶贴构件相符的规格考虑的,规格不同时改材费在材料单价中考虑。

十一、天棚抹灰工程量按以下规定计算:

1. 天棚抹灰面积,按主墙间的净面积计算,不扣除间壁墙、垛、柱、附墙烟囱、检查口管道所占的面积。带梁天棚,梁两侧抹灰面积,并入天棚抹灰工程量内计算。

2. 密肋梁和井字梁天棚抹灰面积,按展开面积计算。

3. 天棚抹灰如带有装饰线时,区别按三道线以内或五道线以内按延长米计算,线角的道数以一个突出的棱角为一道线。

4. 檐口天棚的抹灰面积,并入相同的天棚抹灰工程量内计算。

5. 天棚中的折线、灯槽线、圆弧形线、拱形线等艺术形式的抹灰,按展开面积计算。

十二、天棚龙骨:

1. 各种吊顶天棚龙骨按主墙间净空面积计算,不扣除间壁墙、检查口、附墙烟囱、柱、垛嵌顶灯槽和与天棚相连的窗帘盒所占的面积。

2. 拱形吊顶和穹顶吊顶龙骨按拱顶和穹顶部分的水平投影面积以平方米(m^2)计算。

3. 高低错台龙骨高处与低处的龙骨合并计算,低处挑出部分的龙骨按挑出部分的水平投影面积以平方米(m^2)计算,并入天棚龙骨的工程量中。立面封板龙骨按立面封板的垂直投影面积以平方米(m^2)计算。

4. 嵌顶灯槽附加龙骨按个计算;嵌顶灯带附加龙骨按米(m)计算。

十三、天棚面装饰工程量按以下规定计算:

1. 天棚装饰面积,按主墙间实铺面积以平方米(m^2)计算,不扣除间壁墙、检查口、附墙烟囱、附墙垛和管道所占面积,应扣除独立柱及与天棚相连的窗帘盒、0.3m^2 以上洞口及嵌顶灯槽所占的面积。

2. 天棚中的折线、错台、拱顶、穹顶、高低灯槽等其他艺术形式的天棚面积均按图示展开面积以平方米(m^2)计算。

十四、喷涂、油漆、裱糊工程量按以下规定计算:楼地面、天棚面、墙、柱、梁面的喷(刷)涂料、抹灰面、油漆及裱糊工程,均按楼地面、天棚面、墙、柱、梁面装饰工程相应的工程量计算规则规定计算。

十五、木材面、金属面、抹灰面油漆按下列各表中对应的项目以平方米(m^2)、吨(t)为单位计算。

(1)木材面油漆

单层木门工程量系数表

项　目　名　称	系　数	工程量计算方法
单层木门	1.00	按单面洞口面积
双层(一板一纱)木门	1.36	
双层(单裁口)木门	2.00	
单层全玻门	0.83	
木百叶门	1.25	
厂库大门	1.10	

单层木窗工程量系数表

项　目　名　称	系　数	工程量计算方法
单层玻璃窗	1.00	按单面洞口面积
双层(一板一纱)窗	1.36	
双层(单裁口)窗	2.00	
三层(二玻一纱)窗	2.60	
单层组合窗	0.83	
双层组合窗	1.13	
木百叶窗	1.50	

木扶手(不带拖板)工程量系数表

项　目　名　称	系　数	工程量计算方法
木扶手(不带拖板)	1.00	按延长米
木扶手(带拖板)	2.60	
窗帘盒	2.04	
封檐板、顺水板	1.74	
挂衣板、黑板框	0.52	
生活园地框、挂镜线、窗帘棍	0.35	

其他木材面工程量系数表

项　目　名　称	系　数	工程量计算方法
木板、纤维板、胶合板、天棚、檐口	1.00	长×宽
清水板条天棚、檐口	1.07	
木方格吊顶天棚	1.20	
吸音板、墙面、天棚面	0.87	
鱼鳞板墙	2.48	
木护墙、墙裙	0.91	
窗台板、筒子板、盖板	0.82	
暖气罩	1.28	
屋面板(带檩条)	1.11	斜长×宽
木间壁、木隔断	1.90	单面外围面积
玻璃间壁露明墙筋	1.65	
木栅栏、木栏杆(带扶手)	1.82	
木屋架	1.79	跨度(长)×中高×1/2
衣柜、壁柜	0.91	投影面积(不展开)
零星木装修	0.87	展开面积

木地板工程量系数表

项　目　名　称	系　数	工程量计算方法
木地板、木踢脚线	1.00	长×宽
木楼梯(不包括底面)	2.30	水平投影面积

(2)金属面油漆

平板屋面涂刷磷化、锌黄底漆工程量系数表

项 目 名 称	系 数	工程量计算方法
平板屋面 瓦垄板屋面	1.00 1.20	斜长×宽
排水、伸缩缝盖板	1.05	展开面积
吸气罩	2.20	水平投影面积
包镀锌铁皮门	2.20	洞口面积

单层钢门窗工程量系数表

项 目 名 称	系 数	工程量计算方法
单层钢门窗 双层(一玻一纱)钢门窗 钢百叶钢门 半截百叶钢门 满钢门或包铁皮门 钢折叠门	1.00 1.48 2.74 2.22 1.63 2.30	洞口面积
射线防护门 厂库房平开、推拉门 钢丝网大门	2.96 1.70 0.81	框(扇)外围面积
间壁	1.85	长×宽
平板屋面 瓦垄板屋面	0.74 0.89	斜长×宽 斜长×宽
排水、伸缩缝盖板	0.78	展开面积
吸气罩	1.63	水平投影面积

(3)抹灰面油漆、涂料工程量系数表

项　目　名　称	系　数	工程量计算方法
槽形底板、混凝土折板	1.30	长×宽
有梁板底	1.10	
密肋、井字梁底板	1.50	
混凝土平板式楼梯底	1.30	水平投影面积

一、墙、柱面装饰

1. 一般抹灰

(1)石灰砂浆

工作内容:清理、修补、湿润基层表面、堵墙眼、调运砂浆、分层抹灰找平、刷浆、洒水湿润、罩面压光(包括门窗洞口侧壁及护角线抹灰)。

单位:100m^2

定额编号				1-10-1	1-10-2	1-10-3	1-10-4
项目				墙面、墙裙石灰砂浆二遍			
				16mm		8mm+8mm	16mm
				砖墙	混凝土墙	轻质墙	钢板网墙
基价(元)				**1116.57**	**1521.38**	**1006.99**	**1352.25**
其中	人工费(元)			822.38	984.98	733.80	904.65
	材料费(元)			257.72	498.80	236.72	410.00
	机械费(元)			36.47	37.60	36.47	37.60
名称		单位	单价(元)	数量			
人工	综合工日	工日	75.00	10.965	13.133	9.784	12.062
材料	石灰砂浆 1:3	m^3	106.20	1.800	-	0.920	-

续前

单位：100m^2

定 额 编 号				1-10-1	1-10-2	1-10-3	1-10-4
项 目				墙面、墙裙石灰砂浆二遍			
				16mm		8mm + 8mm	16mm
				砖墙	混凝土墙	轻质墙	钢板网墙
材料	石灰砂浆 1：2.5	m^3	86.70	–	–	0.920	–
	水泥砂浆 1：3	m^3	205.32	–	1.850	–	–
	混合砂浆 1：1：6	m^3	157.32	–	–	–	1.850
	水泥砂浆 1：2	m^3	243.72	0.030	–	–	–
	素水泥浆	m^3	497.74	–	0.110	–	0.110
	108 胶	kg	2.00	–	2.480	–	2.480
	纸筋石灰浆	m^3	222.50	0.220	0.220	0.220	0.220
	水	t	4.00	0.700	0.700	0.700	0.700
	落叶松厚板 4m	m^3	1500.00	0.005	0.005	0.005	0.005
机械	灰浆搅拌机 200L	台班	126.18	0.289	0.298	0.289	0.298

注：墙面分格、嵌条、压线按相应定额增加工料。

工作内容：同前　　　　单位：100m²

定额编号				1-10-5	1-10-6	1-10-7	1-10-8
项目				墙面、墙裙石灰砂浆三遍			
				18mm	9mm + 9mm		
				砖墙	混凝土墙	轻质墙	钢板网墙
基价（元）				**1330.65**	**1723.50**	**1190.60**	**1527.02**
其中	人工费（元）			1000.28	1202.33	891.90	1095.90
	材料费（元）			288.48	480.41	257.94	390.36
	机械费（元）			41.89	40.76	40.76	40.76
名称		单位	单价(元)	数量			
人工	综合工日	工日	75.00	13.337	16.031	11.892	14.612
材料	石灰砂浆 1∶3	m³	106.20	2.090	–	1.030	1.030
	石灰砂浆 1∶2.5	m³	86.70	–	–	1.030	–
	水泥砂浆 1∶3	m³	205.32	–	1.040	–	–
	混合砂浆 1∶3∶9	m³	142.23	–	1.040	–	–
	混合砂浆 1∶1∶6	m³	157.32	–	–	–	1.040
	素水泥浆	m³	497.74	–	0.110	–	0.110
	108 胶	kg	2.00	–	2.480	–	2.480
	纸筋石灰浆	m³	222.50	0.220	0.220	0.220	0.220
	水泥砂浆 1∶2	m³	243.72	0.030	–	–	–
	水	t	4.00	0.690	0.700	0.700	0.300
	落叶松厚板 4m	m³	1500.00	0.005	0.005	0.005	0.005
机械	灰浆搅拌机 200L	台班	126.18	0.332	0.323	0.323	0.323

工作内容:同前　　　　单位:100m²

定额编号				1-10-9	1-10-10	1-10-11	1-10-12
项目				墙面、墙裙石灰砂浆四遍			
				22mm	6mm + 8mm + 8mm	16mm + 6mm	22mm
				砖墙	混凝土墙	轻质墙	钢板网墙
基价(元)				**1604.60**	**2030.37**	**1455.60**	**1888.11**
其中	人工费(元)			1222.73	1468.80	1092.68	1321.58
	材料费(元)			332.53	512.23	313.58	517.19
	机械费(元)			49.34	49.34	49.34	49.34
名称		单位	单价(元)	数量			
人工	综合工日	工日	75.00	16.303	19.584	14.569	17.621
材料	石灰砂浆 1:3	m³	106.20	2.480	0.690	1.830	–
	石灰砂浆 1:2.5	m³	86.70	–	–	0.690	–
	水泥砂浆 1:3	m³	205.32	–	0.920	–	–
	混合砂浆 1:3:9	m³	142.23	–	0.920	–	–
	混合砂浆 1:1:6	m³	157.32	–	–	–	2.540
	水泥砂浆 1:2	m³	243.72	0.040	–	–	–
	素水泥浆	m³	497.74	–	0.110	–	0.110
	108 胶	kg	2.00	–	2.480	–	2.480
	纸筋石灰浆	m³	222.50	0.220	0.220	0.220	0.220
	水	t	4.00	0.740	0.760	0.740	0.360
	落叶松厚板 4m	m³	1500.00	0.005	0.005	0.005	0.005
机械	灰浆搅拌机 200L	台班	126.18	0.391	0.391	0.391	0.391

工作内容：同前　　　　　　　　　　　　　　　　　　　　　　　　　单位：$100m^2$

定额编号				1-10-13	1-10-14	1-10-15	1-10-16
项目				独立柱面抹石灰砂浆			
				多边形、圆形		矩形	
				砖柱	混凝土柱	砖柱	混凝土柱
基价（元）				**1530.06**	**2030.77**	**1458.07**	**1893.14**
其中	人工费（元）			1222.73	1468.80	1092.68	1321.58
	材料费（元）			267.58	522.22	325.64	522.22
	机械费（元）			39.75	39.75	39.75	49.34
名称		单位	单价（元）	数量			
人工	综合工日	工日	75.00	16.303	19.584	14.569	17.621
材料	石灰砂浆 1∶3	m^3	106.20	1.980	–	1.930	–
	水泥砂浆 1∶3	m^3	205.32	–	2.000	–	2.000
	水泥砂浆 1∶2	m^3	243.72	–	–	0.260	–
	素水泥浆	m^3	497.74	–	0.100	–	0.100
	108 胶	kg	2.00	–	2.210	–	2.210
	纸筋石灰浆	m^3	222.50	0.210	0.210	0.210	0.210
	水	t	4.00	0.770	0.790	0.770	0.790
	落叶松厚板 4m	m^3	1500.00	0.005	0.005	0.005	0.005
机械	灰浆搅拌机 200L	台班	126.18	0.315	0.315	0.315	0.391

工作内容:同前

单位:$100m^2$

定额编号				1-10-17	1-10-18	1-10-19	1-10-20
项目				石灰砂浆二遍、纸筋灰浆面		外砖墙面粗砂灰二遍	
				18mm+2mm		6mm+14mm	
				外砖墙	内砖墙	分格嵌条	不分格
基价(元)				**1164.43**	**1167.76**	**1379.13**	**1212.78**
其中	人工费(元)			849.83	854.93	865.73	771.38
	材料费(元)			273.84	272.07	472.64	400.64
	机械费(元)			40.76	40.76	40.76	40.76
名称		单位	单价(元)	数量			
人工	综合工日	工日	75.00	11.331	11.399	11.543	10.285
材料	石灰砂浆 1:3	m^3	106.20	2.030	2.030	0.680	0.680
	混合砂浆 1:1:4	m^3	176.70	0.230	0.220	–	–
	混合砂浆 1:0.5:3	m^3	200.22	–	–	1.590	1.590
	水泥砂浆 1:2	m^3	243.72	0.030	0.030	0.030	0.030
	二等板方材 综合	m^3	1800.00	–	–	0.040	–
	水	t	4.00	0.700	0.700	0.690	0.690
	落叶松厚板 4m	m^3	1500.00	0.005	0.005	–	–
机械	灰浆搅拌机 200L	台班	126.18	0.323	0.323	0.323	0.323

工作内容：同前　　单位：见表

定额编号				1-10-21	1-10-22	1-10-23	1-10-24
项目				抹石灰砂浆			
				35mm	16mm	零星项目	装饰线条
				毛石墙面	墙面一遍成活		
单位				$100m^2$			100m
基价（元）				**2355.51**	**1127.53**	**4295.92**	**923.98**
其中	人工费（元）			1396.80	707.03	3921.90	838.35
	材料费（元）			883.63	387.19	334.27	78.06
	机械费（元）			75.08	33.31	39.75	7.57
名称		单位	单价（元）	数量			
人工	综合工日	工日	75.00	18.624	9.427	52.292	11.178
材料	水泥砂浆 1：3	m^3	205.32	3.940	1.800	–	–
	混合砂浆 1：3：9	m^3	142.23	–	–	2.000	–
	石灰麻刀砂浆 1：3	m^3	171.41	–	–	–	0.400
	水泥砂浆 1：2	m^3	243.72	0.060	0.030	–	–
	纸筋石灰浆	m^3	222.50	0.220	–	0.210	0.040
	水	t	4.00	0.900	0.700	0.770	0.150
	落叶松厚板 4m	m^3	1500.00	0.005	0.005	–	–
机械	灰浆搅拌机 200L	台班	126.18	0.595	0.264	0.315	0.060

(2)水泥砂浆

工作内容：清理、修补、湿润基层表面、堵墙眼、调运砂浆、分层抹灰找平、刷浆、洒水湿润、罩面压光(包括门窗洞口侧壁及护角线抹灰)。

单位：$100m^2$

定额编号				1-10-25	1-10-26	1-10-27	1-10-28
项目				墙面、墙裙抹水泥砂浆			
				14mm+6mm	12mm+8mm	24mm+6mm	14mm+6mm
				砖墙	混凝土墙	毛石墙	钢板网墙
基价(元)				**1465.60**	**1603.69**	**1990.31**	**1690.38**
其中	人工费(元)			923.78	997.05	1191.53	1088.85
	材料费(元)			499.93	564.75	736.57	559.64
	机械费(元)			41.89	41.89	62.21	41.89
名称		单位	单价(元)	数量			
人工	综合工日	工日	75.00	12.317	13.294	15.887	14.518
材料	水泥砂浆 1∶3	m^3	205.32	1.620	1.390	2.770	1.620
	水泥砂浆 1∶2.5	m^3	227.55	0.690	0.920	0.690	0.690
	素水泥浆	m^3	497.74	–	0.110	–	0.110
	108 胶	kg	2.00	–	2.480	–	2.480
	水	t	4.00	0.700	0.700	0.830	0.700
	落叶松厚板 4m	m^3	1500.00	0.005	0.005	0.005	0.005
机械	灰浆搅拌机 200L	台班	126.18	0.332	0.332	0.493	0.332

工作内容：同前　　　　单位：见表

定额编号				1-10-29	1-10-30	1-10-31
项目				水泥砂浆		
				14mm+6mm		装饰线条
				轻质墙墙面、墙裙	零星项目	
单位				$100m^2$		100m
基价（元）				**1381.80**	**4751.09**	**1120.37**
其中	人工费（元）			942.23	4183.28	1001.55
	材料费（元）			397.68	528.06	110.24
	机械费（元）			41.89	39.75	8.58
名称		单位	单价（元）	数量		
人工	综合工日	工日	75.00	12.563	55.777	13.354
材料	混合砂浆 1:3:9	m^3	142.23	1.620	–	–
	水泥砂浆 1:2.5	m^3	227.55	0.690	0.670	0.180
	水泥砂浆 1:3	m^3	205.32	–	1.550	0.180
	水泥砂浆 1:2	m^3	243.72	–	–	0.130
	素水泥浆	m^3	497.74	–	0.100	–
	108 胶	kg	2.00	–	2.210	–
	水	t	4.00	0.690	0.790	0.160
	落叶松厚板 4m	m^3	1500.00	0.005	–	–
机械	灰浆搅拌机 200L	台班	126.18	0.332	0.315	0.068

工作内容:同前

单位:100m²

定额编号				1-10-32	1-10-33	1-10-34	1-10-35
项目				独立柱面抹水泥砂浆			
				多边形		矩形	
				圆形砖柱面	圆形混凝土柱面	砖柱	混凝土柱
基价(元)				**2329.06**	**2461.50**	**1738.14**	**1952.10**
其中	人工费(元)			1807.95	1881.30	1217.03	1371.90
	材料费(元)			481.36	540.45	481.36	540.45
	机械费(元)			39.75	39.75	39.75	39.75
名称		单位	单价(元)	数量			
人工	综合工日	工日	75.00	24.106	25.084	16.227	18.292
材料	水泥砂浆 1:3	m^3	205.32	1.550	1.330	1.550	1.330
	水泥砂浆 1:2.5	m^3	227.55	0.670	0.890	0.670	0.890
	素水泥浆	m^3	497.74	–	0.100	–	0.100
	108 胶	kg	2.00	–	2.210	–	2.210
	水	t	4.00	0.790	0.790	0.790	0.790
	落叶松厚板 4m	m^3	1500.00	0.005	0.005	0.005	0.005
机械	灰浆搅拌机 200L	台班	126.18	0.315	0.315	0.315	0.315

(3)混合砂浆

工作内容：清理、修补、湿润基层表面、堵墙眼、调运砂浆、分层抹灰找平、刷浆、洒水湿润、罩面压光(包括门窗洞口侧壁及护角线抹灰)。

单位：$100m^2$

定额编号				1-10-36	1-10-37	1-10-38	1-10-39
项目				墙面、墙裙抹混合砂浆			
				14mm + 6mm	12mm + 8mm	24mm + 6mm	14mm + 6mm
				砖墙	混凝土墙	毛石墙	钢板网墙
基价（元）				**1304.26**	**1639.75**	**1822.86**	**1522.11**
其中	人工费（元）			875.33	1143.08	1192.13	1033.43
	材料费（元）			387.04	454.78	568.52	446.79
	机械费（元）			41.89	41.89	62.21	41.89
名称		单位	单价(元)	数量			
人工	综合工日	工日	75.00	11.671	15.241	15.895	13.779
材料	混合砂浆 1∶1∶6	m^3	157.32	1.620	1.390	2.770	1.620
	混合砂浆 1∶1∶4	m^3	176.70	0.690	0.940	0.690	0.690
	素水泥浆	m^3	497.74	–	0.110	–	0.110
	108 胶	kg	2.00	–	2.480	–	2.480
	水	t	4.00	0.690	0.700	0.830	0.700
	落叶松厚板 4m	m^3	1500.00	0.005	0.005	0.005	0.005
机械	灰浆搅拌机 200L	台班	126.18	0.332	0.332	0.493	0.332

工作内容：同前　　　　单位：见表

定额编号				1-10-40	1-10-41	1-10-42
项目				抹混合砂浆		
				14mm+6mm 轻质墙墙面、墙裙	零星项目	装饰线条
单位				$100m^2$		100m
基价（元）				**1304.26**	**4587.83**	**1093.61**
其中	人工费（元）			875.33	4182.68	1004.70
	材料费（元）			387.04	365.40	80.33
	机械费（元）			41.89	39.75	8.58
名称		单位	单价(元)	数量		
人工	综合工日	工日	75.00	11.671	55.769	13.396
材料	混合砂浆 1：1：6	m^3	157.32	1.620	1.550	0.360
	混合砂浆 1：1：4	m^3	176.70	0.690	0.670	0.130
	水	t	4.00	0.690	0.790	0.180
	落叶松厚板 4m	m^3	1500.00	0.005	-	-
机械	灰浆搅拌机 200L	台班	126.18	0.332	0.315	0.068

工作内容：同前　　　　　　　　　　　　　　　　　　　　　　　　　　　　　　　　　　　　单位：$100m^2$

定额编号				1-10-43	1-10-44	1-10-45	1-10-46
项目				独立柱抹混合砂浆			
				多边形		矩形	
				圆形砖柱	圆形混凝土柱	砖柱	混凝土柱
基价（元）				**2147.25**	**2279.73**	**1597.72**	**1757.58**
其中	人工费（元）			1734.68	1808.63	1185.15	1286.48
	材料费（元）			372.82	431.35	372.82	431.35
	机械费（元）			39.75	39.75	39.75	39.75
名称		单位	单价(元)	数量			
人工	综合工日	工日	75.00	23.129	24.115	15.802	17.153
材料	混合砂浆 1:1:6	m^3	157.32	1.550	1.330	1.550	1.330
	混合砂浆 1:1:4	m^3	176.70	0.670	0.890	0.670	0.890
	素水泥浆	m^3	497.74	–	0.100	–	0.100
	108 胶	kg	2.00	–	2.210	–	2.210
	水	t	4.00	0.770	0.790	0.770	0.790
	落叶松厚板 4m	m^3	1500.00	0.005	0.005	0.005	0.005
机械	灰浆搅拌机 200L	台班	126.18	0.315	0.315	0.315	0.315

(4)其他砂浆

工作内容：清理、修补、湿润基层表面、堵墙眼、调运砂浆、分层抹灰找平、刷浆、洒水湿润、罩面压光(包括门窗洞口侧壁及护角线抹灰)。

单位：见表

定额编号				1-10-47	1-10-48	1-10-49	1-10-50
项目				石膏砂浆			
				砖墙柱面	8mm+2mm 混凝土墙柱面	零星项目	装饰线条
单位				$100m^2$			100m
基价(元)				**1351.97**	**1660.28**	**4195.91**	**843.29**
其中	人工费(元)			1028.93	1239.30	3894.53	766.28
	材料费(元)			302.60	400.54	282.07	72.72
	机械费(元)			20.44	20.44	19.31	4.29
名称		单位	单价(元)	数量			
人工	综合工日	工日	75.00	13.719	16.524	51.927	10.217
材料	石灰砂浆 1:3	m^3	106.20	0.900	0.900	0.880	0.180
	素石膏浆	m^3	886.74	0.220	0.330	0.210	0.060
	水泥砂浆 1:2	m^3	243.72	0.010	0.010	–	–
	水	t	4.00	0.500	0.600	0.600	0.100
	落叶松厚板 4m	m^3	1500.00	0.005	0.005	–	–
机械	灰浆搅拌机 200L	台班	126.18	0.162	0.162	0.153	0.034

工作内容:同前

单位:100m²

定额编号				1-10-51	1-10-52	1-10-53	1-10-54
项目				墙面、墙裙抹 TG 砂浆		石英砂浆搓砂墙面	
				8mm	6mm + 8mm	14mm + 8mm	
				加气混凝土		分格嵌木条	不分格
				条板墙	砌块墙		
基价(元)				1448.35	1530.39	1856.63	1665.53
其中	人工费(元)			977.33	1035.98	1016.85	899.55
	材料费(元)			450.58	461.10	794.73	720.93
	机械费(元)			20.44	33.31	45.05	45.05
名称		单位	单价(元)	数量			
人工	综合工日	工日	75.00	13.031	13.813	13.558	11.994
材料	TG 砂浆 1:0.2:6	m³	380.48	1.030	0.800	–	–
	石灰砂浆 1:3	m³	106.20	–	0.920	–	–
	纸筋石灰浆	m³	222.50	0.220	0.220	–	–
	水泥砂浆 1:3	m³	205.32	–	–	1.620	1.620
	水泥石英砂浆 1:0.2:1.5	m³	410.79	–	–	0.920	0.920
	二等板方材 综合	m³	1800.00	–	–	0.041	–
	水	t	4.00	0.560	0.640	0.720	0.720
	落叶松厚板 4m	m³	1500.00	0.005	0.005	0.005	0.005
机械	灰浆搅拌机 200L	台班	126.18	0.162	0.264	0.357	0.357

工作内容:同前　　　　单位:$100m^2$

定额编号				1-10-55	1-10-56
项目				墙面、墙裙抹珍珠岩浆	
				23mm	26mm
				砖墙	混凝土墙
基价（元）				**1606.21**	**1984.68**
其中	人工费（元）			1158.38	1427.40
	材料费（元）			396.35	499.36
	机械费（元）			51.48	57.92
名称		单位	单价(元)	数量	
人工	综合工日	工日	75.00	15.445	19.032
材料	水泥珍珠岩 1∶8	m^3	126.64	2.660	3.000
	素水泥浆	m^3	497.74	–	0.110
	108 胶	kg	2.00	–	2.480
	纸筋石灰浆	m^3	222.50	0.220	0.220
	水	t	4.00	0.760	0.820
	落叶松厚板 4m	m^3	1500.00	0.005	0.005
机械	灰浆搅拌机 200L	台班	126.18	0.408	0.459

(5)抹灰砂浆厚度调整

工作内容:调运砂浆。

单位:$100m^2$

定额编号				1-10-57	1-10-58	1-10-59	1-10-60
项目				抹灰层每增减 1mm			
				石灰砂浆	水泥砂浆	混合砂浆	石膏砂浆
基价(元)				**36.22**	**51.06**	**52.41**	**41.32**
其中	人工费(元)			22.35	24.23	33.15	27.45
	材料费(元)			11.72	24.68	17.11	11.72
	机械费(元)			2.15	2.15	2.15	2.15
名称		单位	单价(元)	数量			
人工	综合工日	工日	75.00	0.298	0.323	0.442	0.366
材料	石灰砂浆 1∶3	m^3	106.20	0.110	–	–	0.110
	水泥砂浆 1∶3	m^3	205.32	–	0.120	–	–
	混合砂浆 1∶3∶9	m^3	142.23	–	–	0.120	–
	水	t	4.00	0.010	0.010	0.010	0.010
机械	灰浆搅拌机 200L	台班	126.18	0.017	0.017	0.017	0.017

工作内容:同前　　　　　　单位:$100m^2$

定　额　编　号				1-10-61	1-10-62	1-10-63
项　目				抹灰层厚度每增减 1mm		
				TG 砂浆	石英砂浆	珍珠岩砂浆
基　价（元）				**72.08**	**84.03**	**47.50**
其中	人工费（元）			24.23	32.55	30.60
	材料费（元）			45.70	49.33	14.75
	机械费（元）			2.15	2.15	2.15
名　称		单位	单价(元)	数　量		
人工	综合工日	工日	75.00	0.323	0.434	0.408
材料	TG 砂浆 1∶0.2∶6	m^3	380.48	0.120	–	–
	水泥石英砂浆 1∶0.2∶1.5	m^3	410.79	–	0.120	–
	水泥珍珠岩 1∶10	m^3	122.59	–	–	0.120
	水	t	4.00	0.010	0.010	0.010
机械	灰浆搅拌机 200L	台班	126.18	0.017	0.017	0.017

2. 装饰抹灰

(1)水刷石

工作内容:清理、修补、湿润墙面、堵墙眼、调运砂浆、清扫落地灰、翻移脚手板;分层抹灰、刷浆、找平、起线拍平、压实、刷面(包括门窗侧壁抹灰)。

单位:100m²

定额编号				1-10-64	1-10-65	1-10-66	1-10-67
项目				水刷豆石			
				12mm+12mm	18mm+12mm	柱面	零星项目
				砖、混凝土墙面	毛石墙面		
基价(元)				3213.95	3467.16	3957.50	6528.30
其中	人工费(元)			2332.65	2430.83	3116.78	5692.88
	材料费(元)			831.96	974.12	793.53	793.53
	机械费(元)			49.34	62.21	47.19	41.89
名称		单位	单价(元)	数量			
人工	综合工日	工日	75.00	31.102	32.411	41.557	75.905
材料	水泥砂浆 1:3	m³	205.32	1.390	2.080	1.330	1.330
	水泥豆石浆	m³	341.97	1.390	1.390	1.330	1.330
	素水泥浆	m³	497.74	0.110	0.110	0.100	0.100
	108 胶	kg	2.00	2.480	2.480	2.210	2.210
	水	t	4.00	2.880	3.000	2.860	2.860
机械	灰浆搅拌机 200L	台班	126.18	0.391	0.493	0.374	0.332

工作内容:同前

单位:100m²

定额编号				1-10-68	1-10-69	1-10-70	1-10-71
项目				水刷白石子			
				12mm+10mm 砖、混凝土墙面	20mm+10mm 毛石墙面	柱面	零星项目
基价(元)				**3521.71**	**3735.37**	**4159.81**	**6746.18**
其中	人工费(元)			2418.08	2425.05	3099.53	5685.90
	材料费(元)			1058.58	1248.11	1016.24	1016.24
	机械费(元)			45.05	62.21	44.04	44.04
名称		单位	单价(元)	数量			
人工	综合工日	工日	75.00	32.241	32.334	41.327	75.812
材料	水泥砂浆 1∶3	m^3	205.32	1.390	2.310	1.330	1.330
	水泥白石子浆 1∶1.5	m^3	610.53	1.150	1.150	1.110	1.110
	素水泥浆	m^3	497.74	0.110	0.110	0.100	0.100
	108 胶	kg	2.00	2.480	2.480	2.210	2.210
	水	t	4.00	2.840	3.000	2.820	2.820
机械	灰浆搅拌机 200L	台班	126.18	0.357	0.493	0.349	0.349

工作内容：同前　　　　单位：$100m^2$

定额编号				1-10-72	1-10-73	1-10-74	1-10-75
项目				水刷玻璃碴			
				12mm + 12mm	18mm + 12mm	柱面	零星项目
				砖、混凝土墙面	毛石墙面		
基价（元）				**4095.68**	**4534.43**	**5001.52**	**8223.45**
其中	人工费（元）			2868.75	3152.48	3830.10	7052.03
	材料费（元）			1177.59	1319.74	1124.23	1124.23
	机械费（元）			49.34	62.21	47.19	47.19
名称		单位	单价(元)	数量			
人工	综合工日	工日	75.00	38.250	42.033	51.068	94.027
材料	水泥砂浆 1∶3	m^3	205.32	1.390	2.080	1.330	1.330
	水泥玻璃碴	m^3	590.62	1.390	1.390	1.330	1.330
	素水泥浆	m^3	497.74	0.110	0.110	0.100	0.100
	108 胶	kg	2.00	2.480	2.480	2.210	2.210
	水	t	4.00	2.880	3.000	2.860	2.860
机械	灰浆搅拌机 200L	台班	126.18	0.391	0.493	0.374	0.374

(2)干粘石

工作内容:清理、修补、湿润墙面、堵墙眼、调运砂浆、清扫落地灰、翻移脚手板;分层抹灰、刷浆、找平、粘石、起线拍平、压实、刷面(包括门窗侧壁抹灰)。

单位:100m²

定额编号				1-10-76	1-10-77	1-10-78	1-10-79
项目				干粘白石子			
				18mm	30mm	柱面	零星项目
				砖、混凝土墙面	毛石墙面		
基价(元)				**2374.66**	**2698.76**	**3148.88**	**5245.58**
其中	人工费(元)			1633.28	1645.43	2439.75	4536.45
	材料费(元)			703.78	991.12	673.67	673.67
	机械费(元)			37.60	62.21	35.46	35.46
名称		单位	单价(元)	数量			
人工	综合工日	工日	75.00	21.777	21.939	32.530	60.486
材料	水泥砂浆 1:3	m^3	205.32	2.080	3.460	2.000	2.000
	素水泥浆	m^3	497.74	0.110	0.110	0.100	0.100
	108 胶	kg	2.00	2.480	2.480	2.210	2.210
	白石子	kg	0.28	747.000	747.000	718.000	718.000
	水	t	4.00	1.960	2.960	1.950	1.950
机械	灰浆搅拌机 200L	台班	126.18	0.298	0.493	0.281	0.281

工作内容:同前　　　　单位:100m²

定额编号				1-10-80	1-10-81	1-10-82	1-10-83
项目				干粘玻璃碴			
				18mm	30mm	柱面	零星项目
				砖、混凝土墙面	毛石墙面		
基价（元）				**2671.35**	**2993.50**	**3651.22**	**6272.62**
其中	人工费（元）			1987.73	1997.93	2997.53	5618.93
	材料费（元）			646.02	933.36	618.23	618.23
	机械费（元）			37.60	62.21	35.46	35.46
名称		单位	单价(元)	数量			
人工	综合工日	工日	75.00	26.503	26.639	39.967	74.919
材料	水泥砂浆 1:3	m^3	205.32	2.080	3.460	2.000	2.000
	素水泥浆	m^3	497.74	0.110	0.110	0.100	0.100
	108 胶	kg	2.00	2.480	2.480	2.210	2.210
	玻璃碴	kg	0.20	757.000	757.000	728.000	728.000
	水	t	4.00	1.960	2.960	1.950	1.950
机械	灰浆搅拌机 200L	台班	126.18	0.298	0.493	0.281	0.281

工作内容:同前　　　　　　　　　　　　　　　　　　　　　　　　　　单位:100m²

定额编号				1-10-84	1-10-85	1-10-86	1-10-87
项目				干粘石结合层换算			
				每增减 2mm		每增减 6mm	
				水泥砂浆面层		混合砂浆	
				掺 108 胶	不掺胶		掺 108 胶
基价（元）				**123.23**	**77.69**	**150.03**	**195.57**
其中	人工费（元）			26.18	26.18	–	–
	材料费（元）			92.76	47.22	150.03	195.57
	机械费（元）			4.29	4.29	–	–
名称		单位	单价(元)	数量			
人工	综合工日	工日	75.00	0.349	0.349	–	–
材料	水泥砂浆 1∶3	m^3	205.32	0.230	0.230	–	–
	混合砂浆 1∶0.5∶2	m^3	217.44	–	–	0.690	0.690
	108 胶	kg	2.00	22.770	–	–	22.770
机械	灰浆搅拌机 200L	台班	126.18	0.034	0.034	–	–

(3)斩假石

工作内容：清理、修补、湿润墙面、调运砂浆、清扫落地灰；抹灰、刷浆、找平、压实、剁石、刷面等（包括门窗侧壁抹灰）。

单位：100m²

定额编号				1-10-88	1-10-89	1-10-90	1-10-91
项目				斩假石			
				12mm + 10mm	18mm + 10mm	柱面	零星项目
				砖、混凝土墙面	毛石墙面		
基价（元）				**6367.46**	**6527.02**	**7888.08**	**8562.00**
其中	人工费（元）			5580.68	5585.78	7134.30	7808.10
	材料费（元）			741.73	883.32	709.74	709.86
	机械费（元）			45.05	57.92	44.04	44.04
名称		单位	单价（元）	数量			
人工	综合工日	工日	75.00	74.409	74.477	95.124	104.108
材料	水泥砂浆 1∶3	m³	205.32	1.390	2.080	1.330	1.330
	水泥豆石浆	m³	341.97	1.150	1.150	1.110	1.110
	素水泥浆	m³	497.74	0.110	0.110	0.100	0.100
	108 胶	kg	2.00	2.480	2.480	2.210	2.210
	水	t	4.00	0.840	0.820	0.720	0.750
机械	灰浆搅拌机 200L	台班	126.18	0.357	0.459	0.349	0.349

(4)水磨石

工作内容：清理、修补、湿润墙面、调运砂浆、打底、罩面、磨光、清洗、打蜡；抹灰、找平等（包括门窗侧壁抹灰）。 单位：100m²

定额编号				1-10-92	1-10-93	1-10-94	1-10-95
项目				普通水磨石			
				12mm+10mm		柱面	零星项目
				玻璃分格	不分格		
基价（元）				**8430.16**	**7460.71**	**8423.80**	**10581.10**
其中	人工费（元）			7030.35	6153.15	7160.40	9317.70
	材料费（元）			1354.76	1262.51	1219.36	1219.36
	机械费（元）			45.05	45.05	44.04	44.04
名称		单位	单价（元）	数量			
人工	综合工日	工日	75.00	93.738	82.042	95.472	124.236
材料	水泥砂浆 1：3	m^3	205.32	1.390	1.390	1.330	1.330
	水泥白石子浆 1：2.5	m^3	631.71	1.150	1.150	1.110	1.110
	素水泥浆	m^3	497.74	0.110	0.110	0.100	0.100
	108 胶	kg	2.00	2.480	2.480	2.210	2.210

续前　　单位:100m²

定额编号				1-10-92	1-10-93	1-10-94	1-10-95
项目				普通水磨石			
				12mm+10mm		柱面	零星项目
				玻璃分格	不分格		
材料	玻璃 3mm	m²	15.00	6.150	–	–	–
	金刚石（三角形）	块	6.40	10.100	10.100	10.100	10.100
	硬白蜡	kg	6.00	2.650	2.650	2.650	2.650
	草酸	kg	4.50	1.000	1.000	1.000	1.000
	清油	kg	8.80	0.530	0.530	0.530	0.530
	煤油	kg	4.20	4.000	4.000	4.000	4.000
	油漆溶剂油	kg	4.87	0.600	0.600	0.600	0.600
	棉纱头	kg	6.34	1.000	1.000	1.000	1.000
	普通硅酸盐水泥 32.5	kg	0.33	25.000	25.000	25.000	25.000
	水	t	4.00	16.730	16.730	16.720	16.720
机械	灰浆搅拌机 200L	台班	126.18	0.357	0.357	0.349	0.349

(5)拉条灰、甩毛灰

工作内容：清理、修补、湿润墙面、堵墙眼、调运砂浆、清扫落地灰、翻移脚手板；分层抹灰、刷浆、找平、罩面、分格、甩毛、拉条等(包括门窗侧壁抹灰)。

单位：100m²

定额编号				1-10-96	1-10-97	1-10-98	1-10-99
项目				墙、柱面拉条		墙、柱面甩毛	
				14mm+10mm	10mm+14mm	12mm+6mm	10mm+6mm
				砖墙面	混凝土墙面	砖墙面	混凝土墙面
基价(元)				**1889.40**	**2046.90**	**1595.99**	**1937.42**
其中	人工费(元)			1163.48	1226.55	1056.98	1290.30
	材料费(元)			676.58	771.01	496.11	608.51
	机械费(元)			49.34	49.34	42.90	38.61
名称		单位	单价(元)	数量			
人工	综合工日	工日	75.00	15.513	16.354	14.093	17.204
材料	混合砂浆 1:0.5:2	m³	217.44	1.620	–	–	–
	混合砂浆 1:0.5:1	m³	279.03	1.150	1.150	–	–
	水泥砂浆 1:3	m³	205.32	–	1.620	–	1.150
	混合砂浆 1:1:6	m³	157.32	–	–	1.390	–
	混合砂浆 1:1:4	m³	176.70	–	–	0.690	–
	水泥砂浆 1:2.5	m³	227.55	–	–	–	0.690
	水泥砂浆 1:1	m³	306.36	–	–	0.320	0.320
	素水泥浆	m³	497.74	–	0.210	0.100	0.210
	108 胶	kg	2.00	–	4.690	2.210	4.690
	水	t	4.00	0.860	0.900	0.820	0.860
机械	灰浆搅拌机 200L	台班	126.18	0.391	0.391	0.340	0.306

注：甩毛如采用矿物颜料代替红土粉时，品种可以调整，用量不变。

(6)装饰抹灰砂浆厚度调整及分格嵌缝

工作内容：调运砂浆。

单位：$100m^2$

定额编号				1-10-100	1-10-101	1-10-102
项目				每增减 1mm		
				水泥豆石浆	水泥白石子浆	玻璃碴浆
基价（元）				**69.37**	**100.14**	**97.92**
其中	人工费（元）			26.18	26.18	24.90
	材料费（元）			41.04	71.81	70.87
	机械费（元）			2.15	2.15	2.15
名称		单位	单价（元）	数量		
人工	综合工日	工日	75.00	0.349	0.349	0.332
材料	水泥豆石浆	m^3	341.97	0.120	-	-
	水泥白石子浆 1∶1.25	m^3	598.43	-	0.120	-
	水泥玻璃碴	m^3	590.62	-	-	0.120
机械	灰浆搅拌机 200L	台班	126.18	0.017	0.017	0.017

工作内容:1. 玻璃条制作安装、划线分格。2. 清扫基层、涂刷素水泥浆。 单位:100m²

定额编号				1-10-103	1-10-104	1-10-105	1-10-106
项目				分格嵌缝		增减1遍素水泥浆	
				玻璃嵌缝	分格	有108胶	无108胶
基价(元)				**546.53**	**366.60**	**133.06**	**128.10**
其中	人工费(元)			510.68	366.60	73.35	73.35
	材料费(元)			35.85	–	59.71	54.75
	机械费(元)			–	–	–	–
名称		单位	单价(元)	数量			
人工	综合工日	工日	75.00	6.809	4.888	0.978	0.978
材料	玻璃 3mm	m²	15.00	2.390	–	–	–
	素水泥浆	m³	497.74	–	–	0.110	0.110
	108胶	kg	2.00	–	–	2.480	–

3. 镶贴块料面层

(1)大理石

工作内容：清理修补基层表面、刷浆、预埋铁件、制作安装钢筋网、电焊固定、选料湿水、钻孔成槽、镶贴面层及阴阳角、穿丝固定、调运砂浆、磨光打蜡、擦缝、养护。

单位：$100m^2$

定额编号				1-10-107	1-10-108	1-10-109	1-10-110
项目				挂贴大理石(灌缝砂浆 50mm 厚)			
				砖墙面	混凝土墙面	砖柱面	混凝土柱面
基价(元)				**27526.04**	**27668.44**	**34153.91**	**36066.82**
其中	人工费(元)			4293.60	4393.05	5559.68	6179.33
	材料费(元)			22374.09	22397.50	27551.45	28749.72
	机械费(元)			858.35	877.89	1042.78	1137.77
名称		单位	单价(元)	数量			
人工	综合工日	工日	75.00	57.248	58.574	74.129	82.391
材料	大理石板	m^2	195.00	102.000	102.000	127.190	132.090
	水泥砂浆 1∶2.5	m^3	227.55	5.550	5.550	5.920	6.090
	素水泥浆	m^3	497.74	0.100	0.100	0.100	0.100
	光圆钢筋 $\phi6\sim9$	kg	3.70	110.000	110.000	150.000	150.000
	铁件	kg	5.30	34.870	–	30.580	–
	膨胀螺栓 M6～12×50～120	套	0.17	–	524.000	–	920.000
	铜丝	kg	46.00	7.770	7.770	7.770	7.770
	电焊条 结 422 $\phi3.2$	kg	6.70	1.510	1.510	1.330	2.660

续前 单位:$100m^2$

定额编号				1-10-107	1-10-108	1-10-109	1-10-110
项目				挂贴大理石(灌缝砂浆 50mm 厚)			
				砖墙面	混凝土墙面	砖柱面	混凝土柱面
材料	白水泥	kg	0.65	–	15.000	19.000	19.000
	冲击钻头 $\phi16$	个	16.70	–	6.550	–	11.500
	石料切割锯片	片	46.50	2.690	2.690	3.360	3.490
	硬白蜡	kg	6.00	2.650	2.650	3.300	3.430
	草酸	kg	4.50	1.000	1.000	1.250	1.300
	煤油	kg	4.20	4.000	4.000	4.990	5.180
	清油	kg	8.80	0.530	0.530	0.660	0.690
	松节油	kg	7.20	0.600	0.600	0.750	0.780
	棉纱头	kg	6.34	1.000	1.000	1.250	1.300
	水	t	4.00	1.410	1.410	1.550	1.590
	塑料薄膜	m^2	0.76	28.050	28.050	28.050	28.050
	落叶松厚板 4m	m^3	1500.00	0.005	0.005	0.005	0.005
机械	灰浆搅拌机 200L	台班	126.18	0.791	0.791	0.842	0.867
	切砖机 5.5kW	台班	209.48	3.468	3.468	4.327	4.488
	交流弧焊机 30kV·A	台班	216.39	0.128	0.128	0.111	0.221
	电锤 520kW	台班	3.51	–	5.568	–	9.775
	钢筋调直机 $\phi40mm$	台班	48.59	0.043	0.043	0.060	0.060
	钢筋切断机 $\phi40mm$	台班	52.99	0.043	0.043	0.060	0.060

工作内容：清理修补基层表面、刷浆、选料湿水、镶贴面层及阴阳角、调运砂浆、磨光打蜡、擦缝、养护等。　　单位：$100m^2$

定额编号				1-10-111	1-10-112
项目				拼碎大理石	
				砖墙面	混凝土墙面
基价（元）				12200.78	12198.43
其中	人工费（元）			6260.25	6286.43
	材料费（元）			5891.19	5869.10
	机械费（元）			49.34	42.90
名称		单位	单价（元）	数量	
人工	综合工日	工日	75.00	83.470	83.819
材料	碎大理石板	m^2	50.00	102.000	102.000
	水泥砂浆 1∶3	m^3	205.32	0.890	–
	水泥砂浆 1∶1	m^3	306.36	0.510	0.510
	混合砂浆 1∶0.5∶4	m^3	185.19	–	0.560
	素水泥浆	m^3	497.74	0.100	0.200
	108 胶	kg	2.00	43.890	47.530
	金刚石（三角形）	块	6.40	21.000	21.000
	草酸	kg	4.50	3.000	3.000
	硬白蜡	kg	6.00	5.000	5.000
	松节油	kg	7.20	15.000	15.000
	锡纸	kg	63.67	0.300	0.300
	棉纱头	kg	6.34	1.000	1.000
	水	t	4.00	0.830	0.800
机械	灰浆搅拌机 200L	台班	126.18	0.391	0.340

工作内容：同前　　　　　　　　　　　　　　　　　　　　　　　　　　　　　　　　　单位：$100m^2$

定额编号				1-10-113	1-10-114	1-10-115
项目				粘贴大理石（水泥砂浆粘贴）		
				砖墙面	混凝土墙面	零星项目
基价（元）				**25629.57**	**26034.83**	**26981.21**
其中	人工费（元）			3640.13	3891.30	4034.10
	材料费（元）			21227.51	21384.88	22107.78
	机械费（元）			761.93	758.65	839.33
名称		单位	单价（元）	数量		
人工	综合工日	工日	75.00	48.535	51.884	53.788
材料	大理石板	m^2	195.00	102.000	102.000	106.000
	水泥砂浆 1∶2.5	m^3	227.55	0.670	0.670	0.740
	水泥砂浆 1∶3	m^3	205.32	1.330	1.110	1.480
	白水泥	kg	0.65	15.000	15.000	15.000
	YJ－Ⅲ粘结剂	kg	16.50	42.000	42.000	46.620
	YJ－302 粘结剂	kg	12.87	－	15.750	－

续前

单位:100m²

定额编号				1-10-113	1-10-114	1-10-115
项目				粘贴大理石(水泥砂浆粘贴)		
				砖墙面	混凝土墙面	零星项目
材料	石料切割锯片	片	46.50	2.690	2.690	2.690
	草酸	kg	4.50	1.000	1.000	1.110
	硬白蜡	kg	6.00	2.650	2.650	2.940
	煤油	kg	4.20	4.000	4.000	4.440
	松节油	kg	7.20	0.600	0.600	0.670
	清油	kg	8.80	0.530	0.530	0.590
	棉纱头	kg	6.34	1.000	1.000	1.110
	水	t	4.00	0.700	0.660	0.780
	塑料薄膜	m^2	0.76	28.050	28.050	–
	落叶松厚板 4m	m^3	1500.00	0.005	0.005	–
机械	灰浆搅拌机 200L	台班	126.18	0.281	0.255	0.315
	切砖机 5.5kW	台班	209.48	3.468	3.468	3.817

工作内容：同前　　　　　　　　　　　　　　　　　　　　　　　　　　　单位：100m²

定额编号				1-10-116	1-10-117
项目				干粉型粘结剂粘贴大理石	
				墙面	零星项目
基价（元）				**28091.01**	**29649.69**
其中	人工费（元）			3762.53	4087.65
	材料费（元）			23566.55	24722.71
	机械费（元）			761.93	839.33
名称		单位	单价（元）	数量	
人工	综合工日	工日	75.00	50.167	54.502
材料	大理石板	m²	195.00	102.000	106.000
	干粉型粘结剂	kg	4.67	682.000	757.580
	水泥砂浆 1：3	m³	205.32	1.330	1.480
	白水泥	kg	0.65	15.000	17.000
	石料切割锯片	片	46.50	2.690	2.990
	草酸	kg	4.50	1.000	1.110
	硬白蜡	kg	6.00	2.650	2.940
	煤油	kg	4.20	4.000	4.440
	松节油	kg	7.20	0.600	0.670
	清油	kg	8.80	0.530	0.590
	棉纱头	kg	6.34	1.000	1.110
	塑料薄膜	m²	0.76	28.050	–
	水	t	4.00	0.590	0.630
	落叶松厚板 4m	m³	1500.00	0.005	–
机械	灰浆搅拌机 200L	台班	126.18	0.281	0.315
	切砖机 5.5kW	台班	209.48	3.468	3.817

工作内容：清理基层、清理大理石、钻孔成槽、安装铁件(螺栓)、挂大理石、刷胶、打蜡、清洁面层。　　单位：100m²

定额编号				1-10-118	1-10-119	1-10-120	1-10-121
项目				干挂大理石			
				内墙面	外墙面		柱面
					密缝	勾缝	
基价(元)				28231.69	30074.58	33970.07	36985.30
其中	人工费(元)			5550.08	5330.18	6730.13	7250.93
	材料费(元)			21913.27	23993.52	26511.17	28732.05
	机械费(元)			768.34	750.88	728.77	1002.32
名称		单位	单价(元)	数量			
人工	综合工日	工日	75.00	74.001	71.069	89.735	96.679
材料	大理石板	m²	195.00	102.000	102.000	99.000	132.090
	膨胀螺栓 M6～12×50～120	套	0.17	1133.000	661.000	642.000	1700.000
	铝合金压条 3mm×30mm	m	4.67	158.620	–	–	238.000
	合金钢钻头 $\phi20$	个	63.10	14.030	8.260	8.030	20.840
	石料切割锯片	片	46.50	2.690	2.690	2.610	3.490
	密封胶	kg	23.40	–	–	137.520	–
	不锈钢连接件	只	1.23	–	661.000	642.000	–

续前　　　　单位:100m²

定额编号				1-10-118	1-10-119	1-10-120	1-10-121
项目				干挂大理石			
				内墙面	外墙面		柱面
					密缝	勾缝	
材料	不锈钢六角带帽螺栓 M10×20	套	3.45	–	661.000	642.000	–
	不锈钢插棍	个	0.26	–	661.000	642.000	–
	草酸	kg	4.50	1.000	1.000	1.000	1.300
	硬白蜡	kg	6.00	2.650	2.650	2.650	3.430
	煤油	kg	4.20	4.000	4.000	4.000	5.180
	松节油	kg	7.20	0.600	0.600	0.600	0.780
	清油	kg	8.80	0.530	0.530	0.530	0.690
	棉纱头	kg	6.34	1.000	1.000	1.000	1.300
	水	t	4.00	1.420	1.420	1.420	1.830
	塑料薄膜	m^2	0.76	28.050	28.050	28.050	28.050
机械	切砖机 5.5kW	台班	209.48	3.468	3.468	3.366	4.488
	电锤 520kW	台班	3.51	11.926	6.953	6.741	17.714

注:勾缝宽度 10mm 以内为准,超过时,大理石及密封胶用量允许换算。

(2)花岗岩

工作内容:清理修补基层表面、刷浆、预埋铁件、制作安装钢筋网、电焊固定、选料湿水、钻孔成槽、镶贴面层及阴阳角、穿丝固定、调运砂浆、磨光打蜡、擦缝、养护。

单位:$100m^2$

定额编号				1-10-122	1-10-123	1-10-124	1-10-125
项目				挂贴花岗岩(灌缝砂浆 50mm 厚)			
				砖墙面	混凝土墙面	砖柱面	混凝土柱面
基价(元)				**26972.09**	**27104.74**	**33500.64**	**35376.14**
其中	人工费(元)			4497.60	4597.05	5864.40	6495.53
	材料费(元)			21434.52	21448.18	26367.43	27507.80
	机械费(元)			1039.97	1059.51	1268.81	1372.81
名称		单位	单价(元)	数量			
人工	综合工日	工日	75.00	59.968	61.294	78.192	86.607
材料	花岗岩板	m^2	185.00	102.000	102.000	127.190	132.090
	水泥砂浆 1:2.5	m^3	227.55	5.550	5.550	5.920	6.090
	素水泥浆	m^3	497.74	0.100	0.100	0.100	0.100
	光圆钢筋 ϕ6~9	kg	3.70	110.000	110.000	150.000	150.000
	铁件	kg	5.30	34.870	–	30.580	–
	膨胀螺栓 M6~12×50~120	套	0.17	–	524.000	–	920.000
	铜丝	kg	46.00	7.770	7.770	7.770	7.770
	电焊条 结422 ϕ3.2	kg	6.70	1.510	1.510	1.330	2.660
	白水泥	kg	0.65	15.000	15.000	19.000	–

续前 单位:$100m^2$

定额编号				1-10-122	1-10-123	1-10-124	1-10-125
项目				挂贴花岗岩(灌缝砂浆50mm厚)			
				砖墙面	混凝土墙面	砖柱面	混凝土柱面
材料	冲击钻头 φ16	个	16.70	–	6.550	–	11.500
	石料切割锯片	片	46.50	4.210	4.210	5.250	5.450
	硬白蜡	kg	6.00	2.650	2.650	3.300	3.430
	草酸	kg	4.50	1.000	1.000	1.250	1.300
	煤油	kg	4.20	4.000	4.000	4.990	5.180
	清油	kg	8.80	0.530	0.530	0.660	0.690
	松节油	kg	7.20	0.600	0.600	0.750	0.780
	棉纱头	kg	6.34	1.000	1.000	1.250	1.330
	水	t	4.00	1.410	1.410	1.550	1.590
	塑料薄膜	m^2	0.76	28.050	28.050	28.050	28.050
	落叶松厚板 4m	m^3	1500.00	0.005	0.005	0.005	0.005
机械	灰浆搅拌机 200L	台班	126.18	0.791	0.791	0.842	0.867
	切砖机 5.5kW	台班	209.48	4.335	4.335	5.406	5.610
	电锤 520kW	台班	3.51	–	5.568	–	9.775
	钢筋调直机 φ40mm	台班	48.59	0.043	0.043	0.060	0.060
	钢筋切断机 φ40mm	台班	52.99	0.043	0.043	0.060	0.060
	交流弧焊机 30kV·A	台班	216.39	0.128	0.128	0.111	0.221

工作内容：清理基层、调运砂浆、打底刷浆、镶贴块料面层、刷粘结剂、砂浆勾缝、磨光、擦缝、打蜡、养护。　　单位：$100m^2$

定额编号				1-10-126	1-10-127	1-10-128	1-10-129
项目				拼碎花岗岩		粘贴花岗岩	
						零星项目	
				砖墙面	混凝土墙面	水泥砂浆粘贴	粘结剂粘贴
基价（元）				**12435.55**	**12417.04**	**26245.01**	**28866.41**
其中	人工费（元）			6829.58	6830.18	4007.33	4087.05
	材料费（元）			5557.64	5543.96	21198.92	23740.60
	机械费（元）			48.33	42.90	1038.76	1038.76
名称		单位	单价(元)	数量			
人工	综合工日	工日	75.00	91.061	91.069	53.431	54.494
材料	水泥砂浆 1:3	m^3	205.32	0.890	–	1.480	1.480
	水泥砂浆 1:1	m^3	306.36	–	–	0.740	–
	水泥白石子浆 1:1.5	m^3	610.53	0.510	0.510	–	–
	混合砂浆 1:0.5:3	m^3	200.22	–	0.560	–	–
	花岗岩板	m^2	185.00	–	–	106.000	106.000
	素水泥浆	m^3	497.74	0.100	0.200	–	–
	碎花岗岩板	m^2	45.00	102.000	102.000	–	–
	石料切割锯片	片	46.50	–	–	4.210	4.210
	YJ－Ⅲ粘结剂	kg	16.50	–	–	46.620	–

续前

单位：$100m^2$

定额编号				1-10-126	1-10-127	1-10-128	1-10-129
项目				拼碎花岗岩		粘贴花岗岩	
						零星项目	
				砖墙面	混凝土墙面	水泥砂浆粘贴	粘结剂粘贴
材料	干粉型粘结剂	kg	4.67	–	–	–	757.580
	108 胶	kg	2.00	43.890	47.530	–	–
	金刚石（三角形）	块	6.40	21.000	21.000	–	–
	白水泥	kg	0.65	–	–	17.000	17.000
	草酸	kg	4.50	3.000	3.000	1.110	1.110
	硬白蜡	kg	6.00	5.000	5.000	2.940	2.940
	松节油	kg	7.20	15.000	15.000	0.670	0.670
	锡纸	kg	63.67	0.300	0.300	–	–
	煤油	kg	4.20	–	–	4.440	4.440
	清油	kg	8.80	–	–	0.590	0.590
	棉纱头	kg	6.34	1.000	1.000	1.110	1.110
	水	t	4.00	0.830	0.800	0.660	0.590
	塑料薄膜	m^2	0.76	28.050	28.050	28.050	28.050
机械	灰浆搅拌机 200L	台班	126.18	0.383	0.340	0.315	0.315
	切砖机 5.5kW	台班	209.48	–	–	4.769	4.769

工作内容：清理基层、清洗花岗岩、钻孔成槽、安装铁件（螺栓）、挂花岗岩、刷胶、打蜡、清洁面层。　　　　单位：100m²

定额编号				1-10-130	1-10-131	1-10-132	1-10-133
项目				干挂花岗岩			
				内墙面	外墙面		柱面
					密缝	勾缝	
基价（元）				**27647.21**	**26929.79**	**32600.51**	**36224.38**
其中	人工费（元）			5625.30	5405.40	6802.13	7344.00
	材料费（元）			21071.95	20591.89	25069.61	27643.14
	机械费（元）			949.96	932.50	728.77	1237.24
名称		单位	单价（元）	数量			
人工	综合工日	工日	75.00	75.004	72.072	90.695	97.920
材料	花岗岩板	m²	185.00	102.000	102.000	99.000	132.000
	膨胀螺栓 M6～12×50～120	套	0.17	1133.000	661.000	642.000	1700.000
	铝合金压条 3mm×30mm	m	4.67	158.620	–	–	238.000
	快硬水泥麻丝浆	m³	450.00	0.240	–	–	0.350
	合金钢钻头 ϕ20	个	63.10	14.030	8.260	7.930	20.840
	石料切割锯片	片	46.50	4.210	4.210	4.080	5.450
	密封胶	kg	23.40	–	–	137.520	–

续前　　　　　　　　　　　　　　　　　　　　　　　　　　　　　　单位:100m²

定额编号				1-10-130	1-10-131	1-10-132	1-10-133
项目				干挂花岗岩			
				内墙面	外墙面		柱面
					密缝	勾缝	
材料	不锈钢连接件	只	1.23	–	661.000	642.000	–
	电化角铝 25.4mm×2mm	m	2.65	–	–	642.000	–
	不锈钢插棍	个	0.26	–	–	642.000	–
	草酸	kg	4.50	1.000	1.000	1.000	1.300
	硬白蜡	kg	6.00	2.650	2.650	2.650	3.430
	煤油	kg	4.20	4.000	4.000	4.000	5.180
	松节油	kg	7.20	0.600	0.600	0.600	0.780
	清油	kg	8.80	0.530	0.530	0.530	0.690
	棉纱头	kg	6.34	1.000	1.000	1.000	1.300
	水	t	4.00	1.420	1.420	1.420	1.830
	塑料薄膜	m²	0.76	28.050	28.050	28.050	28.050
机械	电锤 520kW	台班	3.51	11.926	6.953	6.741	17.680
	切砖机 5.5kW	台班	209.48	4.335	4.335	3.366	5.610

注:勾缝宽度 10mm 以内为准,超过时,花岗岩及密封胶用量允许换算。

(3)预制水磨石

工作内容:清理基层、清洗预制水磨石板、钻孔成槽、安装铁件(螺栓)、挂预制水磨石板、刷胶、打蜡、清洁面层。　　单位:$100m^2$

定额编号				1-10-134	1-10-135	1-10-136	1-10-137
项目				挂贴预制水磨石(灌缝砂浆 50mm 厚)			
				砖墙面	混凝土墙面	砖柱面	混凝土柱面
基价(元)				**12848.22**	**12953.10**	**16115.87**	**17659.09**
其中	人工费(元)			3434.85	3534.30	4745.55	5708.85
	材料费(元)			8555.02	8540.91	10314.78	10800.53
	机械费(元)			858.35	877.89	1055.54	1149.71
名称		单位	单价(元)	数量			
人工	综合工日	工日	75.00	45.798	47.124	63.274	76.118
材料	水磨石板	m^2	60.00	101.500	101.500	126.570	131.440
	水泥砂浆 1∶2.5	m^3	227.55	5.550	5.550	5.920	6.090
	素水泥浆	m^3	497.74	0.100	0.100	0.100	0.100
	光圆钢筋 $\phi6\sim9$	kg	3.70	110.000	110.000	150.000	150.000
	铁件	kg	5.30	34.870	–	30.580	–
	膨胀螺栓 M6～12×50～120	套	0.17	–	524.000	–	920.000
	铜丝	kg	46.00	7.770	7.770	7.770	7.770
	电焊条 结 422 $\phi3.2$	kg	6.70	1.510	1.510	1.330	2.660

续前

单位：$100m^2$

定额编号				1-10-134	1-10-135	1-10-136	1-10-137
项目				挂贴预制水磨石(灌缝砂浆 50mm 厚)			
				砖墙面	混凝土墙面	砖柱面	混凝土柱面
材料	白水泥	kg	0.65	15.000	15.000	19.000	19.000
	合金钢钻头 $\phi10$	个	12.46	–	6.550	–	11.500
	石料切割锯片	片	46.50	2.690	2.690	3.360	3.480
	硬白蜡	kg	6.00	2.650	2.650	3.300	3.430
	草酸	kg	4.50	1.000	1.000	1.250	1.300
	煤油	kg	4.20	4.000	4.000	4.990	5.180
	清油	kg	8.80	0.530	0.530	0.660	0.690
	松节油	kg	7.20	0.600	0.600	0.750	0.780
	棉纱头	kg	6.34	1.000	1.000	1.250	1.300
	水	t	4.00	1.410	1.410	1.550	1.590
机械	灰浆搅拌机 200L	台班	126.18	0.791	0.791	0.842	0.867
	切砖机 5.5kW	台班	209.48	3.468	3.468	4.327	4.488
	交流弧焊机 30kV·A	台班	216.39	0.128	0.128	0.170	0.221
	电锤 520kW	台班	3.51	–	5.568	–	13.175
	钢筋调直机 $\phi40mm$	台班	48.59	0.043	0.043	0.060	0.060
	钢筋切断机 $\phi40mm$	台班	52.99	0.043	0.043	0.060	0.060

工作内容：清理基层、清洗预制水磨石板、钻孔成槽、安装铁件（螺栓）、粘贴预制水磨石板、刷胶、打蜡、清洁面层。　　单位：$100m^2$

定额编号				1-10-138	1-10-139
项目				粘贴预制水磨石	
				零星项目	
				砂浆粘贴	粘结剂粘贴（干粉型）
基价（元）				**11692.64**	**14243.11**
其中	人工费（元）			3054.30	3005.18
	材料费（元）			7799.01	10398.60
	机械费（元）			839.33	839.33
名称		单位	单价（元）	数量	
人工	综合工日	工日	75.00	40.724	40.069
材料	水磨石板	m^2	60.00	106.000	106.000
	水泥砂浆 1:3	m^3	205.32	1.480	1.480
	水泥砂浆 1:2.5	m^3	227.55	0.740	-
	石料切割锯片	片	46.50	2.690	2.690
	YJ-Ⅲ粘结剂	kg	16.50	46.620	-
	干粉型粘结剂	kg	4.67	-	757.580
	白水泥	kg	0.65	17.000	17.000
	草酸	kg	4.50	1.110	1.110
	硬白蜡	kg	6.00	2.940	2.940
	煤油	kg	4.20	4.440	4.440
	松节油	kg	7.20	0.660	0.670
	清油	kg	8.80	0.590	0.590
	棉纱头	kg	6.34	1.110	1.110
	水	t	4.00	0.780	0.590
机械	灰浆搅拌机 200L	台班	126.18	0.315	0.315
	切砖机 5.5kW	台班	209.48	3.817	3.817

（4）瓷板

工作内容：清理修补基层表面、打底抹灰、砂浆找平、选料、抹结合层砂浆、贴瓷板、擦缝、清洁表面。　　单位：$100m^2$

定额编号				1-10-140	1-10-141	1-10-142
项目				瓷板（砂浆粘贴）		
				墙面、墙裙	方柱（梁）面	零星项目
基价（元）				**8810.72**	**9266.93**	**10406.77**
其中	人工费（元）			4101.08	4305.68	5196.30
	材料费（元）			4411.79	4632.77	4877.96
	机械费（元）			297.85	328.48	332.51
	名称	单位	单价（元）	数		量
人工	综合工日	工日	75.00	54.681	57.409	69.284
材料	瓷板 152mm×152mm	千块	808.64	4.480	4.700	4.960
	水泥砂浆 1∶3	m^3	205.32	1.110	1.170	1.230
	混合砂浆 1∶0.5∶2	m^3	217.44	0.820	0.860	0.910
	素水泥浆	m^3	497.74	0.100	0.110	0.110
	白水泥	kg	0.65	15.000	16.000	17.000
	阴阳角瓷片	千块	500.00	0.380	0.400	0.420
	压顶瓷片	千块	143.00	0.470	0.490	0.520
	108 胶	kg	2.00	2.210	2.320	2.450
	石料切割锯片	片	46.50	0.960	1.010	1.070
	棉纱头	kg	6.34	1.000	1.050	1.110
	水	t	4.00	0.810	0.990	1.210
	落叶松厚板 4m	m^3	1500.00	0.005	0.005	-
机械	灰浆搅拌机 200L	台班	126.18	0.272	0.289	0.306
	切砖机 5.5kW	台班	209.48	1.258	1.394	1.403

工作内容:同前

单位:100m²

定额编号				1-10-143	1-10-144	1-10-145
项目				瓷板(粘结剂粘贴)		
				墙面、墙裙	方柱(梁)面	零星项目
基价(元)				**10986.61**	**11546.17**	**12944.43**
其中	人工费(元)			4488.00	4713.08	5755.35
	材料费(元)			6194.33	6504.61	6856.57
	机械费(元)			304.28	328.48	332.51
名称		单位	单价(元)	数量		
人工	综合工日	工日	75.00	59.840	62.841	76.738
材料	瓷板 152mm×152mm	千块	808.64	4.480	4.700	4.960
	水泥砂浆 1:3	m^3	205.32	1.110	1.170	1.230
	干粉型粘结剂	kg	4.67	420.000	441.000	466.200
	素水泥浆	m^3	497.74	0.100	0.110	0.110
	白水泥	kg	0.65	15.000	16.000	17.000
	阴阳角瓷片	千块	500.00	0.380	0.400	0.420
	压顶瓷片	千块	143.00	0.470	0.490	0.520
	108 胶	kg	2.00	2.210	2.320	2.450
	石料切割锯片	片	46.50	0.960	1.010	1.070
	棉纱头	kg	6.34	1.000	1.050	1.110
	水	t	4.00	0.670	0.830	1.040
	落叶松厚板 4m	m^3	1500.00	0.005	0.005	–
机械	灰浆搅拌机 200L	台班	126.18	0.323	0.289	0.306
	切砖机 5.5kW	台班	209.48	1.258	1.394	1.403

(5)釉面砖

工作内容：清理修补基层表面、打底抹灰、砂浆找平、选料、抹结合层砂浆、贴面砖、擦缝、清洁表面。　　单位：100m²

定额编号				1-10-146	1-10-147	1-10-148
项目				墙面、墙裙（砂浆粘贴）		
				面砖密缝	面砖灰缝	
					10mm 以内	20mm 以内
基价（元）				**7655.00**	**7446.76**	**7026.33**
其中	人工费（元）			3622.95	3962.70	3958.28
	材料费（元）			3994.45	3443.30	3025.15
	机械费（元）			37.60	40.76	42.90
名称		单位	单价（元）	数量		
人工	综合工日	工日	75.00	48.306	52.836	52.777
材料	面砖 150mm×75mm	千块	360.00	9.110	7.540	6.350
	水泥砂浆 1:3	m^3	205.32	0.890	0.890	0.890
	水泥砂浆 1:1	m^3	306.36	–	0.160	0.280
	混合砂浆 1:0.5:2	m^3	217.44	1.220	1.220	1.220
	素水泥浆	m^3	497.74	0.100	0.100	0.100
	YJ－302 粘结剂	kg	12.87	15.750	13.030	10.970
	108 胶	kg	2.00	2.210	2.210	2.210
	棉纱头	kg	6.34	1.000	1.000	1.000
	水	t	4.00	0.900	0.910	0.910
机械	灰浆搅拌机 200L	台班	126.18	0.298	0.323	0.340

工作内容:同前　　　　　　　　　　　　　　　　　　　　　　　　　　　　单位:$100m^2$

定额编号				1-10-149	1-10-150	1-10-151
项目				墙面、墙裙(粘结剂粘贴)		
				面砖密缝	面砖灰缝	
					10mm 以内	20mm 以内
基价(元)				**9465.45**	**9757.04**	**9594.67**
其中	人工费(元)			3967.80	4435.13	4430.03
	材料费(元)			5460.05	5281.15	5121.74
	机械费(元)			37.60	40.76	42.90
名称		单位	单价(元)	数量		
人工	综合工日	工日	75.00	52.904	59.135	59.067
材料	面砖 150mm×75mm	千块	360.00	9.110	7.540	6.350
	水泥砂浆 1:3	m^3	205.32	0.890	0.890	0.890
	干粉型粘结剂	kg	4.67	420.000	502.720	560.320
	水泥砂浆 1:2.5	m^3	227.55	0.100	0.100	0.100
	108 胶	kg	2.00	2.210	2.210	2.210
	棉纱头	kg	6.34	1.000	1.000	1.000
	水	t	4.00	0.700	0.700	0.700
机械	灰浆搅拌机 200L	台班	126.18	0.298	0.323	0.340

工作内容：同前　　　　单位：$100m^2$

定额编号				1-10-152	1-10-153	1-10-154
项目				零星项目(砂浆粘贴)		
				面砖密缝	面砖灰缝	
					10mm 以内	20mm 以内
基价（元）				**8524.18**	**8919.13**	**8510.07**
其中	人工费（元）			4583.63	5567.33	5562.23
	材料费（元）			3897.65	3305.62	2899.51
	机械费（元）			42.90	46.18	48.33
名称		单位	单价(元)	数量		
人工	综合工日	工日	75.00	61.115	74.231	74.163
材料	面砖 150mm×75mm	千块	360.00	9.423	7.734	6.578
	水泥砂浆 1:3	m^3	205.32	1.000	1.000	1.000
	水泥砂浆 1:1	m^3	306.36	–	0.180	0.310
	素水泥浆	m^3	497.74	0.110	0.110	0.110
	YJ-302 粘结剂	kg	12.87	17.700	14.650	12.330
	108 胶	kg	2.00	2.480	2.480	2.480
	棉纱头	kg	6.34	1.120	1.120	1.120
	水	t	4.00	1.360	1.390	1.410
机械	灰浆搅拌机 200L	台班	126.18	0.340	0.366	0.383

工作内容:同前　　单位:100m²

定额编号				1-10-155	1-10-156	1-10-157
项目				零星项目(粘结剂粘贴)		
				面砖密缝	面砖灰缝	
					10mm 以内	20mm 以内
基价(元)				10765.86	11966.30	11850.47
其中	人工费(元)			5122.35	6248.18	6244.35
	材料费(元)			5600.61	5671.94	5557.79
	机械费(元)			42.90	46.18	48.33
名称		单位	单价(元)	数量		
人工	综合工日	工日	75.00	68.298	83.309	83.258
材料	面砖 150mm×75mm	千块	360.00	9.423	7.734	6.578
	水泥砂浆 1:3	m³	205.32	1.000	1.000	1.000
	干粉型粘结剂	kg	4.67	420.000	565.450	630.110
	水泥砂浆 1:2.5	m³	227.55	0.110	0.110	0.110
	108 胶	kg	2.00	2.480	2.480	2.480
	棉纱头	kg	6.34	1.120	1.120	1.120
	水	t	4.00	1.130	1.160	1.170
机械	灰浆搅拌机 200L	台班	126.18	0.340	0.366	0.383

(6)劈离砖

工作内容:清理修补基层表面、打底抹灰、砂浆找平、选料、抹结合层砂浆、贴劈离砖、擦缝、清洁表面。　　单位:$100m^2$

定额编号				1-10-158	1-10-159	1-10-160
项目				墙面劈离砖(砂浆粘贴)		
				面砖密缝	面砖灰缝	
					10mm 以内	20mm 以内
基价(元)				**9104.84**	**8827.06**	**8185.22**
其中	人工费(元)			3709.65	4095.98	4080.00
	材料费(元)			5358.72	4691.33	4063.33
	机械费(元)			36.47	39.75	41.89
名称		单位	单价(元)	数量		
人工	综合工日	工日	75.00	49.462	54.613	54.400
材料	劈离砖 194mm×94mm×11mm	千块	860.00	5.620	4.830	4.200
	YJ-302 粘结剂	kg	12.87	23.630	21.750	19.940
	水泥砂浆 1:3	m^3	205.32	0.440	0.440	0.440
	水泥砂浆 1:1	m^3	306.36	–	0.150	0.290
	混合砂浆 1:0.5:3	m^3	200.22	0.280	0.280	–
	素水泥浆	m^3	497.74	0.100	0.100	–
	白水泥	kg	0.65	15.000	–	–
	108 胶	kg	2.00	2.730	2.730	2.730
	水	t	4.00	0.920	0.920	0.930
	棉纱头	kg	6.34	1.000	1.000	1.000
机械	灰浆搅拌机 200L	台班	126.18	0.289	0.315	0.332

工作内容:同前

单位:100m^2

定额编号				1-10-161	1-10-162	1-10-163
项目				墙面劈离砖(粘结剂粘贴)		
				面砖密缝	面砖灰缝	
					10mm 以内	20mm 以内
基价(元)				**11088.41**	**11129.20**	**10853.48**
其中	人工费(元)			4004.78	4455.53	4438.95
	材料费(元)			7047.16	6633.92	6372.64
	机械费(元)			36.47	39.75	41.89
名称		单位	单价(元)	数量		
人工	综合工日	工日	75.00	53.397	59.407	59.186
材料	劈离砖 194mm×94mm×11mm	千块	860.00	5.620	4.830	4.200
	水泥砂浆 1:3	m^3	205.32	0.440	0.440	0.440
	混合砂浆 1:0.5:3	m^3	200.22	0.440	0.280	0.280
	素水泥浆	m^3	497.74	0.100	0.100	0.100
	干粉型粘结剂	kg	4.67	420.000	485.940	546.000
	108 胶	kg	2.00	2.730	2.730	2.730
	棉纱头	kg	6.34	1.000	1.000	1.000
	白水泥	kg	0.65	15.000	–	–
	水	t	4.00	0.700	0.700	0.710
机械	灰浆搅拌机 200L	台班	126.18	0.289	0.315	0.332

4. 墙、柱面装饰

(1)龙骨基层

工作内容:定位下料、打眼、安装膨胀螺栓、安装龙骨、刷防腐油等。

单位:100m²

定额编号				1-10-164	1-10-165	1-10-166	1-10-167	1-10-168
项目				墙、柱面木龙骨基层				
				断面 7.5cm² 以内		断面 13cm² 以内		
				木龙骨平均中距(cm)				
				30 以内	40 以内	30 以内	40 以内	45 以内
基价(元)				**2433.37**	**1992.03**	**3290.27**	**2681.86**	**2496.08**
其中	人工费(元)			702.53	599.25	702.53	605.63	605.63
	材料费(元)			1712.95	1377.78	2569.85	2061.14	1876.08
	机械费(元)			17.89	15.00	17.89	15.09	14.37
名称		单位	单价(元)	数量				
人工	综合工日	工日	75.00	9.367	7.990	9.367	8.075	8.075
材料	一等板方材 综合	m^3	2050.00	0.778	0.624	1.196	0.957	0.869
	防腐油	kg	1.78	2.180	1.820	2.180	1.820	1.630
	膨胀螺栓 M10~16(综合)	套	0.24	315.930	269.870	315.930	272.300	272.300
	铁钉	kg	4.86	3.840	2.830	3.840	2.830	1.940
	合金钢钻头 ϕ10	个	12.46	1.580	1.350	1.580	1.360	1.360
机械	木工圆锯机 ϕ500mm	台班	27.63	0.221	0.179	0.221	0.179	0.153
	电锤 520kW	台班	3.51	3.358	2.865	3.358	2.890	2.890

工作内容:同前

单位:100m²

定额编号				1-10-169	1-10-170	1-10-171	1-10-172
项目				墙、柱木龙骨基层			
				断面20cm² 以内			
				木龙骨平均中距(cm)			
				30 以内	40 以内	45 以内	50 以内
基价(元)				**4419.01**	**3589.80**	**3307.88**	**3021.02**
其中	人工费(元)			715.95	619.65	605.63	530.40
	材料费(元)			3684.93	2954.82	2687.88	2477.50
	机械费(元)			18.13	15.33	14.37	13.12
名称		单位	单价(元)	数量			
人工	综合工日	工日	75.00	9.546	8.262	8.075	7.072
材料	一等板方材 综合	m³	2050.00	1.739	1.392	1.265	1.168
	防腐油	kg	1.78	2.180	1.820	1.630	1.630
	膨胀螺栓 M10~16(综合)	套	0.24	322.400	278.760	272.300	238.360
	铁钉	kg	4.86	3.840	2.830	1.940	1.680
	合金钢钻头 $\phi10$	个	12.46	1.610	1.390	1.360	1.190
机械	木工圆锯机 $\phi500$mm	台班	27.63	0.221	0.179	0.153	0.153
	电锤 520kW	台班	3.51	3.426	2.958	2.890	2.533

工作内容：同前　　　　单位：100m²

定额编号				1-10-173	1-10-174	1-10-175	1-10-176
项目				墙、柱面木龙骨基层			
				断面 30cm² 以内			
				木龙骨平均中距(cm)			
				40 以内	45 以内	50 以内	55 以内
基价（元）				**4998.14**	**4595.06**	**4271.31**	**3795.52**
其中	人工费（元）			626.70	619.65	544.43	544.43
	材料费（元）			4355.99	3960.80	3713.52	3238.20
	机械费（元）			15.45	14.61	13.36	12.89
名称		单位	单价(元)	数量			
人工	综合工日	工日	75.00	8.356	8.262	7.259	7.259
材料	一等板方材 综合	m³	2050.00	2.075	1.885	1.770	1.539
	防腐油	kg	1.78	1.820	1.630	1.630	1.400
	膨胀螺栓 M10～16(综合)	套	0.24	281.990	278.760	244.820	244.820
	铁钉	kg	4.86	2.830	1.940	1.680	1.400
	合金钢钻头 φ10	个	12.46	1.410	1.390	1.220	1.220
机械	木工圆锯机 φ500mm	台班	27.63	0.179	0.153	0.153	0.136
	电锤 520kW	台班	3.51	2.992	2.958	2.601	2.601

工作内容:同前

单位:100m²

定额编号				1-10-177	1-10-178	1-10-179
项目				墙、柱面木龙骨		
				断面 45cm² 以内		
				木龙骨平均中距(cm)		
				50 以内	60 以内	80 以内
基价(元)				**5619.53**	**4990.55**	**4265.01**
其中	人工费(元)			550.80	503.03	371.70
	材料费(元)			5055.25	4475.32	3884.01
	机械费(元)			13.48	12.20	9.30
名称		单位	单价(元)	数量		
人工	综合工日	工日	75.00	7.344	6.707	4.956
材料	一等板方材 综合	m^3	2050.00	2.424	2.145	1.866
	防腐油	kg	1.78	1.630	1.630	1.630
	膨胀螺栓 M10～16(综合)	套	0.24	248.060	226.200	167.260
	铁钉	kg	4.86	1.680	1.400	1.070
	合金钢钻头 $\phi10$	个	12.46	1.240	1.130	0.840
机械	木工圆锯机 $\phi500$mm	台班	27.63	0.153	0.136	0.111
	电锤 520kW	台班	3.51	2.635	2.406	1.777

工作内容：定位、弹线、安装龙骨。　　　　单位：$100m^2$

定额编号				1-10-180	1-10-181	1-10-182	1-10-183
项目				墙、柱面基层			
				轻钢龙骨	铝合金龙骨	型钢龙骨	石膏龙骨
				中距(cm)			
				竖 60.3 横 150	单向 50	单向 150	
基价（元）				**2850.01**	**4805.33**	**2770.65**	**3761.06**
其中	人工费（元）			615.83	696.83	699.38	550.20
	材料费（元）			2200.30	4058.38	1719.44	3202.83
	机械费（元）			33.88	50.12	351.83	8.03
名称		单位	单价(元)	数量			
人工	综合工日	工日	75.00	8.211	9.291	9.325	7.336
材料	轻钢隔墙龙骨 横龙骨 UO 75×40×0.6	m	6.60	104.690	-	-	-
	轻钢隔墙龙骨 竖龙骨 CO 75×50×0.6	m	7.70	180.870	-	-	-
	铝合金龙骨 60mm×30mm	m	16.00	-	248.230	-	-
	石膏龙骨 75mm×50mm	m	4.90	-	-	-	464.330
	射钉	百个	39.00	1.510	-	-	-

续前

单位:100m²

定额编号				1-10-180	1-10-181	1-10-182	1-10-183
项目				墙、柱面基层			
				轻钢龙骨	铝合金龙骨	型钢龙骨	石膏龙骨
				中距(cm)			
				竖60.3 横150	单向50	单向150	
材料	自攻螺丝 4×20	千个	13.77	1.120	-	-	-
	等边角钢 边宽60mm以下	kg	4.00	-	-	408.000	-
	膨胀螺栓 M8	套	0.17	249.000	510.000	249.000	215.000
	791粘结剂	kg	3.00	-	-	-	76.250
	792粘结剂	kg	3.00	-	-	-	2.350
	石膏粉	kg	1.02	-	-	-	313.000
	槽钢 5~16号	kg	4.00	-	-	-	84.000
	电焊条 结422 $\phi3.2$	kg	6.70	-	-	1.430	-
	乙炔气	m³	25.20	-	-	1.410	-
机械	电锤 520kW	台班	3.51	2.644	6.324	2.644	2.287
	砂轮切割机 $\phi350$	台班	9.52	2.584	2.933	2.933	-
	交流弧焊机 30kV·A	台班	216.39	-	-	1.454	-

(2)龙骨衬板及隔层

工作内容:龙骨上钉隔离层。 单位:100m²

定额编号				1-10-184	1-10-185	1-10-186	1-10-187	1-10-188
项目				墙、柱面龙骨上钉基层				
				胶合板	板条	钢板网	玻璃棉毡	大芯板
基价(元)				**1867.73**	**880.14**	**1662.30**	**919.93**	**3162.60**
其中	人工费(元)			380.63	274.13	402.30	212.93	599.25
	材料费(元)			1487.10	606.01	1260.00	707.00	2563.35
	机械费(元)			–	–	–	–	–
	名称	单位	单价(元)	数量				
人工	综合工日	工日	75.00	5.075	3.655	5.364	2.839	7.990
材料	胶合板 3mm	m²	13.50	105.000	–	–	–	–
	板条 1000mm×30mm×8mm	百根	30.06	–	20.160	–	–	–
	钢板网 5mm	m²	12.00	–	–	105.000	–	–
	沥青玻璃棉	m³	140.00	–	–	–	5.050	–
	胶合板(大芯板)各种规格	m²	23.75	–	–	–	–	105.000
	乳胶	kg	5.80	12.000	–	–	–	12.000

（3）面层

工作内容：安装玻璃面层、钉压条。 单位：$100m^2$

定额编号				1-10-189	1-10-190	1-10-191	1-10-192
项目				镜面玻璃			
				在胶合板上粘贴		在砂浆面上粘贴	
				墙面	柱（梁）面	墙面	柱（梁）面
基价（元）				**18096.17**	**20870.60**	**20365.55**	**20030.41**
其中	人工费（元）			2115.23	2571.08	2882.18	3005.18
	材料费（元）			15980.94	18299.52	17465.47	17010.82
	机械费（元）			–	–	17.90	14.41
名称		单位	单价（元）	数		量	
人工	综合工日	工日	75.00	28.203	34.281	38.429	40.069
材料	镜面玻璃 6mm	m^2	110.50	123.000	123.000	123.000	123.000
	不锈钢压条 2mm	m	17.90	85.330	215.180	–	–
	铝合金压条 3mm×30mm	m	4.67	–	–	684.800	585.000
	双面强力弹性胶带	m	0.80	–	–	490.000	558.000
	不锈钢钉	kg	19.20	4.770	4.770	–	–
	落叶松厚板 4m	m^3	1500.00	0.005	0.005	0.005	0.005
	镀锌螺丝	百个	6.75	4.230	3.380	8.160	6.560
	玻璃胶 350g	支	6.80	108.000	108.000	–	–
	XY508 粘合剂	kg	13.45	–	–	2.480	2.450
	108 胶	kg	2.00	–	–	2.210	2.520
	二等方木 综合	m^3	1800.00	–	–	0.102	0.084
机械	电锤 520kW	台班	3.51	–	–	5.100	4.106

工作内容：贴或钉面层、钉压条、清理等全部操作过程。 单位：100m²

定额编号				1-10-193	1-10-194	1-10-195	1-10-196	1-10-197
项目				贴人造革		贴丝绒	塑料面板	胶合板面
				柱面	墙面、墙裙			
基价（元）				**6012.57**	**6106.21**	**4631.37**	**2836.28**	**3192.19**
其中	人工费（元）			1466.25	1466.25	982.43	410.55	953.10
	材料费（元）			4546.32	4639.96	3648.94	2425.73	1684.29
	机械费（元）			–	–	–	–	554.80
名称		单位	单价（元）	数量				
人工	综合工日	工日	75.00	19.550	19.550	13.099	5.474	12.708
材料	一等硬木板方材 综合	m^3	2100.00	0.070	0.050	0.050	–	–
	胶合板 3mm	m^2	13.50	–	–	–	–	110.000
	丝绒面料	m^2	25.00	–	–	112.000	–	–
	人造革	m^2	16.00	110.000	110.000	–	–	–
	泡沫塑料	m^2	15.70	105.000	105.000	–	–	–
	铝合金压条 3mm×30mm	m	4.67	72.540	107.000	–	–	–

续前

单位:100m²

定额编号				1-10-193	1-10-194	1-10-195	1-10-196	1-10-197
项目				贴人造革		贴丝绒	塑料面板	胶合板面
				柱面	墙面、墙裙			
材料	镀锌螺钉(带垫)	个	0.39	1671.940	1607.100	–	–	–
	木螺丝 4×40	千个	17.28	–	–	–	0.510	–
	万能胶 环氧树脂	kg	31.00	–	–	22.000	–	–
	铁钉	kg	4.86	–	–	0.400	–	–
	贴缝线带	m	1.20	–	–	50.000	–	–
	塑料面板	m^2	15.00	–	–	–	105.000	–
	塑料板扫脚盖板	m	4.20	–	–	–	58.950	–
	塑料板压口盖板	m	6.60	–	–	–	58.950	–
	塑料板阴阳角卡口板	m	3.90	–	–	–	52.630	–
	聚醋酸乙烯乳液	kg	4.10	–	–	–	–	42.110
	钉书枪钉	盒	22.20	–	–	–	–	1.200
机械	电动空气压缩机 $0.6m^3/min$	台班	130.54	–	–	–	–	4.250

注:若胶合板钉在木龙骨上,聚醋酸乙烯乳液减少 $0.2807kg/m^2$。

（4）其他

工作内容：贴或钉面层、钉压条、清理等全部操作过程（硬木板条包括踢脚线部分）。

单位：$100m^2$

定额编号				1-10-198	1-10-199	1-10-200	1-10-201
项目				硬木条吸音内墙面	硬木条墙面、墙裙	石膏板墙面	铝塑装饰板墙面、墙裙
基价（元）				**9997.53**	**6844.10**	**1933.31**	**8955.26**
其中	人工费（元）			2106.98	1542.15	585.23	1606.50
	材料费（元）			7789.78	5165.80	1348.08	7322.80
	机械费（元）			100.77	136.15	–	25.96
名称		单位	单价（元）	数量			
人工	综合工日	工日	75.00	28.093	20.562	7.803	21.420
材料	一等硬木板方材 综合	m^3	2100.00	2.340	2.450	–	–
	纸面石膏板 3000×1200×12	m^2	12.60	–	–	105.000	–
	铝塑板 5mm	m^2	63.00	–	–	–	105.000
	模板嵌缝料	kg	0.20	–	–	1.950	–
	钢板网 5mm	m^2	12.00	105.000	–	–	–
	超细玻璃棉毡	m^3	300.00	5.250	–	–	–
	铁钉	kg	4.86	8.390	4.280	5.080	–
	万能胶	kg	14.50	–	–	–	46.000
	玻璃胶 350g	支	6.80	–	–	–	6.000
机械	木工压刨床 单面 600mm	台班	48.43	1.513	1.972	–	0.536
	木工圆锯机 ϕ500mm	台班	27.63	0.995	1.471	–	–

工作内容:钉面层、钉压条、清理等全部操作过程。　　　　单位:$100m^2$

定额编号				1-10-202	1-10-203	1-10-204	1-10-205
项目				纤维板	刨花板	松木薄板	木丝板
基价(元)				**2144.90**	**3504.08**	**7113.45**	**3474.68**
其中	人工费(元)			867.68	867.68	2478.60	880.43
	材料费(元)			1277.22	2636.40	4634.85	2594.25
	机械费(元)			–	–	–	–
名称		单位	单价(元)	数量			
人工	综合工日	工日	75.00	11.569	11.569	33.048	11.739
材料	中密度纤维板 2440×1220×5	张	36.00	35.270	–	–	–
	刨花板	m^2	21.00	–	103.500	–	–
	一等松板 综合	m^3	1950.00	–	–	2.373	0.193
	木丝板	m^2	18.00	–	–	–	103.500
	二等板方材 综合	m^3	1800.00	–	0.253	–	0.193
	落叶松厚板 4m	m^3	1500.00	0.005	0.005	0.005	0.005

注:如采用乳胶粘贴时,减去定额中铁钉用量,增加乳胶30kg。

5. 梁(柱)、面装饰

工作内容:定位、弹线、截割龙骨、安装龙骨、铺装夹板、面层材料、清扫等全部操作过程;定位下料、木骨架安装、钉夹板、安装面板、清扫预埋木砖等。

单位:100m²

定额编号				1-10-206	1-10-207	1-10-208	1-10-209
项目				不锈钢饰面			
				圆柱		方柱包圆形面	
				木龙骨	钢龙骨	ϕ800mm 以内	ϕ800mm 以外
基价(元)				**37606.71**	**45982.03**	**41684.67**	**41639.25**
其中	人工费(元)			4454.85	5714.55	5529.08	5529.08
	材料费(元)			33131.24	40080.53	36147.80	36102.38
	机械费(元)			20.62	186.95	7.79	7.79
名称		单位	单价(元)	数量			
人工	综合工日	工日	75.00	59.398	76.194	73.721	73.721
材料	一等板方材 综合	m³	2050.00	0.450	–	0.603	0.605
	胶合板 6mm	m²	21.40	12.250	–	15.600	15.400
	胶合板 3mm	m²	13.50	110.780	5.780	110.780	110.780
	等边角钢 边宽 60mm 以下	kg	4.00	–	776.000	37.000	37.000
	镜面不锈钢板 $\delta=1$mm	m²	220.00	112.500	112.500	112.500	112.500

续前

单位:100m²

定额编号				1-10-206	1-10-207	1-10-208	1-10-209
项目				不锈钢饰面			
				圆柱		方柱包圆形面	
				木龙骨	钢龙骨	ϕ800mm 以内	ϕ800mm 以外
材料	膨胀螺栓 M6	套	0.92	553.000	303.000	209.000	209.000
	电焊条 结422 ϕ3.2	kg	6.70	-	7.200	-	-
	射钉	百个	39.00	-	177.000	-	-
	不锈钢卡口槽	m	17.70	278.000	274.000	285.000	330.000
	玻璃胶 350g	支	6.80	9.000	9.000	9.000	9.000
	万能胶	kg	14.50	14.000	-	30.000	30.000
	螺丝 M6	个	0.02	-	-	150.000	633.000
	二等板方材 综合	m^3	1800.00	-	-	1.356	0.883
	落叶松厚板 4m	m^3	1500.00	0.005	0.005	0.005	0.005
机械	电锤 520kW	台班	3.51	5.874	3.222	2.219	2.219
	交流弧焊机 30kV·A	台班	216.39	-	0.425	-	-
	砂轮切割机 ϕ350	台班	9.52	-	8.789	-	-

6. 其他

工作内容:选料、制作、安装、剔砖打洞、下木砖、立木筋、起缝、对缝、钉压条、调运砂浆、安石材板等全部操作过程。　　单位:10m²

定额编号				1-10-210	1-10-211	1-10-212
项目				窗台板	窗台板	
				硬木	贴榉木	
					木夹板	大芯板
基价(元)				**935.30**	**956.86**	**968.41**
其中	人工费(元)			164.48	388.88	402.90
	材料费(元)			770.82	567.98	565.51
	机械费(元)			–	–	–
	名称	单位	单价(元)	数量		
人工	综合工日	工日	75.00	2.193	5.185	5.372
材料	普通硅酸盐水泥 32.5	kg	0.33	–	–	–
	熟石灰	kg	0.23	–	–	–
	密封胶	支	5.89	–	–	–
	一等硬木板方材 综合	m^3	2100.00	0.310	–	–
	胶合板 5mm	m^2	17.90	–	10.500	–
	胶合板(大芯板) 各种规格	m^2	23.75	–	–	10.500
	榉木三合板	m^2	21.80	–	11.000	11.000
	二等板方材 综合	m^3	1800.00	0.060	0.040	–
	乳胶	kg	5.80	–	4.500	4.500
	防腐油	kg	1.78	0.630	5.580	5.580
	中砂	m^3	60.00	–	–	–
	聚氨酯泡沫填充剂	支	16.00	–	–	–
	其他材料费	元	–	10.700	32.200	40.300

工作内容:同前　　　　单位:见表

定额编号				1-10-213	1-10-214	1-10-215	1-10-216
项目				窗台板			
				预制磨石		大理石	
				带铁活	不带铁活	带铁活	不带铁活
单位				10m²			
基价（元）				**1356.73**	**1086.13**	**2573.77**	**2303.17**
其中	人工费（元）			311.78	282.45	340.43	311.10
	材料费（元）			1044.95	803.68	2233.34	1992.07
	机械费（元）			–	–	–	–
名称		单位	单价(元)	数量			
人工	综合工日	工日	75.00	4.157	3.766	4.539	4.148
材料	普通硅酸盐水泥 32.5	kg	0.33	8.020	120.300	8.020	120.300
	中砂	m³	60.00	0.025	0.373	0.025	0.373
	磨石窗台板	m²	73.00	10.100	10.100	–	–
	大理石窗台板	m²	190.00	–	–	10.100	10.100
	铁件	kg	5.30	56.130	–	56.130	–
	其他材料费	元	–	6.010	4.300	12.700	10.990

工作内容：选料、制作、安装、剔砖打洞、下木砖、立木筋、起缝、对缝、钉压条等全部操作过程。　　单位：$10m^2$

定额编号				1-10-217	1-10-218	1-10-219	1-10-220	1-10-221
项目				筒子板				
				硬木	贴榉木			
					木骨架	三夹板	大芯板	圆形门窗
基价（元）				**1017.69**	**690.01**	**866.21**	**987.68**	**749.46**
其中	人工费（元）			183.00	353.18	371.03	372.98	381.23
	材料费（元）			834.69	336.83	495.18	614.70	368.23
	机械费（元）			–	–	–	–	–
名称		单位	单价(元)	数量				
人工	综合工日	工日	75.00	2.440	4.709	4.947	4.973	5.083
材料	一等硬木板方材 综合	m^3	2100.00	0.260	–	–	–	–
	胶合板 3mm	m^2	13.50	–	–	10.500	–	–
	胶合板(大芯板) 各种规格	m^2	23.75	–	–	–	10.500	–
	榉木三合板	m^2	21.80	11.000	11.000	11.000	11.000	11.500
	二等板方材 综合	m^3	1800.00	–	0.030	0.030	0.030	0.040
	乳胶	kg	5.80	–	4.500	4.500	4.500	4.500
	防腐油	kg	1.78	4.420	2.880	2.880	2.880	2.880
	石油沥青油毡 350 号	m^2	2.55	11.000	–	–	–	–
	其他材料费	元	–	12.970	11.800	28.400	40.300	14.300

工作内容:同前

单位:10m²

定额编号				1-10-222	1-10-223
项目				筒子板	
				镜面不锈钢	大理石门窗套（成品）
基价（元）				**2875.01**	**4543.89**
其中	人工费（元）			359.18	199.28
	材料费（元）			2515.83	4344.61
	机械费（元）			–	–
名称		单位	单价(元)	数量	
人工	综合工日	工日	75.00	4.789	2.657
材料	镜面不锈钢板 $\delta=1$mm	m²	220.00	11.000	–
	大理石门窗套	m²	385.00	–	10.200
	普通硅酸盐水泥 32.5	kg	0.33	–	278.920
	中砂	m³	60.00	–	0.722
	白水泥	kg	0.65	–	1.900
	二等板方材 综合	m³	1800.00	0.030	–
	防腐油	kg	1.78	2.880	–
	粘贴型建筑胶	kg	2.32	–	1.000
	硬蜡	kg	48.30	–	0.340
	光圆钢筋 ϕ10～14	kg	3.90	2.000	12.700
	清油	kg	8.80	–	0.070
	其他材料费	元	–	28.900	212.120

工作内容:窗帘盒制作、安装、剔砖打洞、铁件制作安装等全部操作过程。 单位:10m

定额编号				1-10-224	1-10-225	1-10-226	1-10-227
项目				明窗帘盒			
				松木		硬木	
				单轨	双轨	单轨	双轨
基价(元)				**481.10**	**653.03**	**584.10**	**771.87**
其中	人工费(元)			128.18	143.48	172.80	187.43
	材料费(元)			352.92	509.55	411.30	584.44
	机械费(元)			–	–	–	–
名称		单位	单价(元)	数量			
人工	综合工日	工日	75.00	1.709	1.913	2.304	2.499
材料	暗装式窗帘轨 单轨	m	6.80	10.500	–	10.500	–
	暗装式窗帘轨 双轨	m	13.60	–	10.500	–	10.500
	二等板方材 综合	m^3	1800.00	0.080	0.100	–	–
	一等硬木板方材 综合	m^3	2100.00	–	–	0.080	0.100
	铁件	kg	5.30	11.070	12.620	11.070	12.620
	乳胶	kg	5.80	0.160	0.160	0.160	0.160
	其他材料费	元	–	77.920	118.940	112.300	163.830

工作内容：同前

单位：10m

定额编号				1-10-228	1-10-229	1-10-230	1-10-231
项目				明窗帘盒		暗窗帘盒	
				大芯板			
				单轨	双轨	单轨	双轨
基价（元）				**557.53**	**651.00**	**451.23**	**519.71**
其中	人工费（元）			192.53	214.20	172.80	169.58
	材料费（元）			365.00	436.80	278.43	350.13
	机械费（元）			–	–	–	–
名称		单位	单价(元)	数量			
人工	综合工日	工日	75.00	2.567	2.856	2.304	2.261
材料	暗装式窗帘轨 单轨	m	6.80	10.500	–	10.500	–
	暗装式窗帘轨 双轨	m	13.60	–	10.500	–	10.500
	胶合板(大芯板) 各种规格	m^2	23.75	2.100	2.100	2.100	2.100
	胶合板 3mm	m^2	13.50	5.910	5.910	–	–
	榉木三合板	m^2	21.80	2.960	2.960	2.960	2.960
	万能胶	kg	14.50	1.270	1.270	0.850	0.850
	铁件	kg	5.30	13.000	13.000	13.000	13.000
	其他材料费	元	–	12.100	12.500	11.400	11.700

工作内容:安装、固定等全部操作过程。

单位:见表

定额编号				1-10-232	1-10-233	1-10-234	1-10-235	1-10-236	1-10-237	1-10-238
项目				窗帘轨		窗帘杆		通长窗帘杆		纱帘
				单轨	双轨	单杆	双杆	单杆	双杆	
单位				10m		套		10m		套
基价(元)				**197.73**	**303.30**	**273.68**	**496.28**	**432.03**	**570.50**	**447.64**
其中	人工费(元)			39.53	39.60	15.98	16.58	39.53	40.20	248.63
	材料费(元)			158.20	263.70	257.70	479.70	392.50	530.30	199.01
	机械费(元)			–	–	–	–	–	–	–
名称		单位	单价(元)	数量						
人工	综合工日	工日	75.00	0.527	0.528	0.213	0.221	0.527	0.536	3.315
材料	明装式窗帘轨 单轨	m	15.00	10.500	–	–	–	–	–	–
	明装式窗帘轨 双轨	m	25.00	–	10.500	–	–	–	–	–
	明装式窗帘杆 单杆	m	24.00	–	–	10.500	–	–	–	–
	明装式窗帘杆 双杆	m	45.00	–	–	–	10.500	–	–	–
	明装式通长窗帘杆单杆	m	37.00	–	–	–	–	10.500	–	–
	明装式通长窗帘杆	m	50.00	–	–	–	–	–	10.500	–
	纱帘	套	198.00	–	–	–	–	–	–	1.000
	其他材料费	元	–	0.700	1.200	5.700	7.200	4.000	5.300	1.010

工作内容：选料、制作、安装等全部操作过程。 单位：10m²

定额编号				1-10-239	1-10-240	1-10-241	1-10-242	1-10-243
项目				窗防护栏杆	木门上包镜面不锈钢		木门上包人造革	
					单面	双面	单面	双面
基价（元）				**1666.85**	**3024.06**	**5710.13**	**424.53**	**679.10**
其中	人工费（元）			83.55	246.08	385.05	217.43	265.20
	材料费（元）			1583.30	2777.98	5325.08	207.10	413.90
	机械费（元）			–	–	–	–	–
名称		单位	单价（元）	数量				
人工	综合工日	工日	75.00	1.114	3.281	5.134	2.899	3.536
材料	镜面不锈钢板 $\delta=1mm$	m²	220.00	–	11.500	23.000	–	–
	万能胶	kg	14.50	–	4.150	4.150	–	–
	窗防护铁栏杆罩	m²	150.00	10.100	–	–	–	–
	不锈钢卡口槽	m	17.70	–	9.540	9.500	–	–
	海绵条	m	2.00	–	–	–	10.500	21.000
	人造革	m²	16.00	–	–	–	11.500	23.000
	其他材料费	元	–	68.300	18.950	36.750	2.100	3.900

工作内容：定位弹线、选料下料、打砖剔洞、木龙骨架制作安装、刷防腐油、安装小五金、钉面层。 单位：$100m^2$

定额编号				1-10-244	1-10-245
项目				铝合金板装饰隔断 龙骨间距500mm	浴厕木隔断
基价（元）				**24743.87**	**9581.93**
其中	人工费（元）			1884.45	3102.08
	材料费（元）			22849.72	6355.36
	机械费（元）			9.70	124.49
名称		单位	单价（元）	数量	
人工	综合工日	工日	75.00	25.126	41.361
材料	铝合金型材	kg	24.00	393.210	–
	铝合金条板	m^2	72.00	98.230	–
	角铝	m	2.65	280.000	–
	铝合金封角线 宽30mm以内	m	7.10	634.000	–
	铁件	kg	5.30	92.000	166.610
	自攻螺丝 4×20	千个	13.77	5.265	–
	膨胀螺栓 M10	套	1.76	260.000	–

续前　　单位：$100m^2$

定额编号				1-10-244	1-10-245
项目				铝合金板装饰隔断 龙骨间距 500mm	浴厕木隔断
材料	合金钢钻头 φ10	个	12.46	3.250	–
	落叶松厚板 4m	m^3	1500.00	0.005	–
	二等板方材 综合	m^3	1800.00	–	2.988
	水泥砂浆 1：3	m^3	205.32	–	0.120
	平面橡胶板 3mm	m^2	3.90	–	0.020
	防腐油	kg	1.78	–	1.250
	环氧树脂（各种规格）	kg	28.60	–	0.180
	铁钉	kg	4.86	–	0.250
	其他材料费	元	–	31.030	60.620
机械	电锤 520kW	台班	3.51	2.763	–
	木工圆锯机 φ500mm	台班	27.63	–	0.051
	木工压刨床 三面 400mm	台班	111.45	–	0.876
	木工开榫机 160mm	台班	83.16	–	0.306

二、天棚装饰

1. 抹灰面层

工作内容：清理修补基层表面、堵眼、调运砂浆、清扫地灰、抹灰找平、罩面及压光，包括小圆角抹光。　　单位：100m²

定额编号				1-10-246	1-10-247	1-10-248	1-10-249
项目				混凝土面天棚			
				石灰砂浆		水泥砂浆	
				现浇	预制	现浇	预制
基价（元）				**1381.83**	**1544.34**	**1490.96**	**1648.24**
其中	人工费（元）			886.80	968.40	1008.53	1129.05
	材料费（元）			463.86	539.47	451.26	519.19
	机械费（元）			31.17	36.47	31.17	–
名称		单位	单价（元）	数量			
人工	综合工日	工日	75.00	11.824	12.912	13.447	15.054
材料	素水泥浆	m³	497.74	0.100	0.100	0.100	0.100
	纸筋石灰浆	m³	222.50	0.200	0.200	–	–
	混合砂浆 1:3:9	m³	142.23	0.620	0.720	–	–
	混合砂浆 1:0.5:1	m³	279.03	0.900	1.120	–	–
	水泥砂浆 1:2.5	m³	227.55	–	–	0.720	0.820
	水泥砂浆 1:3	m³	205.32	–	–	1.010	1.230
	108 胶	kg	2.00	2.760	2.760	2.760	2.760
	水	t	4.00	0.190	0.190	0.190	0.190
	落叶松厚板 4m	m³	1500.00	0.016	0.016	0.016	0.016
机械	灰浆搅拌机 200L	台班	126.18	0.247	0.289	0.247	–

工作内容：同前　　单位：$100m^2$

定额编号				1-10-250	1-10-251	1-10-252
项目				混凝土面天棚		
				一次抹灰	预制板底勾缝	
				混合砂浆		水泥砂浆
基价（元）				**963.75**	**271.19**	**270.59**
其中	人工费（元）			740.78	228.23	227.63
	材料费（元）			202.53	41.82	41.82
	机械费（元）			20.44	1.14	1.14
名称		单位	单价(元)	数量		
人工	综合工日	工日	75.00	9.877	3.043	3.035
材料	混合砂浆 1:1:6	m^3	157.32	1.130	–	–
	水泥砂浆 1:2	m^3	243.72	–	0.070	0.070
	水	t	4.00	0.190	0.190	0.190
	落叶松厚板 4m	m^3	1500.00	0.016	0.016	0.016
机械	灰浆搅拌机 200L	台班	126.18	0.162	0.009	0.009

工作内容:清理修补基层表面、堵眼、调运砂浆、清扫地灰、抹灰找平、分格粘条、拉毛等。　　单位:100m²

定额编号				1-10-253	1-10-254	1-10-255	1-10-256
项目				混凝土面天棚			
				石灰砂浆拉毛		混合砂浆拉毛	
				现浇	预制	现浇	预制
基价（元）				**1150.76**	**1186.83**	**1248.79**	**1267.74**
其中	人工费（元）			885.53	885.53	878.48	881.70
	材料费（元）			236.21	267.99	337.00	347.43
	机械费（元）			29.02	33.31	33.31	38.61
名称		单位	单价(元)	数量			
人工	综合工日	工日	75.00	11.807	11.807	11.713	11.756
材料	石灰砂浆 1∶2.5	m^3	86.70	1.130	1.240	–	–
	混合砂浆 1∶3∶9	m^3	142.23	–	–	1.130	1.240
	混合砂浆 1∶1∶2	m^3	210.45	–	–	0.720	–
	纸筋石灰浆	m^3	222.50	0.510	0.610	–	–
	混合砂浆 1∶1∶6	m^3	157.32	–	–	–	0.930
	水	t	4.00	0.190	0.190	0.190	0.190
	落叶松厚板 4m	m^3	1500.00	0.016	0.016	0.016	0.016
机械	灰浆搅拌机 200L	台班	126.18	0.230	0.264	0.264	0.306

工作内容：清理修补基层表面、堵眼、调运砂浆、清扫地灰、抹灰找平、罩面及压光，包括小圆角抹光。　　单位：100m²

定额编号				1-10-257	1-10-258	1-10-259	1-10-260
项目				钢板网天棚			
				混合砂浆	石灰砂浆		
				底面	二遍	三遍	四遍
基价（元）				**1059.36**	**1139.42**	**1423.25**	**1691.66**
其中	人工费（元）			728.03	737.63	909.75	1115.03
	材料费（元）			304.45	369.61	470.60	526.16
	机械费（元）			26.88	32.18	42.90	50.47
名称		单位	单价(元)	数		量	
人工	综合工日	工日	75.00	9.707	9.835	12.130	14.867
材料	混合砂浆 1∶0.5∶4	m^3	185.19	0.100	0.100	0.100	0.100
	混合砂浆 1∶2∶1	m^3	187.89	1.390	1.500	1.500	1.720
	混合砂浆 1∶3∶9	m^3	142.23	–	–	0.710	0.810
	纸筋石灰浆	m^3	222.50	–	0.200	0.200	0.200
	水	t	4.00	0.190	0.190	0.190	0.190
	落叶松厚板 4m	m^3	1500.00	0.016	0.016	0.016	0.016
机械	灰浆搅拌机 200L	台班	126.18	0.213	0.255	0.340	0.400

工作内容：同前

单位：$100m^2$

定额编号				1-10-261	1-10-262	1-10-263
项目				板条及其他木质面		
				石灰砂浆		
				二遍	三遍	四遍
基价（元）				**979.29**	**1134.32**	**1400.92**
其中	人工费（元）			685.95	831.30	1025.10
	材料费（元）			264.32	272.99	338.22
	机械费（元）			29.02	30.03	37.60
名称		单位	单价（元）	数量		
人工	综合工日	工日	75.00	9.146	11.084	13.668
材料	石灰麻刀砂浆 1∶3	m^3	171.41	0.880	0.880	1.210
	石灰砂浆 1∶2.5	m^3	86.70	0.510	0.610	0.710
	纸筋石灰浆	m^3	222.50	0.200	0.200	0.200
	水	t	4.00	0.190	0.190	0.190
	落叶松厚板 4m	m^3	1500.00	0.016	0.016	0.016
机械	灰浆搅拌机 200L	台班	126.18	0.230	0.238	0.298

工作内容:同前　　　　单位:100m

定额编号				1-10-264	1-10-265
项目				装饰线	
				三道内	五道内
基价(元)				**698.85**	**1248.20**
其中	人工费(元)			647.70	1097.18
	材料费(元)			46.86	137.01
	机械费(元)			4.29	14.01
名称		单位	单价(元)	数量	
人工	综合工日	工日	75.00	8.636	14.629
材料	石灰麻刀砂浆 1:3	m^3	171.41	0.230	0.730
	纸筋石灰浆	m^3	222.50	0.030	0.050
	水	t	4.00	0.190	0.190
机械	灰浆搅拌机 200L	台班	126.18	0.034	0.111

2. 天棚龙骨

(1)木龙骨

工作内容:定位、放线、安装膨胀螺栓,吊件安装,木龙骨刷防火涂料等。 单位:100m²

定额编号				1-10-266	1-10-267	1-10-268	1-10-269	1-10-270
项目				木龙骨				
				板条顶棚	胶合板顶棚	PVC 板顶棚	拱形吊顶	穹顶吊顶
基价(元)				**3710.25**	**5464.29**	**2915.52**	**13933.34**	**11566.32**
其中	人工费(元)			930.75	1081.88	953.40	2163.08	3003.45
	材料费(元)			2779.50	4382.41	1962.12	11770.26	8562.87
	机械费(元)			–	–	–	–	–
名称		单位	单价(元)	数量				
人工	综合工日	工日	75.00	12.410	14.425	12.712	28.841	40.046
材料	二等板方材 综合	m^3	1800.00	1.300	2.000	0.800	0.700	0.700
	胶合板(大芯板) 各种规格	m^2	23.75	–	–	–	256.000	218.900
	铁件	kg	5.30	–	25.900	37.050	124.300	172.600
	膨胀螺栓 M10	套	1.76	–	94.400	–	256.000	–
	防火涂料(单组分)	kg	12.50	23.800	31.200	18.300	84.700	89.700
	吊杆	根	4.28	–	–	–	453.300	–
	其他材料费	元	–	142.000	89.000	97.000	322.040	67.960

(2)天棚U型轻钢龙骨

工作内容:吊件加工、安装、定位、弹线、射钉、选料、下料、定位杆控制高度、平整、安装龙骨及横撑附件、孔洞预留等,临时加固、调整、校正、灯箱风口封边、龙骨设置、预留位置、整体调整。

单位:$100m^2$

定额编号				1-10-271	1-10-272	1-10-273
项目				单层龙骨		
				面板规格	面板规格($0.5m^2$以外)	
				$0.5m^2$以内	吸顶式	吊挂式
基价(元)				**5201.87**	**3541.93**	**4086.72**
其中	人工费(元)			1134.75	873.38	1071.00
	材料费(元)			4067.12	2668.55	3015.72
	机械费(元)			–	–	–
名称		单位	单价(元)	数量		
人工	综合工日	工日	75.00	15.130	11.645	14.280
材料	U型轻钢龙骨 CB60×27	m	6.60	429.700	–	–
	U型轻钢龙骨 CB50×20	m	4.90	–	359.900	365.200
	边龙骨 TL23×23	m	5.89	–	35.600	–
	U型轻钢龙骨连接件 CB60-L	m	0.07	50.500	–	–
	U型轻钢龙骨插挂件 CB60-3	m	0.49	678.900	–	–
	U型轻钢龙骨吊件 CB60-1P	个	0.85	269.300	–	–
	U型轻钢龙骨吊件 CB50-1X	个	0.91	–	314.200	–
	U型轻钢龙骨连接件 CB50-L	个	0.36	–	58.900	59.800
	U型轻钢龙骨插挂件 CB50-3	个	0.39	–	471.300	444.300
	U型轻钢龙骨吊件 CB50-1P	个	0.80	–	–	318.700
	铁件	kg	5.30	74.600	–	88.300
	膨胀螺栓 M10~16(综合)	套	0.24	269.300	314.200	318.700
	其他材料费	元	–	205.990	129.010	232.000

工作内容:同前

单位:100m²

定额编号				1-10-274	1-10-275	1-10-276
项目				双层龙骨		
				上人型	不上人型	
					面板规格(m²)	
					0.5 以内	0.5 以外
基价(元)				6545.13	5334.85	4908.92
其中	人工费(元)			1311.38	1405.73	1260.38
	材料费(元)			5233.75	3929.12	3648.54
	机械费(元)			-	-	-
名称		单位	单价(元)	数量		
人工	综合工日	工日	75.00	17.485	18.743	16.805
材料	U 型轻钢龙骨 CS50×15	m	8.10	127.800	-	-
	U 型轻钢龙骨 CB38×12	m	4.50	-	125.100	-
	U 型轻钢龙骨 CB50×20	m	4.90	379.800	429.700	493.000
	U 型轻钢龙骨吊件 CS50－1	个	1.90	137.500	-	-
	U 型轻钢龙骨挂件 CB50－2	个	0.59	294.600	-	-

续前

单位:100m²

定额编号				1-10-274	1-10-275	1-10-276
项目				双层龙骨		
				上人型	不上人型	
					面板规格(m^2)	
					0.5 以内	0.5 以外
材料	U 型轻钢龙骨连接件 CS50-L	个	1.49	19.600	-	-
	U 型轻钢龙骨连接件 CB38-L	个	1.36	-	29.500	-
	U 型轻钢龙骨挂件 CB38-2	个	0.65	-	84.800	-
	U 型轻钢龙骨吊件 CB38-1	个	0.88	-	137.500	-
	U 型轻钢龙骨吊件 CB50-1	个	0.90	-	-	137.500
	U 型轻钢龙骨连接件 CB50-L	个	0.36	42.100	50.500	89.200
	U 型轻钢龙骨插挂件 CB50-3	个	0.39	471.300	268.700	404.000
	膨胀螺栓 M10~16(综合)	套	0.24	137.500	137.500	137.500
	吊杆	根	4.28	137.500	137.500	137.500
	铁件	kg	5.30	176.000	38.100	38.100
	其他材料费	元	-	120.020	98.000	95.990

工作内容：同前　　　　单位：$100m^2$

定额编号				1-10-277	1-10-278	1-10-279	1-10-280
项目				波形吊顶	立面封板	PVC 板吊顶	矿棉板吸顶
基价（元）				**6847.89**	**2522.77**	**4862.60**	**3301.48**
其中	人工费（元）			1450.95	877.20	1118.85	1016.18
	材料费（元）			5396.94	1645.57	3743.75	2285.30
	机械费（元）			–	–	–	–
名称		单位	单价(元)	数量			
人工	综合工日	工日	75.00	19.346	11.696	14.918	13.549
材料	U 型轻钢龙骨 CS60×27	m	12.70	165.600	–	–	–
	矿棉板吊顶专用龙骨 38×15	m	3.70	–	–	–	123.700
	矿棉板吊顶专用龙骨 50×15	m	4.56	–	–	–	397.500
	U 型轻钢挂件 CS60－2A	个	0.39	135.000	–	–	–
	U 型轻钢龙骨吊件 CS60－1	个	1.73	115.700	–	–	–
	U 型轻钢龙骨吊件 CB50－1P	个	0.80	–	–	235.700	–
	U 型轻钢龙骨连接件 CB50－L	个	0.36	84.200	60.600	–	–
	U 型轻钢龙骨插挂件 CB50－3	个	0.39	308.600	–	538.700	–
	U 型轻钢龙骨 CB50×20	m	4.90	426.200	327.500	388.700	–
	吊杆	根	4.28	115.700	–	235.700	–
	铁件	kg	5.30	28.300	–	65.300	–
	膨胀螺栓 M10～16(综合)	套	0.24	115.700	–	235.700	–
	其他材料费	元	–	129.010	19.000	29.010	15.010

工作内容:同前　　　　单位:见表

定额编号				1-10-281	1-10-282	1-10-283
项目				嵌顶灯槽附加龙骨 面板规格(m^2) 0.4 以内	嵌顶灯槽附加龙骨 面板规格(m^2) 0.4 以外	嵌顶灯带附加龙骨
单位				$100m^2$	$100m^2$	m
基价(元)				**5430.92**	**6071.16**	**4118.89**
其中	人工费(元)			665.55	969.68	845.33
	材料费(元)			4765.37	5101.48	3273.56
	机械费(元)			–	–	–
名称		单位	单价(元)	数量		
人工	综合工日	工日	75.00	8.874	12.929	11.271
材料	U 型轻钢龙骨 CS50×15	m	8.10	530.000	–	212.000
	U 型轻钢龙骨 CB50×20	m	4.90	–	911.600	–
	U 型轻钢龙骨连接件 CS50－L	个	1.49	–	–	40.400
	U 型轻钢龙骨插挂件 CB50－3	个	0.39	–	404.000	–
	U 型轻钢龙骨挂件 CB50－2	个	0.59	404.000	404.000	–
	U 型轻钢龙骨吊件 CS50－1	个	1.90	–	–	181.800
	吊杆	根	4.28	–	–	181.800
	铁件	kg	5.30	40.000	40.700	40.000
	膨胀螺栓 M10～16(综合)	套	0.24	–	–	181.800
	其他材料费	元	–	22.010	23.010	117.010

注:不上人型天棚骨架改全预埋时,人工增加 0.97 工日/$100m^2$,减去定额中的射钉用量,增加吊筋用量 $30kg/100m^2$。

(3)V 型轻钢龙骨

工作内容:. 定位、弹线、安装膨胀螺栓,安装龙骨、找平、校正,灯箱风口封边、龙骨设置、整体调整。

单位:$100m^2$

定额编号				1-10-284	1-10-285
项目				面板规格	
				0.5 以内	0.5 以外
基价(元)				**4422.32**	**4327.52**
其中	人工费(元)			1268.63	1425.45
	材料费(元)			3153.69	2902.07
	机械费(元)			-	-
名称		单位	单价(元)	数量	
人工	综合工日	工日	75.00	16.915	19.006
材料	V 型轻钢龙骨 VL25×34	m	3.50	70.700	-
	V 型轻钢龙骨 VL25×20	m	2.69	170.000	170.470
	V 型轻钢龙骨 VB20×37	m	2.03	123.700	123.700
	V 型轻钢龙骨 VB49×19	m	3.04	371.000	358.100
	V 型轻钢龙骨挂插件 VB49-3	个	0.44	454.500	509.100
	主龙骨接长卡钩	个	1.20	19.600	19.600
	V 型轻钢龙骨连接件 VB49-L	个	0.58	25.300	42.100
	V 型轻钢龙骨吊件 VB20-1	个	0.35	137.500	137.500
	膨胀螺栓 M10~16(综合)	套	0.24	137.500	137.500
	吊杆	根	4.28	137.500	137.500
	铁件	kg	5.30	14.000	14.000
	其他材料费	元	-	87.990	88.000

(4)T型烤漆龙骨

工作内容:定位,放线,安装膨胀螺栓、龙骨及横撑附件,孔洞预留等,整体调整。　　　　单位:100m²

定额编号				1-10-286	1-10-287	1-10-288	1-10-289
项目				单层龙骨			
				吸顶式		吊挂式	
				面板规格(m^2)			
				0.4以内	0.4以外	0.4以内	0.4以外
基价(元)				**4184.32**	**3240.33**	**4454.95**	**3503.94**
其中	人工费(元)			897.60	777.75	1004.10	877.20
	材料费(元)			3286.72	2462.58	3450.85	2626.74
	机械费(元)			–	–	–	–
名称		单位	单价(元)	数量			
人工	综合工日	工日	75.00	11.968	10.370	13.388	11.696
材料	T型烤漆龙骨 TB24×38	m	4.40	182.600	182.600	182.600	182.600
	T型烤漆龙骨 TB24×28	m	10.10	182.600	101.400	182.600	101.400
	边龙骨 TL23×23	m	5.89	70.700	70.700	70.700	70.700
	T型轻钢龙骨吊件 TB－1X	个	0.43	196.400	196.400	–	–
	T型轻钢龙骨吊件 TB－1P	个	0.39	–	–	196.400	196.400
	膨胀螺栓 M10～16(综合)	套	0.24	196.400	196.400	196.400	196.400
	铁件	kg	5.30	–	–	20.000	20.000
	其他材料费	元	–	91.010	86.990	156.990	153.000

工作内容：同前　　　　单位：100m²

定额编号				1-10-290	1-10-291	1-10-292	1-10-293
项目				双层龙骨			
				上人型		不上人型	
				面板规格（m²）			
				0.4 以内	0.4 以外	0.4 以内	0.4 以外
基价（元）				**7477.78**	**6173.34**	**6300.68**	**4996.25**
其中	人工费（元）			1325.40	1197.90	1292.85	1165.35
	材料费（元）			6152.38	4975.44	5007.83	3830.90
	机械费（元）			–	–	–	–
名称		单位	单价（元）	数量			
人工	综合工日	工日	75.00	17.672	15.972	17.238	15.538
材料	U 型轻钢龙骨 CS60×27	m	12.70	127.800	127.800	–	–
	U 型轻钢龙骨吊件 CS60–1	个	1.73	137.500	137.500	–	–
	U 型轻钢龙骨连接件 CB60–L	m	0.07	19.400	19.400	–	–
	U 型轻钢龙骨连接件 CB38–L	个	1.36	–	–	19.600	19.600
	U 型轻钢龙骨吊件 CB38–1	个	0.88	–	–	137.500	137.500
	U 型轻钢龙骨 CB38×12	m	4.50	–	–	127.800	127.800
	T 型烤漆龙骨 TB24×38	m	4.40	92.100	165.900	92.100	165.900
	T 型烤漆龙骨 TB24×28	m	10.10	250.300	92.100	250.300	92.100
	边龙骨 TL23×23	m	5.89	70.700	70.700	70.700	70.700
	T 型龙骨挂件 ϕ3.5 挂钩	个	1.30	98.200	176.800	98.200	176.800
	膨胀螺栓 M10～16（综合）	套	0.24	137.500	137.500	137.500	137.500
	吊杆	根	4.28	137.500	137.500	137.500	137.500
	铁件	kg	5.30	14.000	14.000	14.000	14.000
	其他材料费	元	–	117.030	111.010	112.020	106.010

(5)T型烤漆带凹槽轻钢龙骨

工作内容:定位、放线、安装膨胀螺栓,安装龙骨及横撑附件、孔洞预留等,加固、调整、校正,灯箱风口封边、龙骨设置,整体调整。

单位:100m²

定额编号				1-10-294	1-10-295	1-10-296	1-10-297
项目				单层龙骨			
				吸顶式		吊挂式	
				面板规格(m²)			
				0.4 以内	0.4 以外	0.4 以内	0.4 以外
基价(元)				**3319.86**	**2805.60**	**3589.94**	**3475.19**
其中	人工费(元)			863.85	756.08	970.28	855.53
	材料费(元)			2456.01	2049.52	2619.66	2619.66
	机械费(元)			–	–	–	–
名称		单位	单价(元)	数量			
人工	综合工日	工日	75.00	11.518	10.081	12.937	11.407
材料	T型轻钢龙骨吊件 TB－1X	个	0.43	196.400	196.400	–	–
	T型轻钢龙骨吊件 TB－1P	个	0.39	–	–	196.400	196.400
	铁件	kg	5.30	–	–	20.000	20.000
	T型烤漆带凹槽龙骨 TBA24×28	m	5.00	365.200	283.900	365.100	365.100
	边龙骨 TL23×23	m	5.89	70.700	70.700	70.700	70.700
	膨胀螺栓 M10～16(综合)	套	0.24	196.400	196.400	196.400	196.400
	其他材料费	元	–	82.000	82.010	148.000	148.000

工作内容：同前　　　　单位：$100m^2$

定额编号				1-10-298	1-10-299	1-10-300	1-10-301
项目				双层龙骨			
				上人型		不上人型	
				面板规格(m^2)			
				0.4 以内	0.4 以外	0.4 以内	0.4 以外
基价（元）				**6205.04**	**5778.39**	**5028.00**	**4600.68**
其中	人工费（元）			1283.93	1178.10	1251.45	1144.95
	材料费（元）			4921.11	4600.29	3776.55	3455.73
	机械费（元）			–	–	–	–
	名称	单位	单价(元)	数量			
人工	综合工日	工日	75.00	17.119	15.708	16.686	15.266
材料	U 型轻钢龙骨 CS60×27	m	12.70	127.800	127.800	–	–
	U 型轻钢龙骨吊件 CS60－1	个	1.73	137.500	137.500	–	–
	U 型轻钢龙骨连接件 CB60－L	m	0.07	19.600	19.600	–	–
	U 型轻钢龙骨连接件 CB38－L	个	1.36	–	–	19.600	19.600
	U 型轻钢龙骨吊件 CB38－1	个	0.88	–	–	137.500	137.500
	U 型轻钢龙骨 CB38×12	m	4.50	–	–	127.800	127.800
	T 型烤漆带凹槽龙骨 TBA24×28	m	5.00	342.400	258.000	342.400	258.000
	边龙骨 TL23×23	m	5.89	70.700	70.700	70.700	70.700
	T 型龙骨挂件 ϕ3.5 挂钩	个	1.30	98.200	176.800	98.200	176.800
	膨胀螺栓 M10～16(综合)	套	0.24	137.500	137.500	137.500	137.500
	吊杆	根	4.28	137.500	137.500	137.500	137.500
	铁件	kg	5.30	14.000	14.000	14.000	14.000
	其他材料费	元	–	107.020	106.020	102.010	101.010

(6)T型铝合金龙骨

工作内容:定位、弹线、安装膨胀螺栓、安装龙骨及横撑附件、孔洞预留等,临时加固、调整、校正、灯箱风口封边、龙骨设置,整体调整。

单位:$100m^2$

定额编号				1-10-302	1-10-303	1-10-304	1-10-305
项目				单层龙骨			
				吸顶式		吊挂式	
				面板规格(m^2)			
				0.4以内	0.4以外	0.4以内	0.4以外
基价(元)				**4825.83**	**4468.41**	**5093.86**	**4730.11**
其中	人工费(元)			891.90	784.13	995.78	881.70
	材料费(元)			3933.93	3684.28	4098.08	3848.41
	机械费(元)			–	–	–	–
名称		单位	单价(元)	数量			
人工	综合工日	工日	75.00	11.892	10.455	13.277	11.756
材料	T型铝合金龙骨 TB24×38	m	15.00	182.600	182.600	182.600	182.600
	T型铝合金龙骨 TB24×28	m	3.05	182.600	101.400	182.600	101.400
	边龙骨 TL23×23	m	5.89	70.700	70.700	70.700	70.700
	T型轻钢龙骨吊件 TB-1X	个	0.43	196.400	196.400	–	–
	T型轻钢龙骨吊件 TB-1P	个	0.39	–	–	196.400	196.400
	铁件	kg	5.30	–	–	20.000	20.000
	膨胀螺栓 M10~16(综合)	套	0.24	196.400	196.400	196.400	196.400
	其他材料费	元	–	89.990	88.000	155.990	153.980

工作内容:同前　　　　单位:100m²

定额编号				1-10-306	1-10-307	1-10-308	1-10-309
项目				双层龙骨			
				上人型		不上人型	
				面板规格(m²)			
				0.4 以内	0.4 以外	0.4 以内	0.4 以外
基价(元)				**6624.92**	**7254.39**	**5448.06**	**6077.60**
其中	人工费(元)			1299.90	1201.73	1267.35	1169.18
	材料费(元)			5325.02	6052.66	4180.71	4908.42
	机械费(元)			-	-	-	-
名称		单位	单价(元)	数量			
人工	综合工日	工日	75.00	17.332	16.023	16.898	15.589
材料	U 型轻钢龙骨 CS60×27	m	12.70	127.800	127.800	-	-
	U 型轻钢龙骨吊件 CS60-1	个	1.73	137.500	137.500	-	-
	U 型轻钢龙骨连接件 CB60-L	m	0.07	19.600	19.600	-	-
	U 型轻钢龙骨 CB38×12	m	4.50	-	-	127.800	127.800
	U 型轻钢龙骨吊件 CB38-1	个	0.88	-	-	137.500	137.500
	U 型轻钢龙骨连接件 CB38-L	个	1.36	-	-	19.800	19.800
	T 型铝合金龙骨 TB24×38	m	15.00	92.100	165.900	92.100	165.900
	T 型铝合金龙骨 TB24×28	m	3.05	250.300	92.100	250.300	92.100
	边龙骨 TL23×23	m	5.89	70.700	70.700	70.700	70.700
	吊杆	根	4.28	137.500	137.500	137.500	137.500
	T 型龙骨挂件 ϕ3.5 挂钩	个	1.30	98.200	176.800	98.200	176.800
	铁件	kg	5.30	14.000	14.000	14.000	14.000
	其他材料费	元	-	111.010	111.980	105.980	107.020

注:不上人型天棚骨架改全预埋时,人工增加 0.97 工日/100m²,减去定额中的射钉用量,增加吊筋用量 30kg/100m²。

(7)T 型、H 型暗(明暗)龙骨

工作内容:定位、弹线、安装膨胀螺栓、安装龙骨及横撑附件、孔洞预留等,灯箱风口封边、龙骨设置,整体调整。　　单位:$100m^2$

定额编号				1-10-310	1-10-311	1-10-312	1-10-313
项目				T 型龙骨		H 型龙骨	
				明龙骨	明暗龙骨	明龙骨	明暗龙骨
基价(元)				**4335.47**	**5644.90**	**3753.38**	**4605.87**
其中	人工费(元)			1215.08	1317.08	1201.05	1217.03
	材料费(元)			3120.39	4327.82	2552.33	3388.84
	机械费(元)			–	–	–	–
名称		单位	单价(元)	数量			
人工	综合工日	工日	75.00	16.201	17.561	16.014	16.227
材料	H 型轻钢龙骨 HB20×20	m	1.80	–	–	350.100	276.400
	T 型轻钢龙骨 TB24×28	m	3.65	350.100	–	–	–
	T 型轻钢龙骨 TB24×26	m	3.77	–	276.400	–	–
	T 型轻钢龙骨 TB24×32	m	3.98	–	73.700	–	73.700
	U 型轻钢龙骨 CB38×12	m	4.50	127.800	209.100	127.800	273.800
	边龙骨 TL22×22	m	3.24	70.700	70.700	70.700	70.700
	H 型轻钢挂件 HB38－2	个	0.37	–	–	373.100	336.700
	T 型轻钢龙骨挂件 TB14－2	个	0.26	373.100	336.700	–	–
	H 型轻钢连接件 HB20－L	个	0.39	–	–	106.600	–
	T 型轻钢龙骨挂件 TB38－2	个	0.50	–	507.800	–	78.600
	U 型轻钢龙骨连接件 CB38－L	个	1.36	19.600	30.900	19.600	42.100
	U 型轻钢龙骨吊件 CB38－1	个	0.88	137.500	216.000	137.500	137.500
	膨胀螺栓 M10～16(综合)	套	0.24	137.500	216.000	137.500	137.500
	吊杆	根	4.28	137.500	216.000	137.500	137.500
	铁件	kg	5.30	14.000	22.000	14.000	14.000
	其他材料费	元	–	97.990	155.980	95.000	98.990

(8)铝合金天棚龙骨

工作内容:定位、弹线、安装膨胀螺栓、安装龙骨及横撑附件、孔洞预留等,灯箱风口封边、龙骨设置,整体调整。　　单位:100m²

定额编号				1-10-314	1-10-315	1-10-316	1-10-317	1-10-318
项目				铝合金方板龙骨				
				嵌入式	浮搁式单层龙骨		浮搁式双层龙骨	
					面板规格(m²)			
					0.4 以内	0.4 以外	0.4 以内	0.4 以外
基价(元)				**3274.10**	**3275.11**	**2812.31**	**4419.37**	**3961.05**
其中	人工费(元)			1101.60	979.88	863.18	1257.15	1146.90
	材料费(元)			2172.50	2295.23	1949.13	3162.22	2814.15
	机械费(元)			–	–	–	–	–
名称		单位	单价(元)	数量				
人工	综合工日	工日	75.00	14.688	13.065	11.509	16.762	15.292
材料	U 型轻钢龙骨 CB38×12	m	4.50	123.700	–	–	–	–
	T 型轻钢龙骨 KB33×30	m	4.24	184.300	–	–	–	–
	T 型轻钢龙骨 TB23×32	m	3.97	–	210.400	210.400	210.400	210.400
	T 型轻钢龙骨 TB23×26	m	3.77	–	200.400	108.600	200.400	108.600
	边龙骨 CL15×35	m	3.19	73.700	70.200	70.200	70.200	70.200
	U 型轻钢龙骨 CB30×12	m	4.03	–	–	–	121.600	121.600

续前

单位：$100m^2$

定额编号				1-10-314	1-10-315	1-10-316	1-10-317	1-10-318
项目				铝合金方板龙骨				
				嵌入式	浮搁式单层龙骨		浮搁式双层龙骨	
					面板规格(m^2)			
					0.4 以内	0.4 以外	0.4 以内	0.4 以外
材料	U 型轻钢龙骨吊件 CB38 – 1	个	0.88	137.500	–	–	–	–
	T 型轻钢龙骨吊件 TB23 – 1	个	0.49	–	220.700	220.700	–	–
	U 型龙骨吊件 CB30 – 1	个	0.30	–	–	–	128.700	128.700
	U 型轻钢龙骨连接件 CB38 – L	个	1.36	19.600	–	–	–	–
	T 型轻钢龙骨连接件 KB33 – L	个	0.58	56.100	–	–	–	–
	T 型轻钢龙骨挂件 CB33 – 2	个	0.55	196.400	–	–	–	–
	U 型轻钢龙骨连接件 CB30 – L	个	0.39	–	–	–	36.800	36.800
	T 型轻钢龙骨挂件 ϕ3 挂钩	个	0.39	–	–	–	220.700	220.700
	精制螺栓 M6 ~ 8 × 20 ~ 70	套	0.36	–	222.900	222.900	–	–
	吊杆	根	4.28	32.600	–	–	128.700	128.700
	膨胀螺栓 M10 ~ 16(综合)	套	0.24	14.000	22.400	22.400	13.100	13.100
	铁件	kg	5.30	14.000	22.400	22.400	13.100	13.100
	其他材料费	元	–	94.010	168.010	168.000	94.990	93.010

工作内容:同前

单位:100m²

定额编号				1-10-319	1-10-320	1-10-321
项目				铝合金条板龙骨		长幅条板明龙骨
				单层	双层	
基价(元)				**2266.41**	**3783.87**	**924.01**
其中	人工费(元)			648.38	937.80	536.18
	材料费(元)			1618.03	2846.07	387.83
	机械费(元)			–	–	–
名称		单位	单价(元)	数量		
人工	综合工日	工日	75.00	8.645	12.504	7.149
材料	铝合金条板吊顶龙骨 LB50×26	m	7.90	106.000	123.700	–
	U 型轻钢龙骨 CB38×12	m	4.50	–	106.000	–
	长幅条板吊顶龙骨 100×36	m	5.50	–	–	54.800
	铝合金条板龙骨吊件 LB50-1P	个	0.70	119.000	–	–
	U 型轻钢龙骨吊件 CB38-1	个	0.88	–	119.000	–
	铝合金条板龙骨挂件 LB50-2	个	0.64	–	119.000	–
	U 型轻钢龙骨连接件 CB38-L	个	1.36	–	17.000	–
	长幅条板吊顶龙骨吊件 100×36	套	1.37	–	–	42.500
	精制螺栓 M6~8×20~70	套	0.36	119.000	–	–
	吊杆	根	4.28	119.000	119.000	–
	铁件	kg	5.30	12.000	12.500	–
	膨胀螺栓 M10~16(综合)	套	0.24	119.000	117.800	42.500
	其他材料费	元	–	53.010	584.000	18.000

3. 天棚面层

工作内容：定位、弹线、安装面层。　　　　　　　　　　　　　　　　　　单位：$100m^2$

定额编号				1-10-322	1-10-323	1-10-324	1-10-325	1-10-326	1-10-327
项目				板条	钢板网	纤维板			
						穿孔		不穿孔	
						带压条	不带压条	带压条	不带压条
基价（元）				**1293.57**	**2581.18**	**3040.63**	**2303.73**	**2562.16**	**1879.03**
其中	人工费（元）			446.93	1111.80	902.70	1030.88	425.25	608.18
	材料费（元）			846.64	1469.38	2137.93	1272.85	2136.91	1270.85
	机械费（元）			–	–	–	–	–	–
名称		单位	单价(元)	数量					
人工	综合工日	工日	75.00	5.959	14.824	12.036	13.745	5.670	8.109
材料	板条 1000mm×30mm×8mm	百根	30.06	27.400	6.300	–	–	–	–
	钢板网 5mm	m^2	12.00	–	105.000	–	–	–	–
	中密度纤维板 2440×1220×5	张	36.00	–	–	34.940	34.940	34.940	34.940
	木压条	m	1.80	–	–	470.600	–	470.600	–
	其他材料费	元	–	23.000	20.000	33.010	15.010	31.990	13.010

工作内容:同前　　　　　　　　　　　　　　　　　　　　　　　　　　　　　　　　　单位:100m²

定额编号				1-10-328	1-10-329	1-10-330	1-10-331
项目				胶合板			
				穿孔		不穿孔	
				带压条	不带压条	带压条	不带压条
基价（元）				3741.69	3004.73	3263.17	2551.10
其中	人工费（元）			936.53	1064.63	459.00	612.00
	材料费（元）			2805.16	1940.10	2804.17	1939.10
	机械费（元）			–	–	–	–
名称		单位	单价(元)	数量			
人工	综合工日	工日	75.00	12.487	14.195	6.120	8.160
材料	胶合板 5mm	m^2	17.90	107.100	107.100	107.100	107.100
	木压条	m	1.80	470.600	–	470.600	–
	其他材料费	元	–	40.990	23.010	40.000	22.010

工作内容：同前　　　　单位：$100m^2$

定额编号				1-10-332	1-10-333	1-10-334	1-10-335	1-10-336
项目				胶合板		纸面石膏板	装饰石膏板	
				拱形吊顶	穹顶吊顶	安装在		
						U 型龙骨		T 型龙骨
基价（元）				**2363.79**	**2766.48**	**1904.20**	**3569.79**	**2907.52**
其中	人工费（元）			856.80	1205.55	733.80	907.80	294.53
	材料费（元）			1506.99	1560.93	1170.40	2661.99	2612.99
	机械费（元）			–	–	–	–	–
名称		单位	单价(元)	数量				
人工	综合工日	工日	75.00	11.424	16.074	9.784	12.104	3.927
材料	胶合板 3mm	m^2	13.50	110.000	105.000	–	–	–
	纸面石膏板 3000×1200×9.5	m^2	11.20	–	–	102.000	–	–
	装饰石膏板 600×600×9.5	m^2	25.50	–	–	–	102.000	102.000
	乳胶	kg	5.80	–	16.800	–	–	–
	其他材料费	元	–	21.990	45.990	28.000	60.990	11.990

工作内容：同前　　　　单位：100m²

定额编号				1-10-337	1-10-338	1-10-339	1-10-340
项目				硅酸钙板		水泥加压平板	
				安装在			
				U 型龙骨	T 型龙骨	U 型龙骨	T 型龙骨
基价（元）				3246.28	2784.40	2637.29	2177.94
其中	人工费（元）			694.28	254.40	694.28	256.95
	材料费（元）			2552.00	2530.00	1943.01	1920.99
	机械费（元）			–	–	–	–
名称		单位	单价(元)	数量			
人工	综合工日	工日	75.00	9.257	3.392	9.257	3.426
材料	硅酸钙板	m^2	24.00	105.000	105.000	–	–
	水泥加压平板	m^2	18.20	–	–	105.000	105.000
	其他材料费	元	–	32.000	10.000	32.010	9.990

工作内容:同前　　　　单位:100m²

定额编号				1-10-341	1-10-342	1-10-343	1-10-344	1-10-345	1-10-346
项目				矿棉吸音板					
				安装在				粘贴在	
				T型龙骨	钢木龙骨	暗龙骨	明暗龙骨	混凝土板	抹灰面
基价(元)				**3592.37**	**4410.59**	**6057.97**	**5797.32**	**4548.89**	**3839.05**
其中	人工费(元)			312.38	902.70	889.95	773.33	1208.70	499.20
	材料费(元)			3279.99	3507.89	5168.02	5023.99	3340.19	3339.85
	机械费(元)			–	–	–	–	–	–
名称		单位	单价(元)	数量					
人工	综合工日	工日	75.00	4.165	12.036	11.866	10.311	16.116	6.656
材料	矿棉吸音板	m²	32.00	102.000	102.000	–	–	102.000	102.000
	开槽矿棉板 13 厚	m²	47.00	–	–	102.000	–	–	–
	开槽矿棉板 15 厚	m²	49.00	–	–	–	102.000	–	–
	胶合板 5mm	m²	17.90	–	10.100	–	–	1.300	–
	H 型龙骨插片 HB22×0.5	m	2.08	–	–	167.800	–	–	–
	粘贴型建筑胶	kg	2.32	–	0.900	–	–	0.400	25.800
	其他材料费	元	–	15.990	61.010	25.000	25.990	51.990	15.990

工作内容:同前　　　　单位:$100m^2$

定额编号				1-10-347	1-10-348	1-10-349	1-10-350
项目				PVC 板		铝合金板	
				安装在		嵌入式	浮搁式
				木龙骨	U 型龙骨		
基价(元)				**3071.65**	**4173.68**	**10415.72**	**10850.68**
其中	人工费(元)			748.43	1863.45	538.73	538.73
	材料费(元)			2323.22	2310.23	9876.99	10311.95
	机械费(元)			–	–	–	–
名称		单位	单价(元)	数量			
人工	综合工日	工日	75.00	9.979	24.846	7.183	7.183
材料	PVC 装饰板 2mm	m^2	18.50	105.000	105.000	–	–
	铝合金方板 嵌入式	m^2	90.00	–	–	102.000	–
	铝合金方板 浮搁式	m^2	100.00	–	–	–	102.000
	塑料线脚	m	1.80	180.400	180.400	–	–
	铝合金靠墙板 FK1 – B	m^2	130.00	–	–	5.000	–
	纸面石膏板 3000×1200×12	m^2	12.60	–	–	–	5.000
	其他材料费	元	–	56.000	43.010	46.990	48.950

工作内容:同前　　　　单位:100m²

定额编号				1-10-351	1-10-352	1-10-353	1-10-354
项目				铝合金条板			长幅金属条板
				离缝式		搭接式	
				带插缝条	不带插缝条		
基价(元)				**8150.68**	**7356.63**	**8336.11**	**7687.47**
其中	人工费(元)			868.95	708.30	726.15	428.40
	材料费(元)			7281.73	6648.33	7609.96	7259.07
	机械费(元)			–	–	–	–
名称		单位	单价(元)	数量			
人工	综合工日	工日	75.00	11.586	9.444	9.682	5.712
材料	铝合金条板	m^2	72.00	87.900	87.900	101.200	97.100
	铝合金条板插缝板	m	0.50	858.000	–	–	–
	铝合金条板吊顶靠墙板 MK1	m	5.19	55.600	55.600	55.600	–
	长幅条板吊顶靠墙板 KB1	m	4.35	–	–	–	51.000
	铝合金条板接长件	个	0.60	339.000	–	–	–
	其他材料费	元	–	31.970	30.970	35.000	46.020

三、油漆、涂料、裱糊

1. 木材面油漆

工作内容：清扫、磨砂纸、刮腻子、刷底油一遍、调和漆两遍。　　　单位：$100m^2$

定额编号				1-10-355	1-10-356	1-10-357	1-10-358
项目				底油一遍、刮腻子、调和漆两遍			
				单层木门	单层木窗	木扶手 100m	其他木材面
基价（元）				**2054.62**	**1900.49**	**366.55**	**1245.23**
其中	人工费（元）			1127.78	1127.78	277.35	777.75
	材料费（元）			926.84	772.71	89.20	467.48
	机械费（元）			–	–	–	–
名称		单位	单价(元)	数量			
人工	综合工日	工日	75.00	15.037	15.037	3.698	10.370
材料	熟桐油	kg	20.00	4.250	3.540	0.410	2.140
	油漆溶剂油	kg	4.87	11.140	9.280	1.070	5.620
	石膏粉	kg	1.02	5.040	4.200	0.480	2.540
	无光调和漆	kg	12.00	24.960	20.800	2.390	12.580
	酚醛调和漆（各种颜色）	kg	18.00	22.010	18.340	2.110	11.100
	清油	kg	8.80	1.750	1.460	0.170	0.880
	工业酒精 99.5%	kg	8.20	0.430	0.360	0.040	0.220
	催干剂	kg	23.00	1.030	0.860	0.100	0.520
	砂纸	张	1.00	42.000	35.000	4.000	21.000
	白布 0.9m	m^2	8.54	0.250	0.250	0.060	0.170

工作内容:清扫、磨砂纸、点漆片、刮腻子、刷底油一遍、调和漆三遍等。　　　　单位:$100m^2$

定额编号				1-10-359	1-10-360	1-10-361	1-10-362
项目				底油一遍、刮腻子、调和漆三遍			
				单层木门	单层木窗	木扶手 100m	其他木材面
基价(元)				**2557.32**	**2349.24**	**459.54**	**1549.06**
其中	人工费(元)			1305.60	1305.60	338.55	917.40
	材料费(元)			1251.72	1043.64	120.99	631.66
	机械费(元)			–	–	–	–
名称		单位	单价(元)	数量			
人工	综合工日	工日	75.00	17.408	17.408	4.514	12.232
材料	熟桐油	kg	20.00	4.250	3.540	0.410	2.140
	油漆溶剂油	kg	4.87	12.390	10.320	1.190	6.250
	石膏粉	kg	1.02	5.040	4.200	0.480	2.540
	无光调和漆	kg	12.00	49.940	41.620	4.790	25.180
	酚醛调和漆(各种颜色)	kg	18.00	22.010	18.340	2.110	11.100
	清油	kg	8.80	1.750	1.460	0.170	0.880
	漆片(各种规格)	kg	39.96	0.070	0.060	0.010	0.040
	工业酒精 99.5%	kg	8.20	0.430	0.360	0.040	0.220
	催干剂	kg	23.00	1.460	1.220	0.140	0.740
	砂纸	张	1.00	48.000	40.000	5.000	24.000
	白布 0.9m	m^2	8.54	0.290	0.290	0.070	0.200

工作内容: 清扫、磨砂纸、润油粉、刮腻子、刷调和漆三遍等。

单位:$100m^2$

定额编号				1-10-363	1-10-364	1-10-365	1-10-366
项目				润油粉、刮腻子、调和漆三遍			
				单层木门	单层木窗	木扶手 100m	其他木材面
基价(元)				**3654.56**	**3430.71**	**756.18**	**2297.97**
其中	人工费(元)			2307.15	2307.15	626.03	1617.98
	材料费(元)			1347.41	1123.56	130.15	679.99
	机械费(元)			–	–	–	–
名称		单位	单价(元)	数量			
人工	综合工日	工日	75.00	30.762	30.762	8.347	21.573
材料	大白粉	kg	0.19	18.670	15.560	1.790	9.510
	油漆溶剂油	kg	4.87	11.140	9.280	1.070	5.620
	熟桐油	kg	20.00	6.890	5.740	0.660	3.470
	石膏粉	kg	1.02	5.300	4.420	0.510	2.670
	无光调和漆	kg	12.00	49.940	41.620	4.790	25.180
	酚醛调和漆(各种颜色)	kg	18.00	22.010	18.340	2.110	11.100
	清油	kg	8.80	3.550	2.960	0.340	1.790
	杂麻绳	kg	5.50	3.600	3.000	0.350	1.820
	工业酒精 99.5%	kg	8.20	0.100	0.080	0.010	0.050
	催干剂	kg	23.00	1.510	1.260	0.140	0.760
	砂纸	张	1.00	60.000	50.000	6.000	30.000
	白布 0.9m	m^2	8.54	0.510	0.510	0.140	0.360

工作内容：清扫、磨砂纸、刷底油一遍、刮腻子、刷调和漆两遍、磁漆一遍。 单位：100m²

定额编号				1-10-367	1-10-368	1-10-369	1-10-370
项目				底油一遍、刮腻子、调和漆两遍、磁漆一遍			
				单层木门	单层木窗	木扶手 100m	其他木材面
基价（元）				**2574.47**	**2377.85**	**476.04**	**1575.78**
其中	人工费（元）			1391.03	1391.03	361.50	978.60
	材料费（元）			1183.44	986.82	114.54	597.18
	机械费（元）			–	–	–	–
名称		单位	单价（元）	数量			
人工	综合工日	工日	75.00	18.547	18.547	4.820	13.048
材料	熟桐油	kg	20.00	4.250	3.540	0.410	2.140
	油漆溶剂油	kg	4.87	11.310	9.420	1.090	5.700
	清油	kg	8.80	1.750	1.460	0.170	0.880
	石膏粉	kg	1.02	5.040	4.200	0.480	2.540
	无光调和漆	kg	12.00	49.940	41.620	4.790	25.180
	醇酸磁漆 C04－42 黑	kg	15.75	21.020	17.520	2.010	10.600
	漆片（各种规格）	kg	39.96	0.070	0.060	0.010	0.040
	工业酒精 99.5%	kg	8.20	0.430	0.360	0.040	0.220
	催干剂	kg	23.00	1.100	0.920	0.110	0.560
	醇酸漆稀释剂 X6	kg	9.63	1.060	0.880	0.100	0.530
	砂纸	张	1.00	48.000	40.000	5.000	24.000
	白布 0.9m	m²	8.54	0.310	0.310	0.080	0.210

工作内容：清扫、磨砂纸、刷润油粉一遍、刮腻子、刷调和漆两遍、磁漆一遍等。　　　　单位：$100m^2$

定额编号				1-10-371	1-10-372	1-10-373	1-10-374
项目				润油粉、刮腻子、调和漆两遍、磁漆一遍			
				单层木门	单层木窗	木扶手 100m	其他木材面
基价（元）				**3660.38**	**3450.03**	**772.26**	**2317.74**
其中	人工费（元）			2393.85	2393.85	649.65	1678.58
	材料费（元）			1266.53	1056.18	122.61	639.16
	机械费（元）			–	–	–	–
名称		单位	单价（元）	数量			
人工	综合工日	工日	75.00	31.918	31.918	8.662	22.381
材料	大白粉	kg	0.19	18.670	15.560	1.790	9.410
	熟桐油	kg	20.00	6.890	5.740	0.660	3.470
	油漆溶剂油	kg	4.87	10.030	8.360	0.970	5.050
	清油	kg	8.80	3.550	2.960	0.340	1.790
	石膏粉	kg	1.02	5.300	4.420	0.510	2.670
	无光调和漆	kg	12.00	49.940	41.620	4.790	25.180
	醇酸磁漆 C04－42 黑	kg	15.75	21.020	17.520	2.010	10.600
	杂麻绳	kg	5.50	3.600	3.000	0.350	1.820
	工业酒精 99.5%	kg	8.20	0.100	0.080	0.010	0.050
	催干剂	kg	23.00	1.130	0.940	0.110	0.570
	醇酸漆稀释剂 X6	kg	9.63	1.060	0.880	0.100	0.530
	砂纸	张	1.00	48.000	40.000	5.000	24.000
	白布 0.9m	m^2	8.54	0.530	0.530	0.140	0.370

工作内容:清扫、磨砂纸、刷润油粉一遍、刮腻子、刷调和漆一遍、磁漆两遍等。　　　　单位:$100m^2$

定额编号				1-10-375	1-10-376	1-10-377	1-10-378
项目				润油粉、刮腻子、调和漆一遍、磁漆两遍			
				单层木门	单层木窗	木扶手 100m	其他木材面
基价(元)				**3781.42**	**3568.82**	**800.91**	**2399.59**
其中	人工费(元)			2501.55	2501.55	677.03	1753.80
	材料费(元)			1279.87	1067.27	123.88	645.79
	机械费(元)			–	–	–	–
名称		单位	单价(元)	数量			
人工	综合工日	工日	75.00	33.354	33.354	9.027	23.384
材料	大白粉	kg	0.19	18.670	15.560	1.790	9.410
	熟桐油	kg	20.00	6.890	5.740	0.660	3.470
	油漆溶剂油	kg	4.87	8.780	7.320	0.850	4.430
	清油	kg	8.80	3.550	2.960	0.340	1.790
	石膏粉	kg	1.02	5.300	4.420	0.510	2.670
	无光调和漆	kg	12.00	24.960	20.800	2.390	12.580
	醇酸磁漆 C04－42 黑	kg	15.75	39.910	33.260	3.820	20.120
	醇酸漆稀释剂 X6	kg	9.63	4.320	3.600	0.410	2.170
	杂麻绳	kg	5.50	3.600	3.000	0.350	1.820
	工业酒精 99.5%	kg	8.20	0.100	0.080	0.010	0.050
	催干剂	kg	23.00	0.700	0.580	0.070	0.350
	砂纸	张	1.00	48.000	40.000	5.000	24.000
	白布 0.9m	m^2	8.54	0.550	0.550	0.150	0.390

工作内容：清扫、磨砂纸、刷润油粉一遍、刮腻子、刷调和漆一遍、磁漆三遍、磨退出亮等。　　单位：$100m^2$

定额编号				1-10-379	1-10-380	1-10-381	1-10-382
项目				润油粉、刮腻子、调和漆一遍、磁漆三遍			
				单层木门	单层木窗	木扶手 100m	其他木材面
基价（元）				**4609.93**	**4331.64**	**951.44**	**2904.97**
其中	人工费（元）			2935.05	2935.05	789.90	2059.80
	材料费（元）			1674.88	1396.59	161.54	845.17
	机械费（元）			–	–	–	–
	名称	单位	单价（元）	数量			
人工	综合工日	工日	75.00	39.134	39.134	10.532	27.464
材料	大白粉	kg	0.19	18.670	15.560	1.790	9.410
	油漆溶剂油	kg	4.87	8.780	7.320	0.850	4.430
	熟桐油	kg	20.00	6.890	5.740	0.660	3.470
	清油	kg	8.80	3.550	2.960	0.340	1.790
	石膏粉	kg	1.02	5.300	4.420	0.510	2.670
	无光调和漆	kg	12.00	24.960	20.800	2.390	12.580
	醇酸磁漆 C04－42 黑	kg	15.75	58.820	49.020	5.640	29.660
	醇酸漆稀释剂 X6	kg	9.63	7.590	6.320	0.720	3.830
	砂蜡	kg	4.00	3.670	3.060	0.350	1.850
	上光蜡	kg	11.20	1.220	1.020	0.120	0.620
	杂麻绳	kg	5.50	3.600	3.000	0.350	1.820
	工业酒精 99.5%	kg	8.20	0.100	0.080	0.010	0.050
	催干剂	kg	23.00	0.700	0.580	0.070	0.350
	煤油	kg	4.20	0.480	0.400	0.050	0.240
	砂纸	张	1.00	48.000	40.000	5.000	24.000
	水砂纸 240 号	张	0.96	36.000	30.000	3.000	18.000
	白布 0.9m	m^2	8.54	0.640	0.640	0.170	0.450

工作内容：清扫、磨砂纸、刷润油粉一遍、刮石膏油腻子两遍、刷调和漆三遍、磁漆罩面等。 单位：100m²

定额编号				1-10-383	1-10-384	1-10-385	1-10-386
项目				润油粉、刮腻子、调和漆三遍、磁漆罩面			
				单层木门	单层木窗	木扶手 100m	其他木材面
基价（元）				**4892.34**	**4649.19**	**1078.35**	**3142.03**
其中	人工费（元）			3426.60	3426.60	936.53	2402.10
	材料费（元）			1465.74	1222.59	141.82	739.93
	机械费（元）			–	–	–	–
名称		单位	单价（元）	数量			
人工	综合工日	工日	75.00	45.688	45.688	12.487	32.028
材料	熟桐油	kg	20.00	1.750	1.460	0.170	0.880
	油漆溶剂油	kg	4.87	12.530	10.440	1.200	6.320
	清油	kg	8.80	1.750	1.460	0.170	0.880
	石膏粉	kg	1.02	9.070	7.560	0.870	4.570
	无光调和漆	kg	12.00	74.900	62.420	7.180	37.760
	醇酸磁漆 C04－42 黑	kg	15.75	21.020	17.520	2.010	10.600
	工业酒精 99.5%	kg	8.20	0.190	0.160	0.020	0.100
	催干剂	kg	23.00	1.610	1.340	0.150	0.810
	醇酸漆稀释剂 X6	kg	9.63	1.060	0.880	0.100	0.530
	砂纸	张	1.00	60.000	50.000	6.000	30.000
	白布 0.9m	m²	8.54	0.750	0.750	0.210	0.530

工作内容:刷调和漆一遍。 单位:100m²

定额编号				1-10-387	1-10-388	1-10-389	1-10-390
项目				每增加一遍调和漆			
				单层木门	单层木窗	木扶手 100m	其他木材面
基价(元)				**647.90**	**595.06**	**116.61**	**391.59**
其中	人工费(元)			326.40	326.40	85.43	229.50
	材料费(元)			321.50	268.66	31.18	162.09
	机械费(元)			–	–	–	–
名称		单位	单价(元)	数量			
人工	综合工日	工日	75.00	4.352	4.352	1.139	3.060
材料	无光调和漆	kg	12.00	24.960	20.860	2.390	12.580
	油漆溶剂油	kg	4.87	1.250	1.040	0.120	0.630
	催干剂	kg	23.00	0.430	0.360	0.040	0.220
	砂纸	张	1.00	6.000	5.000	1.000	3.000

工作内容:刷清漆一遍。 单位:100m²

定额编号				1-10-391	1-10-392	1-10-393	1-10-394
项目				每增加一遍清漆			
				单层木门	单层木窗	木扶手 100m	其他木材面
基价(元)				**335.66**	**311.40**	**70.39**	**240.74**
其中	人工费(元)			189.98	189.98	51.00	172.13
	材料费(元)			145.68	121.42	19.39	68.61
	机械费(元)			-	-	-	-
名称		单位	单价(元)	数量			
人工	综合工日	工日	75.00	2.533	2.533	0.680	2.295
材料	酚醛清漆 F01-1	kg	12.70	10.010	8.340	0.960	5.050
	油漆溶剂油	kg	4.87	1.680	1.400	0.390	0.620
	催干剂	kg	23.00	0.190	0.160	0.100	0.020
	砂纸	张	1.00	6.000	5.000	3.000	1.000

工作内容：刷醇酸磁漆一遍。 单位：$100m^2$

定额编号				1-10-395	1-10-396	1-10-397	1-10-398
项目				每增加一遍醇酸磁漆			
				单层木门	单层木窗	木扶手 100m	其他木材面
基价（元）				**770.10**	**714.19**	**145.37**	**474.29**
其中	人工费（元）			434.78	434.78	112.88	305.40
	材料费（元）			335.32	279.41	32.49	168.89
	机械费（元）			–	–	–	–
名称		单位	单价(元)	数量			
人工	综合工日	工日	75.00	5.797	5.797	1.505	4.072
材料	醇酸磁漆 C04-42 黑	kg	15.75	18.910	15.760	1.810	9.530
	醇酸漆稀释剂 X6	kg	9.63	3.270	2.720	0.310	1.640
	砂纸	张	1.00	6.000	5.000	1.000	3.000

工作内容:刷醇酸清漆一遍。

单位:100m²

定额编号				1-10-399	1-10-400	1-10-401	1-10-402
项目				每增加一遍醇酸清漆			
				单层木门	单层木窗	木扶手 100m	其他木材面
基价(元)				**389.77**	**356.44**	**72.46**	**271.13**
其中	人工费(元)			189.98	189.98	51.00	172.13
	材料费(元)			199.79	166.46	21.46	99.00
	机械费(元)			–	–	–	–
名称		单位	单价(元)	数量			
人工	综合工日	工日	75.00	2.533	2.533	0.680	2.295
材料	醇酸清漆 C01-7	kg	15.20	10.010	8.340	0.960	5.050
	醇酸漆稀释剂 X6	kg	9.63	3.870	3.220	0.370	1.950
	催干剂	kg	23.00	0.190	0.160	0.100	0.020
	砂纸	张	1.00	6.000	5.000	1.000	3.000

工作内容：清扫、磨砂纸、润油粉、刮腻子、刷聚氨酯漆两遍。 单位：$100m^2$

定额编号				1-10-403	1-10-404	1-10-405	1-10-406
项目				润油粉、刮腻子、刷聚氨酯漆两遍			
				单层木门	单层木窗	木扶手 100m	其他木材面
基价（元）				**3595.55**	**3357.94**	**627.42**	**2252.62**
其中	人工费（元）			2162.40	2162.40	467.33	1551.08
	材料费（元）			1433.15	1195.54	160.09	701.54
	机械费（元）			–	–	–	–
名称		单位	单价（元）	数量			
人工	综合工日	工日	75.00	28.832	28.832	6.231	20.681
材料	聚氨酯弹性地面漆 S100 甲料	kg	25.65	42.240	35.220	4.050	21.310
	大白粉	kg	0.19	18.670	15.560	1.790	9.410
	油漆溶剂油	kg	4.87	7.540	6.280	0.730	3.800
	熟桐油	kg	20.00	6.890	5.740	0.660	3.470
	清油	kg	8.80	3.550	2.960	0.340	1.790
	石膏粉	kg	1.02	5.300	4.420	0.510	2.670
	二甲苯	kg	11.40	4.440	3.700	0.420	2.240
	杂麻绳	kg	5.50	3.600	3.000	0.350	1.820
	工业酒精 99.5%	kg	8.20	0.070	0.060	0.010	0.040
	催干剂	kg	23.00	0.260	0.220	0.030	0.130
	砂纸	张	1.00	54.000	45.000	27.000	5.000
	白布 0.9m	m^2	8.54	0.470	0.470	0.130	0.340

工作内容：清扫、磨砂纸、润油粉、刮腻子、刷聚氨酯漆三遍。 单位：100m²

定额编号				1-10-407	1-10-408	1-10-409	1-10-410
项目				润油粉、刮腻子、聚氨酯漆三遍			
				单层木门	单层木窗	木扶手 100m	其他木材面
基价（元）				**4382.73**	**4051.65**	**859.10**	**2735.58**
其中	人工费（元）			2391.30	2391.30	666.83	1730.85
	材料费（元）			1991.43	1660.35	192.27	1004.73
	机械费（元）			–	–	–	–
名称		单位	单价(元)	数量			
人工	综合工日	工日	75.00	31.884	31.884	8.891	23.078
材料	聚氨酯弹性地面漆 S100 甲料	kg	25.65	62.280	51.900	5.970	31.400
	大白粉	kg	0.19	18.670	15.580	1.790	9.410
	油漆溶剂油	kg	4.87	7.540	6.280	0.730	3.800
	熟桐油	kg	20.00	6.890	5.740	0.660	3.470
	石膏粉	kg	1.02	5.300	4.410	0.510	2.670
	清油	kg	8.80	3.550	2.960	0.340	1.790
	二甲苯	kg	11.40	7.750	6.460	0.750	3.910
	杂麻绳	kg	5.50	3.600	3.000	0.350	1.820
	工业酒精 99.5%	kg	8.20	0.070	0.060	0.010	0.040
	催干剂	kg	23.00	0.260	0.220	0.030	0.130
	砂纸	张	1.00	60.000	50.000	6.000	30.000
	白布 0.9m	m²	8.54	0.530	0.530	0.150	0.380

工作内容：刷聚氨酯漆一遍。　　　　单位：100m²

定额编号				1-10-411	1-10-412	1-10-413	1-10-414
项目				每增加一遍聚氨酯漆			
				单层木门	单层木窗	木扶手 100m	其他木材面
基价（元）				**950.87**	**859.07**	**159.73**	**567.24**
其中	人工费（元）			394.65	394.65	105.83	286.28
	材料费（元）			556.22	464.42	53.90	280.96
	机械费（元）			–	–	–	–
名称		单位	单价(元)	数量			
人工	综合工日	工日	75.00	5.262	5.262	1.411	3.817
材料	聚氨酯弹性地面漆 S100 甲料	kg	25.65	20.020	16.680	1.920	10.090
	二甲苯	kg	11.40	3.220	2.770	0.320	1.680
	砂纸	张	1.00	6.000	5.000	1.000	3.000

工作内容:清扫、磨砂纸、刮腻子、刷底油一遍、色聚氨酯漆两遍等。　　单位:$100m^2$

定额编号				1-10-415	1-10-416	1-10-417	1-10-418
项目				刷底油、刮腻子、色聚氨酯漆两遍			
				单层木门	单层木窗	木扶手 100m	其他木材面
基价(元)				**2870.96**	**2616.94**	**312.89**	**1667.20**
其中	人工费(元)			1344.53	1344.53	166.43	897.60
	材料费(元)			1526.43	1272.41	146.46	769.60
	机械费(元)			–	–	–	–
名称		单位	单价(元)	数量			
人工	综合工日	工日	75.00	17.927	17.927	2.219	11.968
材料	色聚氨酯漆	kg	30.00	42.260	35.220	4.050	21.310
	石膏粉	kg	1.02	5.040	4.200	0.480	2.540
	漆片(各种规格)	kg	39.96	0.170	0.140	0.020	0.080
	二甲苯	kg	11.40	4.440	3.700	0.420	2.240
	工业酒精 99.5%	kg	8.20	0.340	0.280	0.030	0.170
	清油	kg	8.80	1.750	1.460	0.170	0.880
	油漆溶剂油	kg	4.87	8.790	7.320	0.850	4.430
	催干剂	kg	23.00	0.240	0.200	0.020	0.120
	熟桐油	kg	20.00	4.250	3.540	0.410	2.140
	白布 0.9m	m^2	8.54	0.300	0.300	0.040	0.200
	砂纸	张	1.00	42.000	35.000	4.000	21.000

工作内容：清扫、磨砂纸、刮腻子、刷底油一遍、色聚氨酯漆三遍等。　　单位：100m²

定额编号				1-10-419	1-10-420	1-10-421	1-10-422
项目				刷底油、刮腻子、色聚氨酯漆三遍			
				单层木门	单层木窗	木扶手 100m	其他木材面
基价（元）				**3755.64**	**3393.15**	**605.78**	**2171.23**
其中	人工费（元）			1578.45	1578.45	396.53	1073.55
	材料费（元）			2177.19	1814.70	209.25	1097.68
	机械费（元）			–	–	–	–
名称		单位	单价（元）	数量			
人工	综合工日	工日	75.00	21.046	21.046	5.287	14.314
材料	色聚氨酯漆	kg	30.00	62.280	51.900	5.970	31.400
	石膏粉	kg	1.02	5.040	4.200	0.480	2.540
	漆片（各种规格）	kg	39.96	0.170	0.140	0.020	0.080
	二甲苯	kg	11.40	7.750	6.460	0.750	3.910
	工业酒精 99.5%	kg	8.20	0.340	0.280	0.030	0.170
	清油	kg	8.80	1.750	1.460	0.170	0.880
	油漆溶剂油	kg	4.87	8.790	7.320	0.850	4.430
	催干剂	kg	23.00	0.240	0.200	0.020	0.120
	熟桐油	kg	20.00	4.250	3.540	0.410	2.140
	白布 0.9m	m²	8.54	0.350	0.350	0.090	0.240
	砂纸	张	1.00	54.000	45.000	5.000	27.000

工作内容：刷色聚氨酯漆每增加一遍。　　　　单位：100m²

定额编号				1-10-423	1-10-424	1-10-425	1-10-426
项目				每增加一遍色聚氨酯漆			
				单层木门	单层木窗	木扶手 100m	其他木材面
基价（元）				**1039.10**	**931.63**	**168.08**	**611.13**
其中	人工费（元）			394.65	394.65	105.83	286.28
	材料费（元）			644.45	536.98	62.25	324.85
	机械费（元）			–	–	–	–
名称		单位	单价(元)	数量			
人工	综合工日	工日	75.00	5.262	5.262	1.411	3.817
材料	色聚氨酯漆	kg	30.00	20.020	16.680	1.920	10.090
	二甲苯	kg	11.40	3.320	2.770	0.320	1.680
	砂纸	张	1.00	6.000	5.000	1.000	3.000

工作内容：清扫、磨砂纸、刮腻子、刷底油、油色、刷酚醛清漆两遍等。

单位：$100m^2$

定额编号				1-10-427	1-10-428	1-10-429	1-10-430
项目				刷底油、油色、清漆两遍			
				单层木门	单层木窗	木扶手 100m	其他木材面
基价（元）				**1681.60**	**1588.37**	**353.09**	**1095.19**
其中	人工费（元）			1120.73	1120.73	299.03	812.18
	材料费（元）			560.87	467.64	54.06	283.01
	机械费（元）			–	–	–	–
名称		单位	单价(元)	数量			
人工	综合工日	工日	75.00	14.943	14.943	3.987	10.829
材料	酚醛清漆 F01－1	kg	12.70	23.110	19.260	2.210	11.650
	色调和漆	kg	12.30	0.910	0.760	0.090	0.460
	石膏粉	kg	1.02	5.040	4.200	0.480	2.540
	工业酒精 99.5%	kg	8.20	0.100	0.080	0.010	0.050
	清油	kg	8.80	2.500	2.080	0.240	1.260
	油漆溶剂油	kg	4.87	16.710	13.920	1.600	8.420
	催干剂	kg	23.00	0.770	0.640	0.070	0.390
	熟桐油	kg	20.00	4.250	3.540	0.410	2.140
	白布 0.9m	m^2	8.54	0.250	0.250	0.070	0.180
	砂纸	张	1.00	42.000	35.000	4.000	21.000

工作内容：清扫、磨砂纸、润油粉一遍、刮腻子、刷酚醛清漆三遍等。　　单位：100m²

定额编号				1-10-431	1-10-432	1-10-433	1-10-434
项目				润油粉、刮腻子、油色、酚醛清漆三遍			
				单层木门	单层木窗	木扶手 100m	其他木材面
基价（元）				**3047.84**	**2913.99**	**703.27**	**2091.50**
其中	人工费（元）			2240.85	2240.85	624.75	1683.68
	材料费（元）			806.99	673.14	78.52	407.82
	机械费（元）			–	–	–	–
名称		单位	单价(元)	数量			
人工	综合工日	工日	75.00	29.878	29.878	8.330	22.449
材料	酚醛清漆 F01－1	kg	12.70	33.120	27.600	3.170	16.700
	色调和漆	kg	12.30	3.360	2.800	0.320	1.690
	大白粉	kg	0.19	18.670	15.660	1.790	9.410
	石膏粉	kg	1.02	5.300	4.420	0.510	2.670
	工业酒精 99.5%	kg	8.20	0.100	0.080	0.010	0.050
	清油	kg	8.80	2.810	2.340	0.270	1.420
	油漆溶剂油	kg	4.87	17.110	14.260	1.640	8.630
	催干剂	kg	23.00	1.010	0.840	0.100	0.510
	熟桐油	kg	20.00	6.000	5.000	0.580	3.030
	白布 0.9m	m²	8.54	0.490	0.490	0.140	0.370
	砂纸	张	1.00	60.000	50.000	6.000	30.000
	杂麻绳	kg	5.50	3.600	3.000	0.350	1.820

工作内容：清扫、磨砂纸、润油粉一遍、刮腻子、刷底油、油色、刷清漆两遍等。

单位：100m²

定额编号				1-10-435	1-10-436	1-10-437	1-10-438
项目				润油粉、刮腻子、油色、清漆两遍			
				单层木门	单层木窗	木扶手 100m	其他木材面
基价（元）				**2814.25**	**2687.46**	**648.00**	**1942.44**
其中	人工费（元）			2049.60	2049.60	573.75	1556.18
	材料费（元）			764.65	637.86	74.25	386.26
	机械费（元）			–	–	–	–
名称		单位	单价（元）	数量			
人工	综合工日	工日	75.00	27.328	27.328	7.650	20.749
材料	酚醛清漆 F01－1	kg	12.70	23.110	19.260	2.210	11.650
	色调和漆	kg	12.30	3.360	2.800	0.320	1.690
	大白粉	kg	0.19	18.670	15.660	1.790	9.410
	石膏粉	kg	1.02	5.300	4.420	0.510	2.670
	工业酒精 99.5%	kg	8.20	0.100	0.080	0.010	0.050
	清油	kg	8.80	4.560	3.800	0.440	2.300
	油漆溶剂油	kg	4.87	24.240	20.200	2.320	12.220
	催干剂	kg	23.00	1.010	0.840	0.100	0.510
	熟桐油	kg	20.00	7.750	6.460	0.740	3.910
	白布 0.9m	m²	8.54	0.450	0.450	0.130	0.340
	砂纸	张	1.00	60.000	50.000	6.000	30.000
	杂麻绳	kg	5.50	3.600	3.000	0.350	1.820

工作内容：清扫、磨砂纸、润油粉一遍、刮腻子、油色、刷清漆四遍、磨退出亮等。　　单位：100m²

定额编号				1-10-439	1-10-440	1-10-441	1-10-442
项目				润油粉、刮腻子、油色、清漆四遍、磨退出亮			
				单层木门	单层木窗	木扶手 100m	其他木材面
基价（元）				**6017.30**	**5745.61**	**1359.08**	**4013.59**
其中	人工费（元）			4386.68	4386.68	1204.88	3168.38
	材料费（元）			1630.62	1358.93	154.20	845.21
	机械费（元）			–	–	–	–
名称		单位	单价(元)	数量			
人工	综合工日	工日	75.00	58.489	58.489	16.065	42.245
材料	酚醛清漆 F01－1	kg	12.70	0.740	0.620	0.070	0.380
	醇酸清漆 C01－7	kg	15.20	63.960	53.300	6.130	32.450
	色调和漆	kg	12.30	0.980	0.820	0.090	0.500
	大白粉	kg	0.19	18.670	15.660	1.790	9.410
	熟桐油	kg	20.00	13.130	10.940	1.160	7.620
	油漆溶剂油	kg	4.87	6.890	5.740	0.660	3.470
	醇酸漆稀释剂 X6	kg	9.63	14.440	12.040	1.390	7.290
	清油	kg	8.80	4.300	3.580	0.410	2.170
	石膏粉	kg	1.02	5.300	4.420	0.510	2.670
	砂蜡	kg	4.00	3.670	3.060	0.350	1.850
	上光蜡	kg	11.20	1.220	1.020	0.120	0.620
	杂麻绳	kg	5.50	3.600	3.000	0.350	1.820
	工业酒精 99.5%	kg	8.20	0.100	0.080	0.010	0.050
	催干剂	kg	23.00	0.410	0.340	0.040	0.210
	煤油	kg	4.20	0.480	0.400	0.050	0.240
	砂纸	张	1.00	60.000	50.000	6.000	30.000
	水砂纸 240 号	张	0.96	36.000	30.000	3.000	18.000

工作内容：清扫、磨砂纸、润油粉、刮腻子、刷理漆片、硝基清漆、磨退出亮等。 单位：$100m^2$

定额编号				1-10-443	1-10-444	1-10-445	1-10-446
项目				润油粉、刮腻子、硝基清漆、磨退出亮			
				单层木门	单层木窗	木扶手 100m	其他木材面
基价（元）				**13099.35**	**12184.86**	**2627.30**	**8255.47**
其中	人工费（元）			7576.05	7576.05	2085.30	5471.03
	材料费（元）			5523.30	4608.81	542.00	2784.44
	机械费（元）			–	–	–	–
名称		单位	单价（元）	数量			
人工	综合工日	工日	75.00	101.014	101.014	27.804	72.947
材料	硝基清漆	kg	16.56	117.430	97.860	11.250	59.210
	硝基漆稀释剂	kg	12.00	274.780	229.040	26.340	138.540
	大白粉	kg	0.19	55.990	46.660	5.370	28.230
	石膏粉	kg	1.02	0.840	0.700	0.080	0.420
	滑石粉	kg	0.40	0.190	0.160	0.020	0.100
	泡沫塑料	m^2	15.70	2.000	2.000	1.000	1.000

续前

单位:100m²

定额编号				1-10-443	1-10-444	1-10-445	1-10-446
项目				润油粉、刮腻子、硝基清漆、磨退出亮			
				单层木门	单层木窗	木扶手 100m	其他木材面
材料	漆片(各种规格)	kg	39.96	0.310	0.260	0.030	0.160
	骨胶	kg	11.70	1.750	1.460	0.170	0.880
	工业酒精 99.5%	kg	8.20	1.370	1.140	0.130	0.690
	色粉	kg	4.20	4.200	3.500	0.400	2.120
	砂蜡	kg	4.00	3.670	3.060	0.350	1.850
	煤油	kg	4.20	0.480	0.400	0.050	0.240
	上光蜡	kg	11.20	1.220	1.020	0.120	0.620
	豆包布	m	2.00	9.600	8.000	0.920	4.840
	砂纸	张	1.00	36.000	30.000	3.000	18.000
	水砂纸 240 号	张	0.96	48.000	40.000	5.000	24.000
	棉花	kg	26.20	0.960	0.800	0.090	0.480
	杂麻绳	kg	5.50	3.600	3.000	0.350	1.820

工作内容：清扫、磨砂纸、润油粉、刮腻子、刷理漆片、硝基清漆、磨退出亮等。 单位：$100m^2$

定额编号				1-10-447	1-10-448	1-10-449	1-10-450
项目				润油粉、刮腻子、漆片、硝基清漆、磨退出亮			
				单层木门	单层木窗	木扶手 100m	其他木材面
基价（元）				**8491.80**	**7951.25**	**1777.22**	**5419.41**
其中	人工费（元）			5264.48	5264.48	1458.60	3800.78
	材料费（元）			3227.32	2686.77	318.62	1618.63
	机械费（元）			-	-	-	-
名称		单位	单价（元）	数量			
人工	综合工日	工日	75.00	70.193	70.193	19.448	50.677
材料	硝基清漆	kg	16.56	49.440	41.200	4.740	24.930
	硝基漆稀释剂	kg	12.00	121.200	101.000	11.620	61.110
	大白粉	kg	0.19	55.990	46.660	5.370	28.230
	石膏粉	kg	1.02	0.840	0.700	0.080	0.420
	滑石粉	kg	0.40	0.190	0.150	0.180	0.100
	泡沫塑料	m^2	15.70	5.000	4.000	1.000	2.000

续前 单位:100m²

定额编号				1-10-447	1-10-448	1-10-449	1-10-450
项目				润油粉、刮腻子、漆片、硝基清漆、磨退出亮			
				单层木门	单层木窗	木扶手 100m	其他木材面
材料	漆片（各种规格）	kg	39.96	8.090	6.740	0.780	4.080
	骨胶	kg	11.70	1.750	1.460	0.170	0.880
	工业酒精 99.5%	kg	8.20	38.310	31.920	3.670	19.310
	色粉	kg	4.20	4.200	3.500	0.400	2.120
	砂蜡	kg	4.00	3.670	3.060	0.350	1.850
	煤油	kg	4.20	0.480	0.400	0.050	0.240
	上光蜡	kg	11.20	1.220	1.020	0.120	0.620
	豆包布	m	2.00	9.600	8.000	0.920	4.840
	砂纸	张	1.00	48.000	40.000	5.000	24.000
	水砂纸 240 号	张	0.96	48.000	40.000	5.000	24.000
	棉花	kg	26.20	0.960	0.800	0.090	0.480
	杂麻绳	kg	5.50	3.600	3.000	0.350	1.820

工作内容：清扫、磨砂纸、润油粉两遍、刮腻子、刷漆片、刷硝基清漆、磨退出亮等。　　　　单位：100m²

定额编号				1-10-451	1-10-452	1-10-453	1-10-454
项目				润油粉两遍、刮腻子、漆片、硝基清漆、磨退出亮			
				单层木门	单层木窗	木扶手 100m	其他木材面
基价（元）				**9360.84**	**8772.31**	**1943.65**	**5985.82**
其中	人工费（元）			5829.98	5829.98	1596.30	4211.33
	材料费（元）			3530.86	2942.33	347.35	1774.49
	机械费（元）			–	–	–	–
名称		单位	单价（元）	数量			
人工	综合工日	工日	75.00	77.733	77.733	21.284	56.151
材料	硝基清漆	kg	16.56	49.440	41.200	4.740	24.930
	硝基漆稀释剂	kg	12.00	121.200	101.000	11.620	61.110
	大白粉	kg	0.19	37.320	31.100	3.580	18.820
	石膏粉	kg	1.02	4.630	3.860	0.440	2.340
	滑石粉	kg	0.40	0.190	0.160	0.020	0.100
	泡沫塑料	m²	15.70	5.000	4.000	1.000	2.000
	漆片（各种规格）	kg	39.96	8.090	6.740	0.780	4.080

续前

单位:100m²

定额编号				1-10-451	1-10-452	1-10-453	1-10-454
项目				润油粉两遍、刮腻子、漆片、硝基清漆、磨退出亮			
				单层木门	单层木窗	木扶手 100m	其他木材面
材料	工业酒精 99.5%	kg	8.20	38.000	31.980	3.680	19.350
	清油	kg	8.80	7.130	5.940	0.680	3.590
	色粉	kg	4.20	0.430	0.360	0.040	0.220
	砂蜡	kg	4.00	3.670	3.060	0.350	1.850
	油漆溶剂油	kg	4.87	15.050	12.540	1.440	7.590
	催干剂	kg	23.00	0.410	0.340	0.040	0.210
	煤油	kg	4.20	0.480	0.400	0.050	0.240
	上光蜡	kg	11.20	1.220	1.020	0.120	0.620
	熟桐油	kg	20.00	8.540	7.120	0.820	4.310
	豆包布	m	2.00	9.600	8.000	0.920	4.840
	砂纸	张	1.00	54.000	45.000	5.000	27.000
	水砂纸 240 号	张	0.96	48.000	40.000	5.000	24.000
	棉花	kg	26.20	0.960	0.800	0.090	0.480
	杂麻绳	kg	5.50	7.200	6.000	0.690	3.830

工作内容:清扫、磨砂纸、润油粉、刮腻子、刷醇酸清漆一遍、丙烯酸清漆三遍等。　　单位:$100m^2$

定额编号				1-10-455	1-10-456	1-10-457	1-10-458
项目				润油粉、满刮腻子、醇酸清漆一遍、丙烯酸清漆三遍			
				单层木门	单层木窗	木扶手 100m	其他木材面
基价(元)				**6388.85**	**5981.13**	**1330.20**	**4080.32**
其中	人工费(元)			3936.60	3936.60	1093.95	2842.65
	材料费(元)			2452.25	2044.53	236.25	1237.67
	机械费(元)			-	-	-	-
名称		单位	单价(元)	数量			
人工	综合工日	工日	75.00	52.488	52.488	14.586	37.902
材料	醇酸清漆 C01-7	kg	15.20	14.830	12.360	1.420	7.480
	醇酸漆稀释剂 X6	kg	9.63	4.830	4.020	0.460	2.430
	大白粉	kg	0.19	18.670	15.560	1.790	9.410
	石膏粉	kg	1.02	5.300	4.420	0.510	2.670
	丙烯酸清漆	kg	19.80	77.140	64.280	7.390	38.890
	丙烯酸稀释剂	kg	16.50	16.890	14.080	1.620	8.520

续前 单位:100m²

定额编号				1-10-455	1-10-456	1-10-457	1-10-458
项目				润油粉、满刮腻子、醇酸清漆一遍、丙烯酸清漆三遍			
				单层木门	单层木窗	木扶手 100m	其他木材面
材料	工业酒精 99.5%	kg	8.20	0.100	0.080	0.010	0.050
	清油	kg	8.80	3.550	2.940	0.340	1.790
	砂蜡	kg	4.00	3.670	3.060	0.350	1.850
	油漆溶剂油	kg	4.87	7.540	6.280	0.730	3.800
	催干剂	kg	23.00	0.290	0.240	0.030	0.150
	煤油	kg	4.20	0.480	0.400	0.050	0.240
	上光蜡	kg	11.20	1.220	1.020	0.120	0.620
	熟桐油	kg	20.00	6.890	5.740	0.660	3.470
	白布 0.9m	m²	8.54	0.860	0.860	0.240	0.620
	砂纸	张	1.00	60.000	50.000	6.000	30.000
	水砂纸 240 号	张	0.96	36.000	30.000	3.000	18.000
	杂麻绳	kg	5.50	3.600	3.000	0.350	1.820

工作内容：清扫、磨砂纸、润油粉、刮腻子、底油一遍、磁漆两遍、过氯乙烯清漆两遍等。　　单位：100m²

定额编号				1-10-459	1-10-460	1-10-461	1-10-462
项目				单层木门过氯乙烯			
				五遍成活	每增加一遍		
					底漆	磁漆	清漆
基价（元）				**7085.61**	**1101.27**	**1137.53**	**1424.60**
其中	人工费（元）			2727.23	395.25	394.65	394.65
	材料费（元）			4358.38	706.02	742.88	1029.95
	机械费（元）			–	–	–	–
名称		单位	单价(元)	数量			
人工	综合工日	工日	75.00	36.363	5.270	5.262	5.262
材料	过氯乙烯底漆 G06－4 铁红	kg	16.89	32.520	32.520	–	–
	过氯乙烯磁漆 G52－1	kg	18.31	65.520	–	32.760	–
	过氯乙烯清漆	kg	16.62	88.220	–	–	44.110
	过氯乙烯腻子	kg	8.82	7.420	–	–	–
	过氯乙烯稀料 X－29	kg	13.19	76.320	11.430	10.390	22.050
	白布 0.9m	m²	8.54	0.600	–	–	–
	砂纸	张	1.00	66.000	6.000	6.000	6.000

工作内容：清扫、磨砂纸、刮腻子、底油一遍、磁漆两遍、过氯乙烯清漆两遍等。　　单位：$100m^2$

定额编号				1-10-463	1-10-464	1-10-465	1-10-466
项目				单层木窗过氯乙烯			
				五遍成活	每增加一遍		
					底漆	磁漆	清漆
基价（元）				**6360.09**	**983.54**	**1013.74**	**1253.03**
其中	人工费（元）			2727.23	395.25	394.65	394.65
	材料费（元）			3632.86	588.29	619.09	858.38
	机械费（元）			–	–	–	–
名称		单位	单价(元)	数量			
人工	综合工日	工日	75.00	36.363	5.270	5.262	5.262
材料	过氯乙烯底漆 G06－4 铁红	kg	16.89	27.100	27.100	–	–
	过氯乙烯磁漆 G52－1	kg	18.31	54.600	–	27.300	–
	过氯乙烯清漆	kg	16.62	73.520	–	–	36.760
	过氯乙烯腻子	kg	8.82	6.180	–	–	–
	过氯乙烯稀料 X－29	kg	13.19	63.600	9.520	8.660	18.380
	白布 0.9m	m^2	8.54	0.600	–	–	–
	砂纸	张	1.00	55.000	5.000	5.000	5.000

工作内容:同前　　　　单位:$100m^2$

定额编号				1-10-467	1-10-468	1-10-469	1-10-470
项目				其他木材面过氯乙烯			
				五遍成活	每增加一遍		
					底漆	磁漆	清漆
基价(元)				**3874.90**	**642.25**	**660.88**	**805.58**
其中	人工费(元)			1677.30	286.28	286.28	286.28
	材料费(元)			2197.60	355.97	374.60	519.30
	机械费(元)			–	–	–	–
名称		单位	单价(元)	数量			
人工	综合工日	工日	75.00	22.364	3.817	3.817	3.817
材料	过氯乙烯底漆 G06－4 铁红	kg	16.89	16.400	16.400	–	–
	过氯乙烯磁漆 G52－1	kg	18.31	33.030	–	16.520	–
	过氯乙烯清漆	kg	16.62	44.480	–	–	22.240
	过氯乙烯腻子	kg	8.82	3.740	–	–	–
	过氯乙烯稀料 X－29	kg	13.19	38.470	5.760	5.240	11.120
	白布 0.9m	m^2	8.54	0.370	–	–	–
	砂纸	张	1.00	33.000	3.000	3.000	3.000

工作内容:同前　　单位:100m²

定额编号				1-10-471	1-10-472	1-10-473	1-10-474
项目				木扶手(不带托板)过氯乙烯			
				五遍成活	每增加一遍		
					底漆	磁漆	清漆
基价(元)				**1157.20**	**173.90**	**177.51**	**204.96**
其中	人工费(元)			738.90	105.83	105.83	105.83
	材料费(元)			418.30	68.07	71.68	99.13
	机械费(元)			–	–	–	–
名称		单位	单价(元)	数量			
人工	综合工日	工日	75.00	9.852	1.411	1.411	1.411
材料	过氯乙烯底漆 G06－4 铁红	kg	16.89	3.120	3.120	–	–
	过氯乙烯磁漆 G52－1	kg	18.31	6.280	–	3.140	–
	过氯乙烯清漆	kg	16.62	8.450	–	–	4.230
	过氯乙烯腻子	kg	8.82	0.710	–	–	–
	过氯乙烯稀料 X－29	kg	13.19	7.320	1.090	1.000	2.110
	白布 0.9m	m^2	8.54	0.160	–	–	–
	砂纸	张	1.00	6.000	1.000	1.000	1.000

工作内容：清扫、补缝、刮腻子、磨砂纸、刷熟桐油一遍等。 单位：$100m^2$

定额编号				1-10-475	1-10-476	1-10-477	1-10-478
项目				底油一遍、熟桐油一遍			
				单层木门	单层木窗	木扶手 100m	其他木材面
基价（元）				**1263.53**	**1194.09**	**263.65**	**836.03**
其中	人工费（元）			847.28	847.28	223.80	626.03
	材料费（元）			416.25	346.81	39.85	210.00
	机械费（元）			–	–	–	–
名称		单位	单价(元)	数量			
人工	综合工日	工日	75.00	11.297	11.297	2.984	8.347
材料	漆片（各种规格）	kg	39.96	0.080	0.060	0.010	0.040
	工业酒精 99.5%	kg	8.20	0.340	0.280	0.030	0.170
	清油	kg	8.80	1.750	1.460	0.170	0.880
	油漆溶剂油	kg	4.87	11.060	9.220	1.060	5.580
	催干剂	kg	23.00	0.460	0.380	0.040	0.230
	熟桐油	kg	20.00	15.240	12.700	1.460	7.680
	白布 0.9m	m^2	8.54	0.190	0.190	0.050	0.140
	砂纸	张	1.00	24.000	20.000	2.000	12.000

工作内容：清扫、补缝、刮腻子、磨砂纸、刷熟桐油两遍等。

单位：100m²

定额编号				1-10-479	1-10-480	1-10-481	1-10-482
项目				底油、熟桐油两遍			
				单层木门	单层木窗	木扶手 100m	其他木材面
基价（元）				1607.33	1501.71	305.66	1008.08
其中	人工费（元）			972.83	972.83	244.80	687.90
	材料费（元）			634.50	528.88	60.86	320.18
	机械费（元）			–	–	–	–
名称		单位	单价（元）	数量			
人工	综合工日	工日	75.00	12.971	12.971	3.264	9.172
材料	漆片（各种规格）	kg	39.96	0.080	0.060	0.010	0.040
	工业酒精 99.5%	kg	8.20	0.340	0.280	0.030	0.170
	清油	kg	8.80	1.750	1.460	0.170	0.880
	油漆溶剂油	kg	4.87	17.780	14.820	1.700	8.970
	催干剂	kg	23.00	0.710	0.590	0.070	0.360
	熟桐油	kg	20.00	24.220	20.190	2.320	12.210
	白布 0.9m	m²	8.54	0.210	0.210	0.050	0.150
	砂纸	张	1.00	24.000	20.000	2.000	12.000

工作内容：清扫、补缝、刷油等。　　单位：100m²

定额编号				1-10-483	1-10-484	1-10-485	1-10-486
项目				熟桐油两遍			
				单层木门	单层木窗	木扶手 100m	其他木材面
基价（元）				**1353.61**	**1269.44**	**272.57**	**882.15**
其中	人工费（元）			847.28	847.28	223.80	626.03
	材料费（元）			506.33	422.16	48.77	256.12
	机械费（元）			–	–	–	–
名称		单位	单价（元）	数量			
人工	综合工日	工日	75.00	11.297	11.297	2.984	8.347
材料	油漆溶剂油	kg	4.87	8.990	7.490	0.860	4.540
	催干剂	kg	23.00	0.510	0.420	0.050	0.270
	熟桐油	kg	20.00	22.460	18.720	2.150	11.330
	白布 0.9m	m²	8.54	0.190	0.190	0.050	0.140

工作内容:清扫、涂熟桐油一遍、嵌腻子、磨光、刷底油、补嵌腻子、磨光、刷广(生)漆两遍、碾颜料、过筛、调色等。　　单位:100m²

定额编号				1-10-487	1-10-488	1-10-489	1-10-490
项目				熟桐油、色底油、广(生)漆两遍			
				单层木门	单层木窗	木扶手 100m	其他木材面
基价(元)				**8126.85**	**7919.71**	**1335.37**	**3503.86**
其中	人工费(元)			6884.40	6884.40	1218.30	3007.73
	材料费(元)			1242.45	1035.31	117.07	496.13
	机械费(元)			–	–	–	–
名称		单位	单价(元)	数量			
人工	综合工日	工日	75.00	91.792	91.792	16.244	40.103
材料	石膏粉	kg	1.02	7.750	6.460	0.560	3.100
	广(生)漆	kg	27.08	25.660	21.380	2.440	10.260
	油漆溶剂油	kg	4.87	4.100	3.420	0.390	1.640
	煤油	kg	4.20	7.740	6.450	0.740	3.080
	熟桐油	kg	20.00	20.530	17.110	1.940	8.210
	颜料	kg	7.86	5.500	4.580	0.520	2.200
	其他材料费	元	–	33.370	27.810	2.530	12.710

工作内容：木地板清扫、磨砂纸、刮腻子、润油粉、油色、刷地板漆、烫硬蜡。 单位：100m²

定额编号				1-10-491	1-10-492	1-10-493	1-10-494
项目				木地板			
				满刮腻子	底油	润油粉	本色
				地板漆三遍		烫硬蜡	
基价（元）				**569.44**	**608.48**	**1098.01**	**1292.42**
其中	人工费（元）			308.55	308.55	919.95	919.95
	材料费（元）			260.89	299.93	178.06	372.47
	机械费（元）			–	–	–	–
名称		单位	单价（元）	数量			
人工	综合工日	工日	75.00	4.114	4.114	12.266	12.266
材料	熟桐油	kg	20.00	1.870	2.610	–	–
	清油	kg	8.80	–	0.730	–	–
	有光水晶地板漆	kg	13.00	15.000	15.000	–	–
	色粉	kg	4.20	–	–	1.000	0.020
	硬白蜡	kg	6.00	–	–	9.700	23.600
	骨胶	kg	11.70	–	–	0.370	–
	大白粉	kg	0.19	–	–	11.660	–
	石膏粉	kg	1.02	2.210	2.210	–	–
	工业酒精 99.5%	kg	8.20	0.040	0.040	–	–
	油漆溶剂油	kg	4.87	1.500	5.160	0.290	0.710
	白布 0.9m	m²	8.54	0.070	0.070	–	–
	木炭	kg	2.80	–	–	30.780	74.520
	砂纸	张	1.00	18.000	18.000	20.000	15.000
	棉纱头	kg	6.34	–	–	0.240	0.580

工作内容:清扫、磨砂纸、刮腻子、润油粉、油色、漆片、清漆擦蜡。 单位:100m²

定额编号				1-10-495	1-10-496	1-10-497	1-10-498
项目				木地板			
				润油粉一遍		润油粉	底油
				漆片两遍擦蜡	油色、漆片擦软蜡	油色、清漆两遍	
基价(元)				**759.37**	**1033.24**	**816.57**	**647.78**
其中	人工费(元)			531.68	714.00	549.53	421.43
	材料费(元)			227.69	319.24	267.04	226.35
	机械费(元)			–	–	–	–
名称		单位	单价(元)	数量			
人工	综合工日	工日	75.00	7.089	9.520	7.327	5.619
材料	大白粉	kg	0.19	7.780	15.550	7.780	–
	石膏粉	kg	1.02	–	–	2.210	2.100
	工业酒精 99.5%	kg	8.20	8.540	8.440	0.040	0.040
	清油	kg	8.80	0.870	2.040	1.170	1.040
	油漆溶剂油	kg	4.87	3.390	8.860	6.430	6.960
	催干剂	kg	23.00	0.080	1.740	0.340	0.020
	熟桐油	kg	20.00	0.620	1.250	2.500	1.770
	白布 0.9m	m²	8.54	0.120	0.160	0.120	–
	砂纸	张	1.00	20.000	28.000	23.000	18.000
	棉纱头	kg	6.34	0.100	0.100	–	–
	酚醛清漆 F01-1	kg	12.70	–	–	9.630	9.630
	漆片(各种规格)	kg	39.96	1.370	1.370	–	–
	色调和漆	kg	12.30	0.990	2.290	1.400	0.380
	软蜡	kg	3.18	–	2.530	–	–
	地板蜡	kg	11.54	2.530	–	–	–

工作内容：清扫、磨砂纸、刮腻子、润油粉、刷聚氨酯漆等全部过程，油色、泡立水两遍，水晶地板漆两遍等全部操作过程。　单位：100m²

定额编号				1-10-499	1-10-500	1-10-501
项目				木地板		
				润油粉(色)、聚氨酯漆两遍	聚氨酯漆每增减一遍	润油粉、泡立水水晶地板漆
基价（元）				**2339.21**	**541.08**	**1298.27**
其中	人工费（元）			1691.93	279.90	663.68
	材料费（元）			647.28	261.18	634.59
	机械费（元）			–	–	–
名称		单位	单价(元)	数量		
人工	综合工日	工日	75.00	22.559	3.732	8.849
材料	色聚氨酯漆	kg	30.00	17.610	8.340	–
	有光水晶地板漆	kg	13.00	–	–	25.000
	大白粉	kg	0.19	7.780	–	6.740
	石膏粉	kg	1.02	1.710	–	5.340
	二甲苯	kg	11.40	1.850	0.930	2.240
	清油	kg	8.80	1.480	–	1.790
	色粉	kg	4.20	0.500	–	–
	油漆溶剂油	kg	4.87	2.500	–	3.040
	熟桐油	kg	20.00	2.870	–	3.470
	泡立水	kg	12.50	–	–	13.000
	其他材料费	元	–	9.970	0.380	14.870

工作内容：清扫、磨砂纸、润油粉、刮腻子、刷防火漆两遍等。　　单位：$100m^2$

定额编号				1-10-502	1-10-503	1-10-504	1-10-505
项目				润油粉、刮腻子、防火漆两遍			
				单层木门	单层木窗	木扶手 100m	其他木材面
基价（元）				**1838.83**	**1706.06**	**346.54**	**1141.60**
其中	人工费（元）			1024.50	1024.50	262.05	729.30
	材料费（元）			814.33	681.56	84.49	412.30
	机械费（元）			–	–	–	–
名称		单位	单价（元）	数量			
人工	综合工日	工日	75.00	13.660	13.660	3.494	9.724
材料	大白粉	kg	0.19	18.670	15.560	1.790	9.410
	石膏粉	kg	1.02	5.040	4.200	0.480	2.540
	防火漆	kg	15.00	35.230	29.360	3.780	17.760
	工业酒精 99.5%	kg	8.20	0.100	0.080	0.010	0.050
	清油	kg	8.80	3.550	2.960	0.340	1.790
	油漆溶剂油	kg	4.87	10.610	9.380	1.070	5.680
	催干剂	kg	23.00	0.860	0.720	0.080	0.440
	熟桐油	kg	20.00	4.900	4.080	0.470	2.460
	白布 0.9m	m^2	8.54	0.220	0.220	0.060	0.160
	砂纸	张	1.00	54.000	45.000	5.000	27.000
	杂麻绳	kg	5.50	3.600	3.000	0.350	1.820

工作内容:木地板清扫、刷防火漆两遍。　　单位:100m²

定额编号					1-10-506	1-10-507	1-10-508	1-10-509
项目					木地板			
					防火漆		每增加一遍防火漆	
					木龙骨	木龙骨带毛地板	木龙骨	木龙骨带毛地板
基价(元)					**778.74**	**1363.99**	**370.05**	**650.13**
其中	人工费(元)				404.85	693.60	177.23	304.13
	材料费(元)				373.89	670.39	192.82	346.00
	机械费(元)				–	–	–	–
名称		单位	单价(元)		数量			
人工	综合工日	工日	75.00		5.398	9.248	2.363	4.055
材料	防火漆	kg	15.00		24.050	43.130	12.650	22.700
	油漆溶剂油	kg	4.87		2.540	4.550	0.630	1.130
	白布 0.9m	m^2	8.54		0.090	0.150	–	–

工作内容:清扫、刷防火漆。　　　　　　　　　　单位:$100m^2$

定额编号				1-10-510	1-10-511	1-10-512	1-10-513
项目				防火漆两遍		每增加一遍防火漆	
				隔墙(间壁、隔断、护壁)木龙骨			
				双向	单向	双向	单向
基价(元)				**749.39**	**386.98**	**333.20**	**189.81**
其中	人工费(元)			466.65	240.98	186.83	96.30
	材料费(元)			282.74	146.00	146.37	93.51
	机械费(元)			–	–	–	–
名称		单位	单价(元)	数量			
人工	综合工日	工日	75.00	6.222	3.213	2.491	1.284
材料	防火漆	kg	15.00	17.760	9.170	9.360	4.830
	油漆溶剂油	kg	4.87	1.870	0.970	0.470	0.250
	催干剂	kg	23.00	0.310	0.160	0.160	0.080
	砂纸	张	1.00	0.100	0.050	–	18.000

工作内容:同前

单位:100m²

定额编号				1-10-514	1-10-515	1-10-516	1-10-517
项目				防火漆两遍		每增加一遍防火漆	
				木龙骨			
				圆柱	方柱	圆柱	方柱
基价(元)				**617.28**	**827.34**	**317.52**	**331.12**
其中	人工费(元)			384.45	515.10	153.68	205.95
	材料费(元)			232.83	312.24	163.84	125.17
	机械费(元)			–	–	–	–
名称		单位	单价(元)	数量			
人工	综合工日	工日	75.00	5.126	6.868	2.049	2.746
材料	防火漆	kg	15.00	14.630	19.600	10.600	7.900
	油漆溶剂油	kg	4.87	1.550	2.070	0.380	0.520
	催干剂	kg	23.00	0.250	0.350	0.130	0.180
	砂纸	张	1.00	0.080	0.110	–	–

工作内容:同前

单位:100m²

定额编号				1-10-518	1-10-519	1-10-520	1-10-521
项目				防火漆两遍		每增加一遍防火漆	
				天棚			
				圆木骨架	方木骨架	圆木骨架	方木骨架
基价(元)				**2152.75**	**1338.97**	**947.98**	**590.29**
其中	人工费(元)			1389.75	864.45	554.03	344.93
	材料费(元)			763.00	474.52	393.95	245.36
	机械费(元)			–	–	–	–
名称		单位	单价(元)	数量			
人工	综合工日	工日	75.00	18.530	11.526	7.387	4.599
材料	防火漆	kg	15.00	47.900	29.790	25.210	15.690
	油漆溶剂油	kg	4.87	5.060	3.140	1.260	0.780
	砂纸	张	1.00	0.310	0.190	–	–
	催干剂	kg	23.00	0.850	0.530	0.420	0.270

2. 金属面油漆

工作内容：除锈、清扫、刷面漆等。　　　　单位：$100m^2$

定额编号				1-10-522	1-10-523	1-10-524	1-10-525
项目				调和漆		醇酸磁漆	
				两遍	每增加一遍	两遍	每增加一遍
				单层钢门窗			
基价（元）				**1055.97**	**538.11**	**1186.00**	**608.98**
其中	人工费（元）			615.23	320.03	818.55	425.85
	材料费（元）			440.74	218.08	367.45	183.13
	机械费（元）			–	–	–	–
名称		单位	单价（元）	数量			
人工	综合工日	工日	75.00	8.203	4.267	10.914	5.678
材料	酚醛调和漆（各种颜色）	kg	18.00	22.640	11.230	–	–
	醇酸磁漆 C04－42 黑	kg	15.75	–	–	21.140	10.570
	油漆溶剂油	kg	4.87	2.380	1.180	–	–
	醇酸漆稀释剂 X6	kg	9.63	–	–	2.280	1.130
	催干剂	kg	23.00	0.410	0.200	–	–
	砂纸	张	1.00	11.000	5.000	11.000	5.000
	白布 0.9m	m^2	8.54	0.140	0.070	0.180	0.090

工作内容:清扫、补缝、刮腻子、喷漆等。 单位:100m²

定额编号				1-10-526	1-10-527	1-10-528	1-10-529
项目				单层钢门窗过氯乙烯清漆			
				五遍成活	每增加一遍		
					底漆	磁漆	清漆
基价(元)				**4916.86**	**865.14**	**891.22**	**1064.13**
其中	人工费(元)			1966.05	378.68	378.68	352.58
	材料费(元)			2950.81	486.46	512.54	711.55
	机械费(元)			–	–	–	–
名称		单位	单价(元)	数量			
人工	综合工日	工日	75.00	26.214	5.049	5.049	4.701
材料	过氯乙烯底漆 G06-4 铁红	kg	16.89	22.640	22.640	–	–
	过氯乙烯磁漆 G52-1	kg	18.31	45.630	–	22.820	–
	过氯乙烯清漆	kg	16.62	61.430	–	–	30.710
	过氯乙烯稀料 X-29	kg	13.19	52.770	7.890	7.180	15.250
	过氯乙烯腻子	kg	8.82	1.390	–	–	–
	白布 0.9m	m²	8.54	0.430	–	–	–

工作内容：除锈、清扫、磨光、刷漆等。　　单位：100m²

定额编号				1-10-530	1-10-531	1-10-532	1-10-533	1-10-534
项目				沥青漆		红丹防锈漆一遍	单层钢门窗	单层钢门窗
				三遍	每增加一遍			银粉漆
				金属平板屋面		单层钢门窗	银粉漆两遍	每增加一遍
基价（元）				**598.38**	**202.90**	**776.88**	**1026.33**	**227.79**
其中	人工费（元）			368.48	126.23	246.75	728.03	144.08
	材料费（元）			229.90	76.67	530.13	298.30	83.71
	机械费（元）			–	–	–	–	–
名称		单位	单价（元）	数量				
人工	综合工日	工日	75.00	4.913	1.683	3.290	9.707	1.921
材料	石油沥青 10 号	kg	3.80	19.660	6.550	–	–	–
	环氧防锈漆 红丹	kg	26.68	–	–	16.520	–	–
	油漆溶剂油	kg	4.87	24.020	8.010	1.720	27.580	7.760
	清油	kg	8.80	2.160	0.720	–	10.340	2.910
	催干剂	kg	23.00	–	–	–	0.660	0.190
	木柴	kg	0.95	19.500	6.500	–	–	–
	白布 0.9m	m^2	8.54	0.080	0.030	–	0.160	0.030
	砂布	张	3.00	–	–	27.000	–	–
	银粉	kg	19.00	–	–	–	2.550	0.720
	砂纸	张	1.00	–	–	–	8.000	2.000

工作内容：清扫、磨砂纸、清除铁锈、擦掉铁皮面油污、清洗刷油等。　　　　单位：$100m^2$

定额编号				1-10-535	1-10-536	1-10-537
项目				防火漆两遍 单层钢门窗	刷臭油水一遍（金属面）	磷化底漆及锌黄底漆各一遍（平板屋面）
基价（元）				**928.62**	**159.48**	**643.09**
其中	人工费（元）			546.98	130.73	223.13
	材料费（元）			381.64	28.75	419.96
	机械费（元）			–	–	–
名称		单位	单价（元）	数		量
人工	综合工日	工日	75.00	7.293	1.743	2.975
材料	防火漆	kg	15.00	20.930	–	–
	磷化底漆 X06－1	kg	19.63	–	–	8.510
	醇酸底漆 C06－1 锌黄	kg	11.04	–	–	10.660
	油漆溶剂油	kg	4.87	5.670	–	0.950
	醇酸漆稀释剂 X6	kg	9.63	–	–	2.430
	清油	kg	8.80	2.300	–	–
	工业酒精 99.5%	kg	8.20	–	–	0.720
	丁醇 95%	kg	8.00	–	–	0.240
	臭油水	kg	2.64	–	10.890	–
	催干剂	kg	23.00	0.470	–	–
	砂纸	张	1.00	8.000	–	–
	白布 0.9m	m^2	8.54	0.120	–	0.050
	木柴	kg	0.95	–	–	50.000
	棉纱头	kg	6.34	–	–	0.200
	洗衣粉	kg	4.60	–	–	8.300
	砂布	张	3.00	–	–	4.000

3. 抹灰面油漆

工作内容：清扫、磨砂纸、刮腻子、刷底油、调和漆等。　　　　单位：100m²

定额编号				1-10-538	1-10-539	1-10-540	1-10-541
项目				抹灰面调和漆墙、柱、天棚面			拉毛面调和漆
				底油一遍调和漆两遍	底油一遍调和漆三遍	每增加一遍调和漆	底油一遍调和漆两遍
基价（元）				**794.45**	**981.06**	**199.16**	**994.85**
其中	人工费（元）			382.50	474.98	81.00	413.10
	材料费（元）			411.95	506.08	118.16	581.75
	机械费（元）			–	–	–	–
名称		单位	单价(元)	数量			
人工	综合工日	工日	75.00	5.100	6.333	1.080	5.508
材料	石膏粉	kg	1.02	2.990	2.990	–	–
	滑石粉	kg	0.40	13.860	13.860	–	–
	羧甲基纤维素	kg	20.00	0.310	0.310	–	0.480
	聚醋酸乙烯乳液	kg	4.10	1.550	1.550	–	2.390
	熟桐油	kg	20.00	2.180	2.180	–	3.360
	清油	kg	8.80	1.550	1.550	–	2.390
	油漆溶剂油	kg	4.87	7.510	7.510	0.460	9.450
	酚醛调和漆（各种颜色）	kg	18.00	9.270	9.270	–	14.270
	无光调和漆	kg	12.00	9.270	17.100	9.270	14.270
	工业酒精 99.5%	kg	8.20	0.020	0.020	–	–
	砂纸	张	1.00	7.000	7.000	1.000	–
	催干剂	kg	23.00	0.480	0.480	0.160	–
	白布 0.9m	m²	8.54	0.080	0.100	–	–

工作内容：清扫、配浆、刮腻子、磨砂纸、刷乳胶漆等。 单位：100m²

定额编号				1-10-542	1-10-543	1-10-544	1-10-545
项目				乳胶漆			
				内墙抹灰面		拉毛面	砖墙面
				两遍	三遍	两遍	
基价（元）				**1006.39**	**1194.37**	**745.40**	**468.59**
其中	人工费（元）			714.00	777.75	306.00	183.00
	材料费（元）			292.39	416.62	439.40	285.59
	机械费（元）			–	–	–	–
名称		单位	单价（元）	数量			
人工	综合工日	工日	75.00	9.520	10.370	4.080	2.440
材料	石膏粉	kg	1.02	2.050	2.050	–	–
	滑石粉	kg	0.40	13.860	13.860	–	–
	羧甲基纤维素	kg	20.00	1.200	1.200	–	–
	聚醋酸乙烯乳液	kg	4.10	6.000	6.000	–	–
	大白粉	kg	0.19	52.800	52.800	–	–
	乳胶漆	kg	7.90	27.810	43.260	55.620	36.150
	砂纸	张	1.00	6.000	8.000	–	–
	白布 0.9m	m²	8.54	0.050	0.070	–	–

工作内容：清扫、配浆、磨砂纸、刮腻子、刷漆等。　　　　单位：见表

定额编号				1-10-546	1-10-547	1-10-548	1-10-549
项目				乳胶漆两遍			水性水泥漆两遍
				混凝土花格窗栏杆花饰	阳台雨篷窗间墙隔板等小面积	清水墙腰线、檐口线、门窗套窗台板	抹灰面
单位				$100m^2$		100m	$100m^2$
基价（元）				**1157.72**	**531.64**	**336.91**	**1507.21**
其中	人工费（元）			548.93	183.60	205.95	242.25
	材料费（元）			608.79	348.04	130.96	1264.96
	机械费（元）			–	–	–	–
名称		单位	单价（元）	数量			
人工	综合工日	工日	75.00	7.319	2.448	2.746	3.230
材料	乳胶漆	kg	7.90	75.920	43.380	16.270	–
	水性水泥漆	kg	32.22	–	–	–	38.630
	石膏粉	kg	1.02	–	–	–	13.600
	砂纸	张	1.00	8.000	5.000	2.000	6.000
	白布 0.9m	m^2	8.54	0.120	0.040	0.050	0.050

工作内容：清扫、涂熟桐油、刮腻子、磨光、刷底油、做花纹、刷漆等。 单位：$100m^2$

定额编号				1-10-550	1-10-551
项目				油漆面画石纹	抹灰面做假木纹
基价（元）				**1409.03**	**1924.91**
其中	人工费（元）			911.63	1332.38
	材料费（元）			497.40	592.53
	机械费（元）			–	–
名称		单位	单价（元）	数	量
人工	综合工日	工日	75.00	12.155	17.765
材料	大白粉	kg	0.19	23.500	23.500
	羧甲基纤维素	kg	20.00	0.100	0.100
	聚醋酸乙烯乳液	kg	4.10	0.200	0.150
	石膏粉	kg	1.02	2.100	2.100
	清油	kg	8.80	3.100	3.100
	醇酸漆稀释剂 X6	kg	9.63	2.200	3.300
	酚醛调和漆（各种颜色）	kg	18.00	17.500	17.500
	无光调和漆	kg	12.00	4.300	4.300
	熟桐油	kg	20.00	2.300	2.300
	油漆溶剂油	kg	4.87	5.000	5.000
	醇酸清漆 C01－7	kg	15.20	–	5.200
	色粉	kg	4.20	–	1.500
	其他材料费	元	–	2.560	1.960

4. 涂料

工作内容：清扫、补缝、磨砂纸、刮腻子、刷底油、涂刷面层等全部操作过程。

单位：100m²

定额编号				1-10-552	1-10-553	1-10-554	1-10-555
项目				涂料面层			成品耐水腻子
				平壁型	凹凸型	仿石型	三遍
基价（元）				**1071.85**	**6099.35**	**6361.60**	**515.70**
其中	人工费（元）			267.75	357.00	357.00	323.25
	材料费（元）			787.95	5697.30	5921.30	178.85
	机械费（元）			16.15	45.05	83.30	13.60
名称		单位	单价（元）	数量			
人工	综合工日	工日	75.00	3.570	4.760	4.760	4.310
材料	水性封底漆（普通）	kg	16.50	11.300	33.800	33.800	-
	室外乳胶漆	kg	7.90	75.000	-	-	-
	复层涂料骨浆（喷涂型）	kg	25.00	-	180.000	-	-
	水性耐候面漆（半光型）	kg	26.00	-	22.500	-	-
	仿石涂料	kg	13.60	-	-	360.000	-
	油性透明漆	kg	18.00	-	-	22.500	-
	稀释剂	kg	11.00	-	3.600	3.600	-
	耐水腻子（粉）	kg	0.90	-	-	-	186.500
	其他材料费	元	-	9.000	15.000	23.000	11.000
机械	其他机具费	元	-	16.150	45.050	83.300	13.600

工作内容：同前

单位：$100m^2$

定额编号				1-10-556	1-10-557	1-10-558	1-10-559	1-10-560
项目				丙烯酸弹性高级涂料面层		丙烯酸外墙涂料	室外乳胶漆	
				三遍	四遍	两遍	普通	高级
基价（元）				**2220.49**	**2738.48**	**1740.45**	**877.25**	**1205.69**
其中	人工费（元）			360.83	426.53	267.75	205.95	306.00
	材料费（元）			1814.61	2256.70	1400.45	660.25	883.54
	机械费（元）			45.05	55.25	72.25	11.05	16.15
名称		单位	单价(元)	数量				
人工	综合工日	工日	75.00	4.811	5.687	3.570	2.746	4.080
材料	丙烯酸封底漆	kg	5.50	11.300	11.300	–	–	–
	水性封底漆（普通）	kg	16.50	–	–	11.300	12.500	12.500
	室外用高级乳胶漆	kg	20.00	–	–	–	22.300	33.000
	丙烯酸弹性高级涂料	kg	15.75	108.000	135.000	–	–	–
	丙烯酸外墙涂料	kg	15.00	–	–	80.000	–	–
	弹性腻子（粉状）	kg	4.50	8.100	11.400	–	–	–
	耐水腻子（粉）	kg	0.90	–	–	–	–	8.100
	其他材料费	元	–	15.010	17.000	14.000	8.000	10.000
机械	其他机具费	元	–	45.050	55.250	72.250	11.050	16.150

工作内容：清扫、配浆、刷涂料等。

单位：100m²

定额编号				1-10-561	1-10-562	1-10-563	1-10-564
项目				刷白水泥两遍			
				抹灰面		混凝土栏杆花饰	阳台、雨篷窗间墙隔板、栏板等小面积
				光面	毛面		
基价（元）				**164.25**	**205.09**	**547.70**	**224.80**
其中	人工费（元）			123.08	153.68	460.95	175.35
	材料费（元）			41.17	51.41	86.75	49.45
	机械费（元）			–	–	–	–
名称		单位	单价(元)	数量			
人工	综合工日	工日	75.00	1.641	2.049	6.146	2.338
材料	白水泥	kg	0.65	32.960	41.200	69.220	39.550
	108胶	kg	2.00	7.140	8.930	14.990	8.570
	色粉	kg	4.20	1.240	1.550	2.600	1.490
	白布 0.9m	m^2	8.54	0.030	0.030	0.100	0.040

工作内容：同前　　　　单位：100m²

定额编号				1-10-565	1-10-566	1-10-567	1-10-568
项目				刷石灰油浆两遍			
				抹灰面		混凝土栏杆花饰	阳台、雨篷窗间墙隔板、栏板等小面积
				光面	毛面		
基价（元）				**145.85**	**182.08**	**509.10**	**202.73**
其中	人工费（元）			123.08	153.68	460.95	175.35
	材料费（元）			22.77	28.40	48.15	27.38
	机械费（元）			–	–	–	–
名称		单位	单价（元）	数量			
人工	综合工日	工日	75.00	1.641	2.049	6.146	2.338
材料	生石灰	kg	0.15	7.390	9.240	15.520	8.870
	清油	kg	8.80	2.280	2.850	4.790	2.740
	色粉	kg	4.20	0.320	0.400	0.670	0.380
	白布 0.9m	m²	8.54	0.030	0.030	0.100	0.040

工作内容:清扫、刮腻子、磨砂纸、刷涂料等。 单位:$100m^2$

定额编号				1-10-569	1-10-570	1-10-571
项目				抹灰面		
				喷刷石灰浆三遍	刷石灰大白浆三遍	刮腻子刷大白浆三遍
基价(元)				**116.47**	**145.12**	**308.11**
其中	人工费(元)			113.48	125.63	272.25
	材料费(元)			2.99	19.49	35.86
	机械费(元)			–	–	–
名称		单位	单价(元)	数量		
人工	综合工日	工日	75.00	1.513	1.675	3.630
材料	乳胶	kg	5.80	–	0.270	–
	羧甲基纤维素	kg	20.00	–	0.540	0.920
	大白粉	kg	0.19	–	23.240	36.750
	色粉	kg	4.20	–	–	0.560
	生石灰	kg	0.15	17.130	3.030	–
	工业食盐	kg	0.64	0.390	–	–
	白布 0.9m	m^2	8.54	0.020	0.030	0.600
	砂纸	张	1.00	–	2.000	3.000

工作内容:清扫、配浆、刷涂料等。

单位:100m²

定额编号				1-10-572	1-10-573	1-10-574
项目				清水墙、腰线、檐口线、门窗套、窗台板		
				刷白水泥浆两遍	刷石灰油浆两遍	刷红土子浆一遍
基价(元)				**204.90**	**196.64**	**124.63**
其中	人工费(元)			186.15	186.15	98.85
	材料费(元)			18.75	10.49	25.78
	机械费(元)			–	–	–
名称		单位	单价(元)	数量		
人工	综合工日	工日	75.00	2.482	2.482	1.318
材料	清油	kg	8.80	–	1.030	–
	白水泥	kg	0.65	14.830	–	–
	108 胶	kg	2.00	3.210	–	–
	色粉	kg	4.20	0.560	0.140	–
	红土	kg	2.24	–	–	7.210
	生石灰	kg	0.15	–	3.330	–
	血料	kg	6.00	–	–	1.320
	白布 0.9m	m²	8.54	0.040	0.040	0.200

工作内容:清扫、配浆、刮腻子、磨砂纸、刷涂料等。　　　　单位:100m²

定额编号				1-10-575	1-10-576	1-10-577
项目				抹灰面		混凝土刮石膏腻子两遍、大白腻子一遍、刷大白浆三遍
				刷普通水泥浆	刮腻子刷可赛银浆三遍	
基价(元)				**156.59**	**401.01**	**558.79**
其中	人工费(元)			123.08	340.43	512.55
	材料费(元)			33.51	60.58	46.24
	机械费(元)			–	–	–
名称		单位	单价(元)	数量		
人工	综合工日	工日	75.00	1.641	4.539	6.834
材料	聚醋酸乙烯乳液	kg	4.10	–	0.530	0.650
	可赛银	kg	1.60	–	23.650	–
	羧甲基纤维素	kg	20.00	–	0.500	1.270
	骨胶	kg	11.70	–	0.250	–
	普通硅酸盐水泥 32.5	kg	0.33	20.400	–	–
	大白粉	kg	0.19	–	13.930	36.450
	石膏粉	kg	1.02	–	–	5.150
	生石灰	kg	0.15	2.500	–	–
	血料	kg	6.00	4.400	–	–
	砂纸	张	1.00	–	5.000	6.000

5. 裱糊

工作内容:清扫、执补、刷底油、刮腻子、磨砂纸、配制贴面材料、裱糊刷胶、裁墙纸(布)、贴装饰面等。 单位:$100m^2$

定额编号				1-10-578	1-10-579	1-10-580	1-10-581
项目				墙面贴装饰纸			
				墙纸		壁布	
				不对花	对花	不对花	对花
基价(元)				**3388.90**	**3577.44**	**4569.67**	**4921.09**
其中	人工费(元)			1136.03	1214.48	1214.48	1396.80
	材料费(元)			2252.87	2362.96	3355.19	3524.29
	机械费(元)			–	–	–	–
名称		单位	单价(元)	数量			
人工	综合工日	工日	75.00	15.147	16.193	16.193	18.624
材料	壁纸 10000×530 布基	m^2	19.00	110.000	115.790	–	–
	吸音壁布	m^2	29.00	–	–	110.000	115.800
	聚醋酸乙烯乳液	kg	4.10	25.100	25.100	25.100	25.100
	油漆溶剂油	kg	4.87	3.000	3.000	3.000	3.000
	羧甲基纤维素	kg	20.00	1.650	1.650	1.650	1.650
	大白粉	kg	0.19	23.500	23.500	23.500	23.500
	其他材料费	元	–	7.880	7.960	10.200	11.100

工作内容：清扫、执补、刷底油、刮腻子、磨砂纸、配制贴面材料、裱糊刷胶、裁墙纸（布）、贴装饰面等。

单位：100m²

定额编号				1-10-582	1-10-583
项目				墙面贴装饰纸	
				织锦缎	
				无海绵底	有海绵底
基价（元）				**5988.18**	**7253.28**
其中	人工费（元）			1313.25	1536.38
	材料费（元）			4674.93	5716.90
	机械费（元）			–	–
名称		单位	单价（元）	数量	
人工	综合工日	工日	75.00	17.510	20.485
材料	织锦缎	m^2	38.00	115.790	115.790
	海绵 $\delta=20$	m^2	9.00	–	115.000
	酚醛清漆 F01－1	kg	12.70	7.000	7.000
	聚醋酸乙烯乳液	kg	4.10	25.100	25.100
	油漆溶剂油	kg	4.87	3.000	3.000
	羧甲基纤维素	kg	20.00	1.650	1.650
	大白粉	kg	0.19	23.500	23.500
	其他材料费	元	–	31.020	37.990

第十一章　建筑工程垂直运输

说　明

一、本章包括:建筑物垂直运输、构筑物垂直运输、轻钢结构建筑物垂直运输,共 3 节 63 个子目。

二、建筑物垂直运输:

1. 檐高是指设计室外地坪至檐口的高度,突出主体建筑屋顶的电梯间、水箱间等不计入檐口高度之内。

2. 本章定额工作内容包括单位工程在合理工期内完成全部工程项目所需的垂直运输机械台班,不包括机械的场外往返运输、一次安拆及路基铺设和轨道铺拆等的费用,发生时执行《冶金工业建设工程预算定额》(2012 年版)第十二册《冶金施工机械台班费用定额》相应子目,另行计算。

3. 建筑物按结构类型、檐高、建筑面积以直接费用的形式进行计算。

4. 檐高 3.6m 以内的单层建筑,不计算垂直运输费。

5. 单独地下工程,按建筑物檐高 20m 以下定额子目计算建筑物垂直运输费用。

6. 轻钢结构建筑物中有高度大于 3.6m 的砌体、钢筋混凝土板、抹灰及门窗安装等内容时,其垂直运输机械按各自工程量,分别套用钢结构建筑物垂直运输机械的相应子目。

7. 预制钢筋混凝土柱、钢屋架的单层厂房按预制排架子目计算。

三、构筑物垂直运输:

1. 构筑物的高度,从设计室外地坪至构筑物的顶面高度为准。

2. 对于构筑物分别以构筑物名称、高度、所使用的材料以座或立方米(m^3)计算。构筑物以砌体或混凝土体积计算时,应区分主次工程量,次要工程量并入主要工程量中,以主要工程量进行计算。

3. 未列项目的构筑物垂直运输费根据合理的施工组织设计按实计算,执行相应子目。

4. 自设计室外自然标高至槽底的深度超过3.6m，按规定又不能计算建筑面积的垂直运输费，按其他构筑物相应定额子目计算。

四、混凝土使用泵送，其定额乘以系数0.7，混凝土泵送费按有关规定另行计算；建筑物混凝土，部分采用泵送时，按泵送混凝土数量占现浇混凝土总量的百分比乘以系数0.3，再乘以按项目计算的整个工程的垂直运输费进行扣减。

工程量计算规则

一、建筑物垂直运输费，区分不同建筑物的结构类型及高度按建筑面积以平方米(m^2)计算。建筑面积按本册建筑工程规定计算。

二、对于有梁无板不能计算建筑面积的特殊建筑物的垂直运输费，按其柱框外围水平投影面积乘以梁的层数与建筑面积合并计算工程量；层高间距小于2.2m的部分不计算工程量。

三、构筑物烟囱、水塔、筒仓垂直运输费以座计算。超过规定高度时再按每增高1m定额子目计算，其高度不足1m时，亦按1m计算。

四、贮仓及漏斗、其他构筑物，按图示尺寸以立方米(m^3)计算。

五、建筑物檐高是以室外设计地坪标高为计算起点，按以下规定计算：

1. 平屋顶带挑檐者，算至挑檐下皮标高。

2. 平屋顶带女儿墙者，算至屋顶结构板上皮标高。

3. 坡屋顶或其他曲面屋顶算至墙的中心线与屋面板交点的高度。

4. 阶梯式建筑物按高层的建筑物檐高计算。

5. 突出屋面的水箱间、电梯间、亭台楼阁等均不计算檐高。

一、建筑物垂直运输

1. 住宅

工作内容：单位工程在合理工期内完成全部工程项目所需的垂直运输机械及配合机械。　　单位：$100m^2$

定额编号				1-11-1	1-11-2	1-11-3	1-11-4	1-11-5
项目				混合结构			现浇（排）框架	
				20m 以内	30m 以内	40m 以内	20m 以内	30m 以内
基价（元）				**1829.72**	**2170.68**	**2326.69**	**2393.88**	**2933.88**
其中	人工费（元）			–	–	–	–	–
	材料费（元）			–	–	–	–	–
	机械费（元）			1829.72	2170.68	2326.69	2393.88	2933.88
名称		单位	单价（元）	数量				
机械	塔式起重机 60kN·m	台班	535.35	1.989	2.185	2.227	2.652	2.916
	卷扬机带塔 3~5t（H=40m）	台班	180.83	4.230	4.279	4.359	5.387	5.926
	单笼施工电梯 75m	台班	303.78	–	0.731	1.114	–	0.969
	对讲机 C15	台班	3.51	–	1.454	2.227	–	1.947

工作内容:同前

单位:$100m^2$

定额编号				1-11-6	1-11-7	1-11-8	1-11-9	1-11-10
项目				现浇(排)框架				
				40m 以内	50m 以内	60m 以内	70m 以内	80m 以内
基价(元)				**3258.21**	**3444.05**	**3625.50**	**3942.12**	**4305.27**
其中	人工费(元)			–	–	–	–	–
	材料费(元)			–	–	–	–	–
	机械费(元)			3258.21	3444.05	3625.50	3942.12	4305.27
名称		单位	单价(元)	数量				
机械	自升式塔式起重机 1000kN·m	台班	801.08	3.490	3.590	–	–	–
	自升式塔式起重机 1250kN·m	台班	822.48	–	–	3.608	3.900	4.197
	单笼施工电梯 75m	台班	303.78	1.488	1.828	2.117	2.363	–
	单笼施工电梯 100m	台班	322.08	–	–	–	–	2.593
	对讲机 C15	台班	3.51	2.967	3.664	4.242	4.735	5.177

工作内容:同前　　　　单位:$100m^2$

定额编号				1-11-11	1-11-12	1-11-13	1-11-14	1-11-15
项目				其他结构				
				20m 以内	30m 以内	40m 以内	50m 以内	60m 以内
基价(元)				**1821.29**	**2070.99**	**2174.37**	**2317.19**	**2675.06**
其中	人工费(元)			–	–	–	–	–
	材料费(元)			–	–	–	–	–
	机械费(元)			1821.29	2070.99	2174.37	2317.19	2675.06
名称		单位	单价(元)	数量				
机械	塔式起重机 60kN·m	台班	535.35	1.980	2.180	2.220	–	–
	自升式塔式起重机 1000kN·m	台班	801.08	–	–	–	2.266	–
	自升式塔式起重机 1250kN·m	台班	822.48	–	–	–	–	2.314
	单笼施工电梯 75m	台班	303.78	–	0.417	0.625	1.615	–
	双笼施工电梯 100m	台班	403.77	–	–	–	–	1.879
	卷扬机带塔 3~5t(H=40m)	台班	180.83	4.210	4.270	4.359	–	–
	对讲机 C15	台班	3.51	–	1.454	2.220	3.230	3.749

2. 工业厂房

工作内容：单位工程在合理工期内完成全部工程项目所需的垂直运输机械及配合机械。　　单位：$100m^2$

定额编号				1-11-16	1-11-17	1-11-18
项目				混合结构		
				20m 以内	30m 以内	40m 以内
基价（元）				**1986.01**	**2337.98**	**2525.20**
其中	人工费（元）			–	–	–
	材料费（元）			–	–	–
	机械费（元）			1986.01	2337.98	2525.20
名称		单位	单价（元）	数量		
机械	塔式起重机 60kN·m	台班	535.35	2.159	2.372	2.417
	卷扬机带塔 3～5t（H=40m）	台班	180.83	4.591	4.544	4.731
	单笼施工电梯 75m	台班	303.78	–	0.793	1.209
	对讲机 C15	台班	3.51	–	1.578	2.417

工作内容：同前

单位：$100m^2$

定额编号				1-11-19	1-11-20	1-11-21	1-11-22	1-11-23
项目				现浇(排)框架				
				20m 以内	30m 以内	40m 以内	50m 以内	60m 以内
基价（元）				**2515.33**	**3086.22**	**3417.08**	**3612.70**	**3868.09**
其中	人工费（元）			–	–	–	–	–
	材料费（元）			–	–	–	–	–
	机械费（元）			2515.33	3086.22	3417.08	3612.70	3868.09
名称		单位	单价(元)	数量				
机械	塔式起重机 60kN·m	台班	535.35	2.788	3.069	–	–	–
	卷扬机带塔 3～5t(*H*=40m)	台班	180.83	5.656	6.233	–	–	–
	单笼施工电梯 75m	台班	303.78	–	1.017	1.561	1.917	2.220
	对讲机 C15	台班	3.51	–	2.044	3.112	3.843	4.455
	自升式塔式起重机 1000kN·m	台班	801.08	–	–	3.660	3.766	–
	自升式塔式起重机 1250kN·m	台班	822.48	–	–	–	–	3.864

工作内容:同前　　　　单位:100m²

定额编号				1-11-24	1-11-25	1-11-26	1-11-27	1-11-28
项目				其他结构				
				20m 以内	30m 以内	40m 以内	50m 以内	60m 以内
基价(元)				**2148.94**	**2443.61**	**2566.19**	**2735.08**	**2975.77**
其中	人工费(元)			–	–	–	–	–
	材料费(元)			–	–	–	–	–
	机械费(元)			2148.94	2443.61	2566.19	2735.08	2975.77
名称		单位	单价(元)	数量				
机械	塔式起重机 60kN·m	台班	535.35	2.336	2.572	2.620	–	–
	自升式塔式起重机 1000kN·m	台班	801.08	–	–	–	2.674	–
	自升式塔式起重机 1250kN·m	台班	822.48	–	–	–	–	2.731
	单笼施工电梯 75m	台班	303.78	–	0.492	0.738	1.908	–
	单笼施工电梯 100m	台班	322.08	–	–	–	–	2.217
	卷扬机带塔 3~5t(H=40m)	台班	180.83	4.968	5.039	5.144	–	–
	对讲机 C15	台班	3.51	–	1.716	2.620	3.811	4.424

3. 科研楼、办公楼、混合使用功能建筑物及其他

工作内容：单位工程在合理工期内完成全部工程项目所需的垂直运输机械及配合机械。　　单位：100m²

定额编号				1-11-29	1-11-30	1-11-31	1-11-32	1-11-33
项目				混合结构			现浇框架	
				20m以内	30m以内	40m以内	20m以内	30m以内
基价（元）				**2180.40**	**2581.23**	**2791.91**	**2872.37**	**3520.57**
其中	人工费（元）			–	–	–	–	–
	材料费（元）			–	–	–	–	–
	机械费（元）			2180.40	2581.23	2791.91	2872.37	3520.57
名称		单位	单价（元）	数量				
机械	塔式起重机 60kN·m	台班	535.35	2.387	2.578	2.672	3.182	3.499
	卷扬机带塔 3～5t(*H*=40m)	台班	180.83	4.991	5.135	5.231	6.464	7.111
	单笼施工电梯 75m	台班	303.78	–	0.877	1.337	–	1.163
	对讲机 C15	台班	3.51	–	1.745	2.672	–	2.336

工作内容:同前

单位:$100m^2$

定额编号				1-11-34	1-11-35	1-11-36	1-11-37	1-11-38
项目				现浇框架				
				40m 以内	50m 以内	60m 以内	70m 以内	80m 以内
基价(元)				**3845.88**	**4132.98**	**4350.81**	**4730.67**	**5166.13**
其中	人工费(元)			–	–	–	–	–
	材料费(元)			–	–	–	–	–
	机械费(元)			3845.88	4132.98	4350.81	4730.67	5166.13
名称		单位	单价(元)	数量				
机械	自升式塔式起重机 1000kN·m	台班	801.08	4.108	4.308	–	–	–
	自升式塔式起重机 1250kN·m	台班	822.48	–	–	4.330	4.680	5.036
	单笼施工电梯 75m	台班	303.78	1.786	2.194	2.540	2.836	–
	单笼施工电梯 100m	台班	322.08	–	–	–	–	3.112
	对讲机 C15	台班	3.51	3.560	4.397	5.090	5.682	6.212

工作内容：高层建筑施工中引起的人工、机械降效，加压用水泵增加费等。　　单位：100m^2

定额编号				1-11-39	1-11-40	1-11-41	1-11-42	1-11-43
项目				其他结构				
				20m 以内	30m 以内	40m 以内	50m 以内	60m 以内
基价（元）				**2185.54**	**2486.28**	**2609.28**	**2780.47**	**3026.11**
其中	人工费（元）			–	–	–	–	–
	材料费（元）			–	–	–	–	–
	机械费（元）			2185.54	2486.28	2609.28	2780.47	3026.11
名称		单位	单价（元）	数量				
机械	塔式起重机 60kN·m	台班	535.35	2.376	2.616	2.664	–	–
	自升式塔式起重机 1000kN·m	台班	801.08	–	–	–	2.719	–
	自升式塔式起重机 1250kN·m	台班	822.48	–	–	–	–	2.777
	单笼施工电梯 75m	台班	303.78	–	0.504	0.750	1.938	–
	单笼施工电梯 100m	台班	322.08	–	–	–	–	2.255
	卷扬机带塔 3～5t（H=40m）	台班	180.83	5.052	5.124	5.231	–	–
	对讲机 C15	台班	3.51	–	1.745	2.664	3.876	4.499

4. 预制排架结构

工作内容：单位工程在合理工期内完成全部工程项目所需的垂直运输机械及配合机械。　　　　单位：$100m^2$

定额编号				1-11-44
项目				单层厂房
				预制排架
基价（元）				**2766.70**
其中	人工费（元）			–
	材料费（元）			–
	机械费（元）			2766.70
名称		单位	单价(元)	数量
机械	卷扬机带塔 3～5t(H = 40m)	台班	180.83	15.300

二、构筑物垂直运输

工作内容：单位工程在合理工期内完成全部工程项目所需的垂直运输机械及配合机械。 单位：座

				定额编号	1-11-45	1-11-46	1-11-47	1-11-48
项目					烟囱			
					砖		混凝土	钢筋混凝土
					30m 以下	每增高 1m	30m 以下	每增高 1m
基价（元）					**13833.50**	**461.12**	**16139.08**	**539.60**
其中	人工费（元）				–	–	–	–
	材料费（元）				–	–	–	–
	机械费（元）				13833.50	461.12	16139.08	539.60
名称		单位	单价(元)		数量			
机械	卷扬机带塔 3～5t($H=40$m)	台班	180.83		76.500	2.550	89.250	2.984

工作内容:同前　　单位:座

定额编号				1-11-49	1-11-50	1-11-51	1-11-52
项目				水塔			
				砖		钢筋混凝土	混凝土
				20m 以下	每增高 1m	20m 以下	每增高 1m
基价(元)				**7685.28**	**384.26**	**15017.03**	**751.71**
其中	人工费(元)			–	–	–	–
	材料费(元)			–	–	–	–
	机械费(元)			7685.28	384.26	15017.03	751.71
名称		单位	单价(元)	数量			
机械	卷扬机带塔 3～5t(H=40m)	台班	180.83	42.500	2.125	83.045	4.157

工作内容:同前　　　　单位:座

定额编号				1-11-53	1-11-54	1-11-55	1-11-56
项目				筒仓(4个以下)		筒仓(8个以下)	
				20m以下	每增加1m	20m以下	每增加1m
基价(元)				**10629.13**	**654.55**	**14095.32**	**654.55**
其中	人工费(元)			–	–	–	–
	材料费(元)			–	–	–	–
	机械费(元)			10629.13	654.55	14095.32	654.55
名称		单位	单价(元)	数量			
机械	塔式起重机 80kN·m	台班	589.23	15.300	0.850	20.400	0.850
	卷扬机带塔 3～5t($H=40m$)	台班	180.83	8.925	0.850	11.475	0.850

工作内容:同前

单位:$10m^3$

定额编号				1-11-57	1-11-58	1-11-59
项目				贮仓及漏斗	其他构筑物	
				钢筋混凝土	砌体为主	混凝土为主
基价(元)				**390.66**	**116.82**	**330.56**
其中	人工费(元)			–	–	–
	材料费(元)			–	–	–
	机械费(元)			390.66	116.82	330.56
名称		单位	单价(元)	数量		
机械	塔式起重机 80kN·m	台班	589.23	0.663	–	0.561
	卷扬机带塔 3~5t(H=40m)	台班	180.83	–	0.646	–

三、轻钢结构建筑物垂直运输

工作内容：单位工程在合理工期内完成全部工程项目所需的垂直运输机械及配合机械。　　单位：见表

定额编号				1-11-60	1-11-61	1-11-62	1-11-63
项目				轻钢结构高度 3.6m 以上			
				砌体	钢筋混凝土	墙面抹灰	门窗安装
单位				$10m^3$		$10m^2$	
基价（元）				**116.82**	**330.92**	**4.34**	**10.85**
其中	人工费（元）			–	–	–	–
	材料费（元）			–	–	–	–
	机械费（元）			116.82	330.92	4.34	10.85
名称		单位	单价(元)	数量			
机械	卷扬机带塔 3～5t(H=40m)	台班	180.83	0.646	1.830	0.024	0.060

第十二章　高层建筑超高增加费

说　　明

一、本章包括高层建筑超高增加费 1 节 6 个子目。

二、本章定额综合了由于建筑物超高引起的人工、机械降效以及由于自来水水压不足所增加的水泵等，在实际施工中，不分工业、民用、多层、单层、层数、层高，不论采用何种机械，建筑物结构类型如何，均按定额执行，不得换算。

三、本章定额未包括吊装机械的进出场费、安装拆卸费等，发生时另执行《冶金工业建设工程预算定额》(2012 年版)第十二册《冶金施工机械台班费用定额》相应子目。

工程量计算规则

一、建筑物檐高超过 20m 以上方可计取建筑物超高增加费。

二、建筑物超高增加费按超过 20m 以上部分建筑面积，以 $100m^2$ 进行计算。

三、对于有梁无板不能计算建筑面积的特殊建筑物的超高增加费，按其柱框外围水平投影面积乘以梁的层数与建筑面积合并计算工程量；对于梁层高间距小于 2.2m 的部分不计算工程量。

高层建筑超高增加费

工作内容：高层建筑施工中引起的人工、机械降效，加压用水泵增加费等。

单位：$100m^2$

定额编号				1-12-1	1-12-2	1-12-3	1-12-4
项目				檐高			
				30m 以下	40m 以下	50m 以下	60m 以下
基价（元）				**1364.34**	**2312.50**	**3257.53**	**4193.49**
其中	人工费（元）			1059.75	1903.13	2746.43	3589.50
	材料费（元）			–	–	–	–
	机械费（元）			304.59	409.37	511.10	603.99
名称		单位	单价(元)	数量			
人工	综合工日	工日	75.00	14.130	25.375	36.619	47.860
机械	电动多级离心清水泵 φ50mm 120m 以下	台班	214.67	1.140	1.480	–	–
	电动多级离心清水泵 φ100mm 120m 以下	台班	343.38	–	–	1.100	1.240
	电动多级离心清水泵 φ50mm 120m 以下	台班	19.57	1.140	1.480	–	–
	电动多级离心清水泵 φ100mm 120m 以下	台班	34.38	–	–	1.100	1.240
	其他机械费	元	–	37.560	62.690	95.568	135.563

工作内容:同前　　　　　　　　　　　　　　　　　　　　　　　　单位:$100m^2$

定额编号				1-12-5	1-12-6
项目				檐高	
				70m 以下	80m 以下
基价（元）				**5161.08**	**6151.08**
其中	人工费（元）			4432.65	5275.65
	材料费（元）			–	–
	机械费（元）			728.43	875.43
名称		单位	单价(元)	数量	
人工	综合工日	工日	75.00	59.102	70.342
机械	电动多级离心清水泵 ϕ100mm 120m 以下	台班	343.38	1.390	1.510
	电动多级离心清水泵 ϕ100mm 120m 以下	台班	34.38	1.390	1.510
	其他机械费	元	–	203.345	305.017

附录　混凝土、砂浆配合比

说　　明

一、本附录包括现浇混凝土、预制混凝土、泵送混凝土、高标号泵送混凝土、抗渗混凝土、特种混凝土、砂浆及胶泥、垫层及保温层的配合比。混凝土配合比按粗集料粒径进行分类，砂浆配合比按比例进行分类。

二、各种配合比是根据现行规范、标准编制的，作为确定定额用量的基础。由于材质或已有现行地区标准与定额不同，可按有关规定进行配制。

三、配合比仅列制作材料及其用量。

四、混凝土、砂浆配比材料用量均按实体积计算。使用时，不得再增加虚体积因素。

五、本定额依据水泥强度等级确定水泥用量。

六、混凝土配合比用砂，是以水洗中粗砂考虑的，如遇有细砂混凝土时，水泥用量调增 3%。砌筑砂浆和抹灰砂浆以中粗砂为准，实际采用不同时，不得调整。

七、混凝土用石子，考虑到各地采用的不同情况，分别按碎石和砾石列入定额。石子最大粒径按 10mm、15mm、20mm、25mm、30mm、40mm 分别列出。如超过 40mm，可按 40mm 粒径的定额计算。冲洗石子用工，已包括在相应定额内，不另增加。

八、各配合比中的用水量，是配制用水，其他如养护用水、洗刷工具用水、冲洗石子用水等，均已包括在相应定额内，不另增加。

一、现浇混凝土

单位：m^3

定额编号			PBY1-1	PBY1-2	PBY1-3	PBY1-4	PBY1-5	PBY1-6
项目	单位	单价(元)	粗集料最大粒径 10mm					
			砾石					
			混凝土强度等级					
			C15	C20	C25	C30	C35	C40
基价	元		**179.05**	**191.49**	**207.90**	**224.91**	**238.40**	**249.58**
普通硅酸盐水泥 32.5	kg	0.33	308.000	351.000	410.000	472.000	–	–
普通硅酸盐水泥 42.5	kg	0.36	–	–	–	–	467.000	500.000
砾石 10mm	m^3	54.00	0.830	0.820	0.830	0.810	0.820	0.840
中砂	m^3	60.00	0.530	0.510	0.450	0.410	0.420	0.390
水	t	4.00	0.197	0.196	0.196	0.203	0.201	0.204

单位：m^3

定额编号			PBY1-7	PBY1-8	PBY1-9	PBY1-10	PBY1-11	PBY1-12
项目	单位	单价(元)	粗集料最大粒径 20mm					
			砾石					
			混凝土强度等级					
			C15	C20	C25	C30	C35	C40
基价	元		**175.71**	**188.03**	**205.42**	**221.33**	**241.87**	**244.89**
普通硅酸盐水泥 32.5	kg	0.33	305.000	346.000	408.000	465.000	–	–
普通硅酸盐水泥 42.5	kg	0.36	–	–	–	–	480.000	495.000
砾石 20mm	m^3	52.00	0.840	0.840	0.850	0.840	0.840	0.840
中砂	m^3	60.00	0.510	0.490	0.430	0.390	0.410	0.370
水	t	4.00	0.195	0.193	0.195	0.200	0.198	0.202

单位：m^3

定额编号			PBY1-13	PBY1-14	PBY1-15	PBY1-16	PBY1-17	PBY1-18	PBY1-19
项目	单位	单价(元)	粗集料最大粒径 30mm						
			砾石						
			混凝土强度等级						
			C10	C15	C20	C25	C30	C35	C40
基价	元		**150.35**	**171.02**	**182.16**	**198.24**	**213.83**	**226.51**	**236.40**
普通硅酸盐水泥 32.5	kg	0.33	226.000	288.000	327.000	383.000	439.000	–	–
普通硅酸盐水泥 42.5	kg	0.36	–	–	–	–	–	436.000	467.000
砾石 30mm	m^3	52.00	0.820	0.870	0.860	0.860	0.850	0.850	0.860
中砂	m^3	60.00	0.540	0.500	0.480	0.440	0.400	0.410	0.380
水	t	4.00	0.182	0.184	0.183	0.183	0.189	0.188	0.191

单位：m^3

定额编号			PBY1-20	PBY1-21	PBY1-22	PBY1-23	PBY1-24	PBY1-25
项目	单位	单价(元)	粗集料最大粒径 40mm					
			砾石					
			混凝土强度等级					
			C15	C20	C25	C30	C35	C40
基价	元		**167.72**	**181.67**	**196.19**	**209.15**	**226.00**	**230.70**
普通硅酸盐水泥 32.5	kg	0.33	277.000	325.000	376.000	422.000	–	–
普通硅酸盐水泥 42.5	kg	0.36	–	–	–	–	432.000	450.000
砾石 40mm	m^3	52.00	0.900	0.910	0.900	0.880	0.880	0.880
中砂	m^3	60.00	0.480	0.440	0.410	0.390	0.400	0.370
水	t	4.00	0.177	0.176	0.177	0.182	0.181	0.184

单位：m^3

定　额　编　号			PBY1-26	PBY1-27	PBY1-28	PBY1-29	PBY1-30	PBY1-31
项　　目	单位	单价(元)	粗集料最大粒径 15mm					
			碎　石					
			混凝土强度等级					
			C15	C20	C25	C30	C35	C40
基　　价	元		**182.43**	**195.20**	**214.36**	**231.94**	**243.90**	**259.76**
普通硅酸盐水泥 32.5	kg	0.33	310.000	356.000	423.000	485.000	–	–
普通硅酸盐水泥 42.5	kg	0.36	–	–	–	–	473.000	525.000
碎石 15mm	m^3	55.00	0.820	0.820	0.810	0.790	0.800	0.780
中砂	m^3	60.00	0.570	0.530	0.490	0.460	0.480	0.450
水	t	4.00	0.207	0.204	0.204	0.209	0.205	0.214

单位：m^3

定额编号			PBY1-32	PBY1-33	PBY1-34	PBY1-35	PBY1-36	PBY1-37
项目	单位	单价(元)	粗集料最大粒径 20mm					
			碎石					
			混凝土强度等级					
			C15	C20	C25	C30	C35	C40
基价	元		**184.46**	**195.25**	**214.41**	**231.99**	**243.71**	**260.17**
普通硅酸盐水泥 32.5	kg	0.33	316.000	356.000	423.000	485.000	–	–
普通硅酸盐水泥 42.5	kg	0.36	–	–	–	–	474.000	526.000
碎石 20mm	m^3	55.00	0.810	0.810	0.800	0.780	0.790	0.770
中砂	m^3	60.00	0.580	0.540	0.500	0.470	0.480	0.460
水	t	4.00	0.207	0.204	0.204	0.209	0.205	0.214

单位：m^3

定额编号			PBY1-38	PBY1-39	PBY1-40	PBY1-41	PBY1-42	PBY1-43	PBY1-44
项目	单位	单价(元)	粗集料最大粒径 30mm						
			碎石						
			混凝土强度等级						
			C10	C15	C20	C25	C30	C35	C40
基价	元		**157.84**	**178.92**	**191.03**	**209.20**	**226.67**	**237.40**	**251.99**
普通硅酸盐水泥 32.5	kg	0.33	230.000	296.000	340.000	404.000	464.000	–	–
普通硅酸盐水泥 42.5	kg	0.36	–	–	–	–	–	452.000	502.000
碎石 30mm	m^3	55.00	0.810	0.830	0.830	0.820	0.810	0.820	0.790
中砂	m^3	60.00	0.610	0.580	0.540	0.500	0.470	0.480	0.450
水	t	4.00	0.198	0.198	0.195	0.195	0.200	0.196	0.205

单位：m^3

定额编号			PBY1-45	PBY1-46	PBY1-47	PBY1-48	PBY1-49	PBY1-50	PBY1-51
项目	单位	单价(元)	粗集料最大粒径 40mm						
			碎石						
			混凝土强度等级						
			C10	C15	C20	C25	C30	C35	C40
基价	**元**		**158.37**	**176.48**	**187.93**	**205.99**	**218.94**	**232.89**	**247.35**
普通硅酸盐水泥 32.5	kg	0.33	230.000	287.000	329.000	391.000	439.000	–	–
普通硅酸盐水泥 42.5	kg	0.36	–	–	–	–	–	438.000	486.000
碎石 40mm	m^3	55.00	0.820	0.840	0.840	0.840	0.820	0.830	0.800
中砂	m^3	60.00	0.610	0.580	0.540	0.500	0.470	0.480	0.460
水	t	4.00	0.192	0.192	0.189	0.189	0.193	0.189	0.198

二、预制混凝土

单位：m^3

定额编号			PBY2-1	PBY2-2	PBY2-3	PBY2-4	PBY2-5	PBY2-6
项目	单位	单价(元)	粗集料最大粒径 10mm					
			砾石					
			混凝土强度等级					
			C15	C20	C25	C30	C35	C40
基价	**元**		**172.23**	**184.22**	**198.06**	**211.83**	**223.06**	**235.73**
普通硅酸盐水泥 32.5	kg	0.33	286.000	326.000	377.000	422.000	–	–
普通硅酸盐水泥 42.5	kg	0.36	–	–	–	–	418.000	460.000
砾石 10mm	m^3	54.00	0.850	0.850	0.850	0.830	0.830	0.840
中砂	m^3	60.00	0.520	0.500	0.450	0.450	0.450	0.400
水	t	4.00	0.187	0.186	0.187	0.188	0.191	0.193

单位：m^3

定额编号			PBY2-7	PBY2-8	PBY2-9	PBY2-10	PBY2-11	PBY2-12
项目	单位	单价(元)	粗集料最大粒径 20mm					
			砾石					
			混凝土强度等级					
			C15	C20	C25	C30	C35	C40
基价	元		**164.09**	**176.82**	**191.28**	**203.90**	**212.52**	**226.41**
普通硅酸盐水泥 32.5	kg	0.33	270.000	308.000	357.000	402.000	–	–
普通硅酸盐水泥 42.5	kg	0.36	–	–	–	–	391.000	436.000
砾石 20mm	m^3	52.00	0.840	0.890	0.880	0.860	0.870	0.860
中砂	m^3	60.00	0.510	0.470	0.450	0.430	0.430	0.400
水	t	4.00	0.177	0.176	0.177	0.179	0.179	0.183

单位：m^3

定额编号			PBY2-13	PBY2-14	PBY2-15	PBY2-16	PBY2-17	PBY2-18
项目	单位	单价(元)	粗集料最大粒径 30mm					
			砾石					
			混凝土强度等级					
			C15	C20	C25	C30	C35	C40
基价	元		**167.55**	**183.58**	**196.48**	**209.90**	**221.60**	**229.09**
普通硅酸盐水泥 32.5	kg	0.33	276.000	328.000	373.000	422.000	–	–
普通硅酸盐水泥 42.5	kg	0.36	–	–	–	–	416.000	442.000
砾石 30mm	m^3	52.00	0.880	0.870	0.890	0.860	0.860	0.870
中砂	m^3	60.00	0.500	0.490	0.440	0.420	0.440	0.400
水	t	4.00	0.177	0.176	0.177	0.181	0.180	0.182

单位：m^3

定额编号			PBY2-19	PBY2-20	PBY2-21	PBY2-22	PBY2-23	PBY2-24
项目	单位	单价(元)	粗集料最大粒径 40mm					
			砾石					
			混凝土强度等级					
			C15	C20	C25	C30	C35	C40
基价	元		**162.53**	**172.37**	**185.17**	**198.71**	**210.16**	**218.33**
普通硅酸盐水泥 32.5	kg	0.33	258.000	294.000	338.000	386.000	–	–
普通硅酸盐水泥 42.5	kg	0.36	–	–	–	–	384.000	411.000
砾石 40mm	m^3	52.00	0.910	0.940	0.930	0.920	0.920	0.890
中砂	m^3	60.00	0.490	0.430	0.410	0.380	0.390	0.390
水	t	4.00	0.168	0.167	0.167	0.172	0.171	0.173

单位:m^3

定　额　编　号			PBY2-25	PBY2-26	PBY2-27	PBY2-28	PBY2-29	PBY2-30
项　目	单位	单价(元)	粗集料最大粒径 15mm					
			碎　石					
			混凝土强度等级					
			C15	C20	C25	C30	C35	C40
基　价	**元**		**175.90**	**188.01**	**204.69**	**218.84**	**231.11**	**244.79**
普通硅酸盐水泥 32.5	kg	0.33	287.000	331.000	387.000	437.000	–	–
普通硅酸盐水泥 42.5	kg	0.36	–	–	–	–	433.000	479.000
碎石 15mm	m^3	55.00	0.840	0.840	0.840	0.830	0.830	0.810
中砂	m^3	60.00	0.570	0.530	0.500	0.470	0.480	0.450
水	t	4.00	0.197	0.194	0.194	0.195	0.195	0.201

单位:m³

定额编号			PBY2-31	PBY2-32	PBY2-33	PBY2-34	PBY2-35	PBY2-36
项目	单位	单价(元)	粗集料最大粒径 20mm					
			碎石					
			混凝土强度等级					
			C15	C20	C25	C30	C35	C40
基价	元		**173.45**	**185.45**	**200.92**	**214.75**	**222.71**	**229.85**
普通硅酸盐水泥 32.5	kg	0.33	278.000	320.000	374.000	423.000	442.000	474.000
中砂	m^3	60.00	0.570	0.530	0.500	0.470	0.480	0.450
碎石 20mm	m^3	55.00	0.850	0.860	0.850	0.840	0.860	0.830
水	t	4.00	0.191	0.188	0.188	0.189	0.188	0.194

单位：m^3

定额编号			PBY2-37	PBY2-38	PBY2-39	PBY2-40	PBY2-41	PBY2-42
项目	单位	单价(元)	粗集料最大粒径 30mm					
			碎石					
			混凝土强度等级					
			C15	C20	C25	C30	C35	C40
基价	**元**		**176.75**	**189.13**	**201.25**	**210.70**	**223.36**	**239.92**
普通硅酸盐水泥 32.5	kg	0.33	288.000	331.000	375.000	–	–	–
普通硅酸盐水泥 42.5	kg	0.36	–	–	–	370.000	410.000	464.000
碎石 30mm	m^3	55.00	0.850	0.850	0.850	0.850	0.840	0.820
中砂	m^3	60.00	0.570	0.540	0.500	0.500	0.480	0.450
水	t	4.00	0.191	0.188	0.188	0.188	0.189	0.195

单位：m^3

定额编号			PBY2-43	PBY2-44	PBY2-45	PBY2-46	PBY2-47	PBY2-48
项目	单位	单价(元)	粗集料最大粒径 40mm					
			碎石					
			混凝土强度等级					
			C15	C20	C25	C30	C35	C40
基价	元		**173.32**	**186.36**	**197.82**	**210.98**	**219.20**	**236.20**
普通硅酸盐水泥 32.5	kg	0.33	276.000	321.000	363.000	410.000	–	–
普通硅酸盐水泥 42.5	kg	0.36	–	–	–	–	397.000	449.000
碎石 40mm	m^3	55.00	0.860	0.860	0.860	0.850	0.850	0.840
中砂	m^3	60.00	0.570	0.540	0.500	0.470	0.480	0.460
水	t	4.00	0.185	0.182	0.182	0.183	0.183	0.189

三、泵送混凝土

单位：m^3

定额编号			PBY3-1	PBY3-2	PBY3-3	PBY3-4	PBY3-5	PBY3-6
项目	单位	单价(元)	粗集料粒径 5～20mm（坍落度 130mm ± 30mm）					
			碎石					
			混凝土强度等级					
			C15	C20	C25	C30	C35	C40
基价	元		**178.40**	**194.82**	**208.65**	**217.67**	**230.61**	**244.15**
普通硅酸盐水泥 32.5	kg	0.33	262.000	313.000	354.000	–	–	–
普通硅酸盐水泥 42.5	kg	0.36	–	–	–	347.000	381.000	417.000
碎石 20mm	m^3	55.00	0.690	0.730	0.730	0.740	0.740	0.730
中砂	m^3	60.00	0.660	0.610	0.580	0.590	0.570	0.560
磨细矿渣粉	kg	0.18	43.700	34.800	39.300	38.600	42.400	46.300
高效减水剂	kg	3.30	1.740	2.350	2.740	2.710	3.080	3.390
水	t	4.00	0.195	0.191	0.190	0.190	0.189	0.189

单位：m^3

定额编号			PBY3-7	PBY3-8	PBY3-9	PBY3-10	PBY3-11	PBY3-12
项目	单位	单价(元)	粗集料粒径 5～25mm（坍落度 130mm ± 30mm）					
			碎石					
			混凝土强度等级					
			C15	C20	C25	C30	C35	C40
基价	元		**169.87**	**192.44**	**206.18**	**214.67**	**226.58**	**239.41**
普通硅酸盐水泥 32.5	kg	0.33	255.000	305.000	344.000	–	–	–
普通硅酸盐水泥 42.5	kg	0.36	–	–	–	338.000	369.000	403.000
碎石 25mm	m^3	55.00	0.710	0.750	0.750	0.760	0.760	0.750
中砂	m^3	60.00	0.660	0.600	0.580	0.580	0.560	0.550
粉煤灰	t	14.00	0.043	–	–	–	–	–
磨细矿渣粉	kg	0.18	–	33.900	38.300	37.600	41.000	44.800
高效减水剂	kg	3.30	1.730	2.330	2.720	2.690	3.100	3.420
水	t	4.00	0.190	0.186	0.185	0.185	0.183	0.183

单位：m^3

定额编号			PBY3-13	PBY3-14	PBY3-15	PBY3-16	PBY3-17	PBY3-18
项目	单位	单价(元)	粗集料粒径 5~30mm（坍落度 130mm ± 30mm）					
			碎石					
			混凝土强度等级					
			C15	C20	C25	C30	C35	C40
基价	元		**168.54**	**190.56**	**203.94**	**211.61**	**223.70**	**235.58**
普通硅酸盐水泥 32.5	kg	0.33	250.000	297.000	335.000	–	–	–
普通硅酸盐水泥 42.5	kg	0.36	–	–	–	329.000	359.000	392.000
碎石 30mm	m^3	55.00	0.720	0.780	0.780	0.780	0.790	0.770
中砂	m^3	60.00	0.660	0.590	0.570	0.570	0.550	0.540
粉煤灰	t	14.00	0.042	–	–	–	–	–
磨细矿渣粉	kg	0.18	–	33.000	37.200	36.500	39.800	43.600
高效减水剂	kg	3.30	1.670	2.300	2.690	2.660	3.070	3.380
水	t	4.00	0.186	0.181	0.180	0.180	0.178	0.178

单位：m³

定额编号			PBY3-19	PBY3-20	PBY3-21	PBY3-22	PBY3-23	PBY3-24
项目	单位	单价(元)	粗集料粒径 5～40mm（坍落度 130mm±30mm）					
			碎石					
			混凝土强度等级					
			C15	C20	C25	C30	C35	C40
基价	元		**167.23**	**188.36**	**201.38**	**209.40**	**221.42**	**232.88**
普通硅酸盐水泥 32.5	kg	0.33	243.000	290.000	327.000	–	–	–
普通硅酸盐水泥 42.5	kg	0.36	–	–	–	321.000	353.000	385.000
碎石 40mm	m^3	55.00	0.740	0.800	0.800	0.800	0.810	0.790
中砂	m^3	60.00	0.660	0.580	0.560	0.570	0.540	0.530
粉煤灰	t	14.00	0.041	–	–	–	–	–
磨细矿渣粉	kg	0.18	–	32.200	36.400	35.700	39.200	42.800
高效减水剂	kg	3.30	1.650	2.230	2.610	2.580	2.920	3.220
水	t	4.00	0.181	0.177	0.176	0.176	0.175	0.175

单位：m^3

定额编号			PBY3-25	PBY3-26	PBY3-27	PBY3-28	PBY3-29	PBY3-30
项目	单位	单价(元)	粗集料粒径 5~20mm（坍落度 190mm ± 30mm）					
			碎石					
			混凝土强度等级					
			C15	C20	C25	C30	C35	C40
基价	**元**		**170.43**	**197.11**	**211.90**	**221.63**	**233.96**	**247.34**
普通硅酸盐水泥 32.5	kg	0.33	272.000	323.000	365.000	–	–	–
普通硅酸盐水泥 42.5	kg	0.36	–	–	–	359.000	393.000	430.000
碎石 20mm	m^3	55.00	0.670	0.710	0.710	0.720	0.720	0.700
中砂	m^3	60.00	0.670	0.610	0.590	0.600	0.570	0.560
粉煤灰	t	14.00	0.045	–	–	–	–	–
磨细矿渣粉	kg	0.18	–	35.900	40.600	39.800	43.700	47.800
高效减水剂	kg	3.30	0.660	2.310	2.700	2.680	3.040	3.350
水	t	4.00	0.202	0.197	0.196	0.196	0.195	0.195

单位：m^3

定额编号			PBY3-31	PBY3-32	PBY3-33	PBY3-34	PBY3-35	PBY3-36
项目	单位	单价(元)	粗集料粒径 5～25mm（坍落度 190mm±30mm）					
			碎石					
			混凝土强度等级					
			C15	C20	C25	C30	C35	C40
基价	**元**		**177.36**	**195.29**	**209.12**	**218.20**	**230.55**	**244.08**
普通硅酸盐水泥 32.5	kg	0.33	265.000	315.000	356.000	–	–	–
普通硅酸盐水泥 42.5	kg	0.36	–	–	–	349.000	381.000	417.000
碎石 25mm	m^3	55.00	0.690	0.730	0.730	0.740	0.740	0.730
中砂	m^3	60.00	0.660	0.610	0.580	0.590	0.570	0.560
粉煤灰	t	14.00	0.440	–	–	–	–	–
磨细矿渣粉	kg	0.18	–	35.000	39.500	38.800	42.400	46.300
高效减水剂	kg	3.30	1.640	2.280	2.670	2.640	3.060	3.370
水	t	4.00	0.197	0.192	0.191	0.191	0.189	0.189

单位：m^3

定额编号			PBY3-37	PBY3-38	PBY3-39	PBY3-40	PBY3-41	PBY3-42
项目	单位	单价(元)	粗集料粒径 5～30mm（坍落度 190mm±30mm）					
			碎石					
			混凝土强度等级					
			C15	C20	C25	C30	C35	C40
基价	元		**169.87**	**192.90**	**206.02**	**215.16**	**227.08**	**240.25**
普通硅酸盐水泥 32.5	kg	0.33	258.000	307.000	346.000	–	–	–
普通硅酸盐水泥 42.5	kg	0.36	–	–	–	340.000	371.000	406.000
碎石 30mm	m^3	55.00	0.710	0.750	0.750	0.760	0.760	0.750
中砂	m^3	60.00	0.650	0.600	0.570	0.580	0.560	0.550
粉煤灰	t	14.00	0.043	–	–	–	–	–
磨细矿渣粉	kg	0.18	–	34.100	38.500	37.800	41.200	45.100
高效减水剂	kg	3.30	1.610	2.260	2.640	2.610	3.020	3.330
水	t	4.00	0.192	0.187	0.186	0.186	0.184	0.184

单位：m^3

定额编号			PBY3-43	PBY3-44	PBY3-45	PBY3-46	PBY3-47	PBY3-48
项目	单位	单价(元)	粗集料粒径 5～40mm（坍落度 190mm±30mm）					
			碎石					
			混凝土强度等级					
			C15	C20	C25	C30	C35	C40
基价	元		**163.84**	**190.14**	**202.31**	**212.10**	**223.66**	**236.05**
普通硅酸盐水泥 32.5	kg	0.33	251.000	298.000	329.000	–	–	–
普通硅酸盐水泥 42.5	kg	0.36	–	–	–	331.000	361.000	394.000
碎石 40mm	m^3	55.00	0.730	0.770	0.780	0.780	0.780	0.770
中砂	m^3	60.00	0.650	0.590	0.570	0.570	0.550	0.540
粉煤灰	t	14.00	0.042	–	–	–	–	–
磨细矿渣粉	kg	0.18	–	33.100	36.600	36.700	40.100	43.800
高效减水剂	kg	3.30	0.159	2.230	2.830	2.580	2.990	3.290
水	t	4.00	0.187	0.182	0.177	0.181	0.179	0.179

单位：m^3

定 额 编 号			PBY3-49	PBY3-50	PBY3-51	PBY3-52	PBY3-53	PBY3-54
项 目	单位	单价(元)	粗集料粒径 5～20mm（坍落度 130mm ± 30mm）					
			砾 石					
			混凝土强度等级					
			C15	C20	C25	C30	C35	C40
基 价	元		**170.85**	**192.12**	**204.85**	**213.43**	**225.18**	**237.29**
普通硅酸盐水泥 32.5	kg	0.33	266.000	312.000	348.000	–	–	–
普通硅酸盐水泥 42.5	kg	0.36	–	–	–	342.000	373.000	405.000
砾石 20mm	m^3	52.00	0.700	0.720	0.720	0.730	0.730	0.720
中砂	m^3	60.00	0.640	0.600	0.580	0.580	0.560	0.550
粉煤灰	t	14.00	0.044	–	–	–	–	–
磨细矿渣粉	kg	0.18	–	34.600	38.700	38.000	41.400	45.000
高效减水剂	kg	3.30	2.090	2.650	3.050	3.020	3.380	3.700
水	t	4.00	0.189	0.186	0.185	0.185	0.184	0.184

单位：m^3

定额编号			PBY3-55	PBY3-56	PBY3-57	PBY3-58	PBY3-59	PBY3-60
项目	单位	单价(元)	粗集料粒径 5～25mm（坍落度 130mm±30mm）					
			砾石					
			混凝土强度等级					
			C15	C20	C25	C30	C35	C40
基价	**元**		**168.88**	**189.31**	**201.67**	**210.93**	**220.73**	**233.42**
普通硅酸盐水泥 32.5	kg	0.33	259.000	303.000	338.000	–	–	–
普通硅酸盐水泥 42.5	kg	0.36	–	–	–	333.000	360.000	392.000
砾石 25mm	m^3	52.00	0.720	0.740	0.740	0.750	0.750	0.740
中砂	m^3	60.00	0.630	0.590	0.570	0.580	0.550	0.550
粉煤灰	t	14.00	0.043	–	–	–	–	–
磨细矿渣粉	kg	0.18	–	33.700	37.600	37.000	40.000	43.500
高效减水剂	kg	3.30	2.070	2.620	3.020	2.990	3.400	3.720
水	t	4.00	0.184	0.181	0.180	0.180	0.178	0.178

单位：m^3

定额编号			PBY3-61	PBY3-62	PBY3-63	PBY3-64	PBY3-65	PBY3-66
项目	单位	单价(元)	粗集料粒径 5～30mm（坍落度 130mm ± 30mm）					
			砾石					
			混凝土强度等级					
			C15	C20	C25	C30	C35	C40
基价	元		**166.94**	**187.46**	**198.83**	**207.42**	**218.34**	**229.53**
普通硅酸盐水泥 32.5	kg	0.33	252.000	295.000	329.000	–	–	–
普通硅酸盐水泥 42.5	kg	0.36	–	–	–	323.000	350.000	381.000
砾石 30mm	m^3	52.00	0.740	0.760	0.760	0.770	0.780	0.760
中砂	m^3	60.00	0.620	0.590	0.560	0.570	0.550	0.540
粉煤灰	t	14.00	0.042	–	–	–	–	–
磨细矿渣粉	kg	0.18	–	32.800	36.500	35.900	38.900	42.300
高效减水剂	kg	3.30	2.060	2.600	2.990	2.950	3.360	3.680
水	t	4.00	0.179	0.176	0.175	0.175	0.173	0.173

单位：m^3

定额编号			PBY3-67	PBY3-68	PBY3-69	PBY3-70	PBY3-71	PBY3-72
项目	单位	单价(元)	粗集料粒径 5 ~40mm（坍落度 130mm ± 30mm）					
			砾石					
			混凝土强度等级					
			C15	C20	C25	C30	C35	C40
基价	元		**164.58**	**184.63**	**196.16**	**204.32**	**214.84**	**225.78**
普通硅酸盐水泥 32.5	kg	0.33	244.000	286.000	319.000	–	–	–
普通硅酸盐水泥 42.5	kg	0.36	–	–	–	314.000	340.000	369.000
砾石 40mm	m^3	52.00	0.760	0.780	0.790	0.790	0.800	0.790
中砂	m^3	60.00	0.610	0.580	0.550	0.560	0.540	0.530
粉煤灰	t	14.00	0.041	–	–	–	–	–
磨细矿渣粉	kg	0.18	–	31.800	35.500	34.900	37.700	41.000
高效减水剂	kg	3.30	2.020	2.570	2.950	2.920	3.330	3.640
水	t	4.00	0.174	0.171	0.170	0.170	0.167	0.167

单位：m^3

定额编号			PBY3-73	PBY3-74	PBY3-75	PBY3-76	PBY3-77	PBY3-78
项目	单位	单价(元)	粗集料粒径 5～20mm（坍落度 190mm±30mm）					
			砾石					
			混凝土强度等级					
			C15	C20	C25	C30	C35	C40
基价	**元**		**172.73**	**195.12**	**207.91**	**217.47**	**229.24**	**241.56**
普通硅酸盐水泥 32.5	kg	0.33	275.000	322.000	360.000	–	–	–
普通硅酸盐水泥 42.5	kg	0.36	–	–	–	354.000	385.000	419.000
砾石 20mm	m^3	52.00	0.680	0.700	0.700	0.710	0.710	0.690
中砂	m^3	60.00	0.640	0.610	0.580	0.590	0.570	0.560
粉煤灰	t	14.00	0.046	–	–	–	–	–
磨细矿渣粉	kg	0.18	–	35.800	39.900	39.300	42.800	46.500
高效减水剂	kg	3.30	2.060	2.620	3.020	2.990	3.350	3.670
水	t	4.00	0.195	0.192	0.191	0.191	0.190	0.190

单位：m^3

定额编号			PBY3-79	PBY3-80	PBY3-81	PBY3-82	PBY3-83	PBY3-84
项目	单位	单价(元)	粗集料粒径 5～25mm（坍落度 190mm±30mm）					
			砾石					
			混凝土强度等级					
			C15	C20	C25	C30	C35	C40
基价	**元**		**170.40**	**192.62**	**205.35**	**213.99**	**225.15**	**237.25**
普通硅酸盐水泥 32.5	kg	0.33	267.000	314.000	350.000	–	–	–
普通硅酸盐水泥 42.5	kg	0.36	–	–	–	344.000	373.000	405.000
砾石 25mm	m^3	52.00	0.700	0.720	0.720	0.730	0.730	0.720
中砂	m^3	60.00	0.630	0.600	0.580	0.580	0.560	0.550
粉煤灰	t	14.00	0.045	–	–	–	–	–
磨细矿渣粉	kg	0.18	–	34.800	38.900	38.200	41.400	45.000
高效减水剂	kg	3.30	2.030	2.590	2.990	2.960	3.370	3.690
水	t	4.00	0.190	0.187	0.186	0.186	0.184	0.184

单位：m^3

定额编号			PBY3-85	PBY3-86	PBY3-87	PBY3-88	PBY3-89	PBY3-90
项目	单位	单价(元)	粗集料粒径 5~30mm（坍落度 190mm±30mm）					
			砾石					
			混凝土强度等级					
			C15	C20	C25	C30	C35	C40
基价	元		**169.02**	**189.81**	**202.14**	**211.45**	**221.28**	**233.33**
普通硅酸盐水泥 32.5	kg	0.33	260.000	305.000	340.000	–	–	–
普通硅酸盐水泥 42.5	kg	0.36	–	–	–	337.000	362.000	394.000
砾石 30mm	m^3	52.00	0.720	0.740	0.740	0.750	0.750	0.740
中砂	m^3	60.00	0.630	0.590	0.570	0.570	0.550	0.540
粉煤灰	t	14.00	0.043	–	–	–	–	–
磨细矿渣粉	kg	0.18	–	33.900	37.800	37.400	40.300	43.800
高效减水剂	kg	3.30	2.010	2.560	2.950	2.870	3.330	3.640
水	t	4.00	0.185	0.182	0.181	0.182	0.179	0.179

单位：m^3

定额编号			PBY3-91	PBY3-92	PBY3-93	PBY3-94	PBY3-95	PBY3-96
项目	单位	单价(元)	粗集料粒径 5～40mm（坍落度 190mm ± 30mm）					
			砾石					
			混凝土强度等级					
			C15	C20	C25	C30	C35	C40
基价	元		**167.01**	**186.98**	**199.28**	**207.96**	**218.35**	**230.03**
普通硅酸盐水泥 32.5	kg	0.33	253.000	296.000	331.000	–	–	–
普通硅酸盐水泥 42.5	kg	0.36	–	–	–	327.000	352.000	383.000
砾石 40mm	m^3	52.00	0.740	0.760	0.760	0.770	0.770	0.760
中砂	m^3	60.00	0.620	0.580	0.560	0.560	0.550	0.540
粉煤灰	t	14.00	0.042	–	–	–	–	–
磨细矿渣粉	kg	0.18	–	32.900	36.800	36.400	39.100	42.500
高效减水剂	kg	3.30	1.980	2.530	2.910	2.830	3.290	3.600
水	t	4.00	0.180	0.177	0.176	0.177	0.174	0.174

四、高标号泵送混凝土

单位：m^3

定额编号			PBY4-1	PBY4-2	PBY4-3	PBY4-4
项目	单位	单价(元)	粗集料粒径 5～20mm（坍落度 130mm±30mm）			
			碎石			
			混凝土强度等级			
			C45	C50	C55	C60
基价	元		**255.65**	**267.08**	**277.63**	**290.95**
普通硅酸盐水泥 42.5	kg	0.36	448.000	475.000	501.000	536.000
磨细矿渣粉	kg	0.18	49.700	52.800	55.700	59.500
中砂	m^3	60.00	0.540	0.520	0.500	0.490
碎石 20mm	m^3	55.00	0.720	0.730	0.730	0.720
高效减水剂	kg	3.30	3.840	4.390	4.960	5.320
水	t	4.00	0.187	0.184	0.181	0.181

单位:m³

定　额　编　号			PBY4-5	PBY4-6	PBY4-7	PBY4-8
项　目	单位	单价(元)	粗集料粒径 5～25mm(坍落度 130mm±30mm)			
			碎　石			
			混凝土强度等级			
			C45	C50	C55	C60
基　价	**元**		**251.68**	**262.14**	**272.83**	**284.89**
普通硅酸盐水泥 42.5	kg	0.36	433.000	459.000	484.000	517.000
磨细矿渣粉	kg	0.18	48.100	51.000	53.800	57.500
中砂	m^3	60.00	0.540	0.520	0.500	0.490
碎石 25mm	m^3	55.00	0.750	0.750	0.760	0.740
高效减水剂	kg	3.30	3.870	4.410	4.970	5.340
水	t	4.00	0.181	0.178	0.175	0.175

单位:m^3

定额编号			PBY4-9	PBY4-10	PBY4-11	PBY4-12
项目	单位	单价(元)	粗集料粒径 5～30mm(坍落度 130mm±30mm)			
			碎石			
			混凝土强度等级			
			C45	C50	C55	C60
基价	元		**247.48**	**258.07**	**267.83**	**280.65**
普通硅酸盐水泥 42.5	kg	0.36	421.000	446.000	470.000	502.000
磨细矿渣粉	kg	0.18	46.800	49.600	52.300	55.800
中砂	m^3	60.00	0.530	0.510	0.490	0.490
碎石 30mm	m^3	55.00	0.770	0.780	0.780	0.770
高效减水剂	kg	3.30	3.830	4.360	4.920	5.290
水	t	4.00	0.176	0.173	0.170	0.170

单位：m^3

定额编号			PBY4-13	PBY4-14	PBY4-15	PBY4-16
项目	单位	单价(元)	粗集料粒径 5～40mm（坍落度 130mm ± 30mm）			
			碎石			
			混凝土强度等级			
			C45	C50	C55	C60
基价	元		**243.82**	**253.48**	**263.38**	**275.81**
普通硅酸盐水泥 42.5	kg	0.36	409.000	433.000	456.000	487.000
碎石 40mm	m^3	55.00	0.790	0.790	0.800	0.790
中砂	m^3	60.00	0.530	0.510	0.490	0.490
磨细矿渣粉	kg	0.18	45.400	48.100	50.700	54.200
高效减水剂	kg	3.30	3.780	4.310	4.860	5.220
水	t	4.00	0.171	0.167	0.164	0.164

单位：m^3

定额编号			PBY4-17	PBY4-18	PBY4-19	PBY4-20
项目	单位	单价(元)	粗集料粒径 5~20mm（坍落度 190mm ±30mm）			
			碎石			
			混凝土强度等级			
			C45	C50	C55	C60
基价	元		**260.38**	**272.02**	**283.55**	**296.37**
普通硅酸盐水泥 42.5	kg	0.36	462.000	491.000	518.000	553.000
碎石 20mm	m^3	55.00	0.700	0.700	0.710	0.690
中砂	m^3	60.00	0.550	0.530	0.510	0.500
磨细矿渣粉	kg	0.18	51.400	54.500	57.600	61.500
高效减水剂	kg	3.30	3.800	4.360	4.940	5.310
水	t	4.00	0.193	0.190	0.187	0.187

单位：m^3

定额编号			PBY4-21	PBY4-22	PBY4-23	PBY4-24
项目	单位	单价(元)	粗集料粒径 5～25mm（坍落度 190mm ± 30mm）			
			碎石			
			混凝土强度等级			
			C45	C50	C55	C60
基价	元		**255.61**	**267.04**	**277.63**	**290.95**
普通硅酸盐水泥 42.5	kg	0.36	448.000	475.000	501.000	536.000
碎石 25mm	m^3	55.00	0.720	0.730	0.730	0.720
中砂	m^3	60.00	0.540	0.520	0.500	0.490
磨细矿渣粉	kg	0.18	49.700	52.800	55.700	59.500
高效减水剂	kg	3.30	3.830	4.380	4.960	5.320
水	t	4.00	0.187	0.184	0.181	0.181

单位：m^3

定额编号			PBY4-25	PBY4-26	PBY4-27	PBY4-28
项目	单位	单价(元)	粗集料粒径 5～30mm（坍落度 190mm ± 30mm）			
			碎石			
			混凝土强度等级			
			C45	C50	C55	C60
基价	元		**252.52**	**263.01**	**273.70**	**285.77**
普通硅酸盐水泥 42.5	kg	0.36	436.000	462.000	487.000	520.000
碎石 30mm	m^3	55.00	0.750	0.750	0.760	0.740
中砂	m^3	60.00	0.540	0.520	0.500	0.490
磨细矿渣粉	kg	0.18	48.400	51.300	54.100	57.800
高效减水剂	kg	3.30	3.780	4.330	4.890	5.260
水	t	4.00	0.182	0.179	0.176	0.176

单位：m^3

定　额　编　号			PBY4-29	PBY4-30	PBY4-31	PBY4-32
项　目	单位	单价(元)	粗集料粒径 5～40mm（坍落度 190mm±30mm）			
			碎　石			
			混凝土强度等级			
			C45	C50	C55	C60
基　价	**元**		**247.91**	**258.36**	**268.67**	**280.88**
普通硅酸盐水泥 42.5	kg	0.36	423.000	449.000	473.000	505.000
碎石 40mm	m^3	55.00	0.770	0.770	0.780	0.770
中砂	m^3	60.00	0.530	0.510	0.490	0.480
磨细矿渣粉	kg	0.18	47.000	49.900	52.600	56.200
高效减水剂	kg	3.30	3.730	4.270	4.830	5.190
水	t	4.00	0.177	0.174	0.171	0.171

单位：m^3

定额编号			PBY4-33	PBY4-34	PBY4-35	PBY4-36
项目	单位	单价(元)	粗集料粒径 5 ~ 20mm（坍落度 130mm ± 30mm）			
			砾石			
			混凝土强度等级			
			C45	C50	C55	C60
基价	元		**248.20**	**258.76**	**269.11**	**281.41**
普通硅酸盐水泥 42.5	kg	0.36	433.000	458.000	482.000	514.000
砾石 20mm	m^3	52.00	0.720	0.730	0.730	0.720
中砂	m^3	60.00	0.530	0.510	0.500	0.490
磨细矿渣粉	kg	0.18	48.100	50.900	53.500	57.100
高效减水剂	kg	3.30	4.150	4.680	5.240	5.620
水	t	4.00	0.182	0.179	0.176	0.176

单位：m^3

定额编号			PBY4-37	PBY4-38	PBY4-39	PBY4-40
项目	单位	单价（元）	粗集料粒径 5～25mm（坍落度 130mm±30mm）			
			砾石			
			混凝土强度等级			
			C45	C50	C55	C60
基价	元		**245.14**	**254.14**	**263.63**	**275.54**
普通硅酸盐水泥 42.5	kg	0.36	423.000	442.000	465.000	496.000
砾石 25mm	m^3	52.00	0.730	0.730	0.760	0.750
中砂	m^3	60.00	0.540	0.540	0.490	0.480
磨细矿渣粉	kg	0.18	47.000	47.000	51.700	55.100
高效减水剂	kg	3.30	4.040	4.700	5.250	5.630
水	t	4.00	0.178	0.173	0.170	0.170

单位：m^3

定额编号			PBY4-41	PBY4-42	PBY4-43	PBY4-44
项目	单位	单价(元)	粗集料粒径 5~30mm（坍落度 130mm±30mm）			
			砾石			
			混凝土强度等级			
			C45	C50	C55	C60
基价	**元**		**239.82**	**249.05**	**258.52**	**270.63**
普通硅酸盐水泥 42.5	kg	0.36	406.000	429.000	451.000	481.000
磨细矿渣粉	kg	0.18	45.200	47.700	50.100	53.500
中砂	m^3	60.00	0.520	0.500	0.480	0.480
砾石 30mm	m^3	52.00	0.770	0.770	0.780	0.770
高效减水剂	kg	3.30	4.120	4.640	5.190	5.560
水	t	4.00	0.171	0.167	0.164	0.164

单位：m^3

定额编号			PBY4-45	PBY4-46	PBY4-47	PBY4-48
项目	单位	单价(元)	粗集料粒径 5～40mm（坍落度 130mm±30mm）			
			砾石			
			混凝土强度等级			
			C45	C50	C55	C60
基价	**元**		**235.50**	**244.87**	**254.03**	**265.12**
普通硅酸盐水泥 42.5	kg	0.36	394.000	416.000	437.000	466.000
砾石 40mm	m^3	52.00	0.790	0.800	0.800	0.790
中砂	m^3	60.00	0.510	0.490	0.480	0.470
磨细矿渣粉	kg	0.18	43.800	46.200	48.600	51.800
高效减水剂	kg	3.30	4.070	4.590	5.130	5.490
水	t	4.00	0.165	0.162	0.159	0.159

单位：m^3

定额编号			PBY4-49	PBY4-50	PBY4-51	PBY4-52
项目	单位	单价(元)	粗集料粒径 5～20mm（坍落度 190mm±30mm）			
			砾石			
			混凝土强度等级			
			C45	C50	C55	C60
基价	**元**		**253.41**	**263.53**	**275.52**	**285.39**
普通硅酸盐水泥 42.5	kg	0.36	448.000	473.000	504.000	526.000
砾石 20mm	m^3	52.00	0.700	0.700	0.700	0.710
中砂	m^3	60.00	0.540	0.520	0.500	0.480
磨细矿渣粉	kg	0.18	49.700	52.600	56.000	58.400
高效减水剂	kg	3.30	4.130	4.680	5.110	5.780
水	t	4.00	0.188	0.185	0.184	0.180

单位：m^3

定　额　编　号			PBY4-53	PBY4-54	PBY4-55	PBY4-56
项　目	单位	单价(元)	粗集料粒径 5～25mm（坍落度 190mm±30mm）			
			砾　石			
			混凝土强度等级			
			C45	C50	C55	C60
基　价	**元**		**248.17**	**258.80**	**269.14**	**281.44**
普通硅酸盐水泥 42.5	kg	0.36	433.000	458.000	482.000	514.000
砾石 25mm	m^3	52.00	0.720	0.730	0.730	0.720
中砂	m^3	60.00	0.530	0.510	0.500	0.490
磨细矿渣粉	kg	0.18	48.100	50.900	53.500	57.100
高效减水剂	kg	3.30	4.140	4.690	5.250	5.630
水	t	4.00	0.182	0.179	0.176	0.176

单位：m^3

定　　额　　编　　号			PBY4-57	PBY4-58	PBY4-59	PBY4-60
项　　目	单位	单价(元)	粗集料粒径 5～30mm（坍落度 190mm±30mm）			
			砾　　石			
			混凝土强度等级			
			C45	C50	C55	C60
基　　价	**元**		**243.87**	**254.67**	**264.57**	**275.92**
普通硅酸盐水泥 42.5	kg	0.36	421.000	445.000	468.000	499.000
砾石 30mm	m^3	52.00	0.740	0.750	0.760	0.740
中砂	m^3	60.00	0.520	0.510	0.490	0.480
磨细矿渣粉	kg	0.18	46.800	49.400	52.000	55.400
高效减水剂	kg	3.30	4.090	4.630	5.190	5.560
水	t	4.00	0.177	0.174	0.171	0.171

单位：m^3

定　额　编　号			PBY4-61	PBY4-62	PBY4-63	PBY4-64
项　目	单位	单价(元)	粗集料粒径 5～40mm（坍落度 190mm±30mm）			
			砾　石			
			混凝土强度等级			
			C45	C50	C55	C60
基　价	元		**240.67**	**249.95**	**259.46**	**270.94**
普通硅酸盐水泥 42.5	kg	0.36	409.000	432.000	454.000	484.000
砾石 40mm	m^3	52.00	0.770	0.770	0.780	0.770
中砂	m^3	60.00	0.520	0.500	0.480	0.470
磨细矿渣粉	kg	0.18	45.400	48.000	50.400	53.800
高效减水剂	kg	3.30	4.040	4.570	5.130	5.490
水	t	4.00	0.172	0.168	0.165	0.165

五、抗渗混凝土

单位：m^3

定额编号			PBY5-1	PBY5-2	PBY5-3	PBY5-4
项目	单位	单价(元)	抗渗混凝土			
			砾石			
			混凝土强度等级			
			C25	C30	C35	C40
基价	元		**267.31**	**284.71**	**301.13**	**313.21**
普通硅酸盐水泥 32.5	kg	0.33	349.000	389.000	427.000	–
普通硅酸盐水泥 42.5	kg	0.36	–	–	–	427.000
砾石 40mm	m^3	52.00	0.773	0.778	0.795	0.773
中砂	m^3	60.00	0.683	0.629	0.559	0.596
抗渗剂	kg	1.80	39.000	43.000	47.000	46.000
水	t	4.00	0.190	0.187	0.186	0.184

单位：m^3

定额编号			PBY5-5	PBY5-6	PBY5-7	PBY5-8
项目	单位	单价(元)	抗渗混凝土			
			碎石			
			混凝土强度等级			
			C25	C30	C35	C40
基价	元		**269.80**	**292.62**	**306.01**	**327.97**
普通硅酸盐水泥 32.5	kg	0.33	364.000	406.000	433.180	-
普通硅酸盐水泥 42.5	kg	0.36	-	-	-	463.000
碎石 40mm	m^3	55.00	0.718	0.722	0.748	0.697
中砂	m^3	60.00	0.773	0.709	0.639	0.686
抗渗剂	kg	1.80	35.000	42.000	46.000	45.000
水	t	4.00	0.202	0.198	0.194	0.198

六、特种混凝土

单位：m^3

定额编号			PBY6-1	PBY6-2	PBY6-3	PBY6-4
项目	单位	单价(元)	耐酸沥青混凝土		沥青混凝土	
			细粒式	中粒式	细粒式	中粒式
基价	**元**		**1694.19**	**1609.73**	**1040.75**	**958.05**
石油沥青 30 号	kg	3.80	210.000	189.000	206.000	187.000
石英石	kg	0.33	663.000	911.000	–	–
石英粉	kg	0.50	470.000	433.000	–	–
石英砂	kg	0.40	1106.000	936.000	–	–
滑石粉	kg	0.40	–	–	460.000	427.000
碎石 20mm	m^3	55.00	–	–	0.450	0.630
中砂	m^3	60.00	–	–	0.820	0.700

单位：m^3

定额编号			PBY6-5	PBY6-6	PBY6-7	PBY6-8
项目	单位	单价(元)	水玻璃耐酸混凝土	耐碱混凝土		耐油混凝土
				水泥量350kg	水泥量450kg	
基价	**元**		**2122.38**	**233.12**	**256.23**	**237.44**
硅酸钠	kg	1.50	283.000	–	–	–
氟硅酸钠	kg	2.50	42.000	–	–	–
石英石	kg	0.33	926.000	–	–	–
石英粉	kg	0.50	257.000	–	–	–
铸石粉	kg	3.10	284.000	–	–	–
石英砂	kg	0.40	696.000	–	–	–
普通硅酸盐水泥 32.5	kg	0.33	–	354.000	452.000	–
普通硅酸盐水泥 42.5	kg	0.36	–	–	–	394.000
中砂	m^3	60.00	–	0.580	0.530	0.550
碎石 20mm	m^3	55.00	–	0.660	0.610	–
砾石 30mm	m^3	52.00	–	–	–	0.790
石粉	kg	0.40	–	111.000	102.000	–
白坩土	kg	0.20	–	–	–	104.000
水	t	4.00	–	0.200	0.230	0.180

单位：m^3

定额编号			PBY6-9	PBY6-10	PBY6-11	PBY6-12	PBY6-13	PBY6-14
项目	单位	单价(元)	重晶石混凝土	耐热混凝土				硫磺混凝土
				350℃	700℃	900℃	1200℃	
基价	**元**		**1124.02**	**1101.51**	**926.17**	**933.92**	**910.62**	**1804.28**
普通硅酸盐水泥 32.5	kg	0.33	–	333.000	353.000	–	–	–
普通硅酸盐水泥 42.5	kg	0.36	342.000	–	–	330.000	350.000	–
重晶石	kg	0.26	1867.000	–	–	–	–	–
重晶石砂	kg	0.45	1144.000	–	–	–	–	–
黏土耐火砖碎块	kg	0.52	–	1066.000	848.000	861.000	821.000	–
耐火砖碎末	kg	0.50	–	873.000	566.000	574.000	545.000	–
耐火硬质黏土	kg	0.24	–	–	353.000	330.000	350.000	–
石英石	kg	0.33	–	–	–	–	–	1136.000
硫磺粉	kg	1.50	–	–	–	–	–	575.000
石英粉	kg	0.50	–	–	–	–	–	199.000
石英砂	kg	0.40	–	–	–	–	–	342.000
聚硫橡胶	kg	11.40	–	–	–	–	–	29.000
水	t	4.00	0.170	0.200	0.250	0.300	0.300	–

七、砂浆及胶泥

1. 砌筑砂浆

单位：m^3

定额编号			PBY7-1	PBY7-2	PBY7-3	PBY7-4
项目	单位	单价(元)	混合砂浆			
			砂浆标号			
			M10	M7.5	M5	M2.5
基价	**元**		**182.08**	**168.40**	**145.90**	**136.80**
普通硅酸盐水泥 32.5	kg	0.33	280.000	240.000	190.000	160.000
中砂	m^3	60.00	1.180	1.160	1.160	1.160
生石灰	kg	0.15	120.000	120.000	80.000	80.000
水	t	4.00	0.220	0.400	0.400	0.600

单位：m^3

定额编号			PBY7-5	PBY7-6	PBY7-7	PBY7-8	PBY7-9	PBY7-10
项目	单位	单价(元)	水泥砂浆			其他砂浆		
			砂浆标号			石灰砂浆	石灰黏土砂浆	黏土砂浆
			M10	M7.5	M5	1:4	1:0.3:4	1:4
基价	**元**		**164.08**	**150.88**	**137.68**	**93.15**	**94.45**	**69.20**
普通硅酸盐水泥 32.5	kg	0.33	280.000	240.000	200.000	–	–	–
中砂	m^3	60.00	1.180	1.180	1.180	1.070	1.070	1.070
生石灰	kg	0.15	–	–	–	177.000	177.000	–
黄土	m^3	10.00	–	–	–	–	0.050	0.180
水	t	4.00	0.220	0.220	0.220	0.600	0.800	0.800

2. 抹灰砂浆

单位：m^3

定　额　编　号			PBY7-11	PBY7-12	PBY7-13	PBY7-14
项　目	单位	单价(元)	混合砂浆			
			1:1:1	1:1:2	1:1:4	1:1:6
基　价	**元**		**234.48**	**210.45**	**176.70**	**157.32**
普通硅酸盐水泥 32.5	kg	0.33	501.000	400.000	270.000	204.000
中砂	m^3	60.00	0.440	0.720	1.030	1.160
生石灰	kg	0.15	269.000	219.000	156.000	120.000
水	t	4.00	0.600	0.600	0.600	0.600

单位：m³

定额编号			PBY7-15	PBY7-16	PBY7-17	PBY7-18	PBY7-19
项目	单位	单价(元)	混合砂浆				
			1:2:1	1:3:9	1:5:6	1:0.5:1	1:0.5:3
基价	元		**187.89**	**142.23**	**142.05**	**279.03**	**200.22**
普通硅酸盐水泥 32.5	kg	0.33	368.000	126.000	125.000	661.000	364.000
中砂	m^3	60.00	0.330	1.090	0.720	0.550	1.030
生石灰	kg	0.15	295.000	219.000	368.000	170.000	106.000
水	t	4.00	0.600	0.600	0.600	0.600	0.600

单位：m^3

定　额　编　号			PBY7-20	PBY7-21	PBY7-22	PBY7-23	PBY7-24
项　目	单位	单价(元)	混合砂浆				
			1:0.5:2	1:0.5:4	1:0.5:5	1:0.3:3	1:0.2:2
基　价	**元**		**217.44**	**185.19**	**162.51**	**204.84**	**237.06**
普通硅酸盐水泥 32.5	kg	0.33	453.000	303.000	242.000	383.000	512.000
中砂	m^3	60.00	0.760	1.160	1.160	1.100	0.950
生石灰	kg	0.15	133.000	88.000	71.000	67.000	58.000
水	t	4.00	0.600	0.600	0.600	0.600	0.600

单位：m^3

定　额　编　号			PBY7-25	PBY7-26	PBY7-27
项　　目	单位	单价(元)	石　灰　砂　浆		石灰麻刀砂浆
			1:2.5	1:3	
基　　价	**元**		**86.70**	**106.20**	**171.41**
中砂	m^3	60.00	0.760	1.160	1.030
生石灰	kg	0.15	258.000	228.000	–
石灰膏	m^3	198.00	–	–	0.440
麻刀	kg	1.21	–	–	16.600
水	t	4.00	0.600	0.600	0.600

单位：m^3

定额编号			PBY7-28	PBY7-29	PBY7-30	PBY7-31	PBY7-32	PBY7-33
项目	单位	单价(元)	水泥砂浆					
			1:0.5	1:1	1:2	1:2.5	1:3	1:4
基价	元		**333.45**	**306.36**	**243.72**	**227.55**	**205.32**	**187.26**
普通硅酸盐水泥 32.5	kg	0.33	925.000	792.000	544.000	475.000	404.000	322.000
中砂	m^3	60.00	0.450	0.730	1.050	1.160	1.180	1.330
水	t	4.00	0.300	0.300	0.300	0.300	0.300	0.300

单位：m³

定额编号			PBY7-44	PBY7-45	PBY7-46	PBY7-47	PBY7-48
项目	单位	单价(元)	素水泥浆	石棉水泥（接口用）	白水泥浆	白水泥砂浆	
				3:7		1:2	1:3
基价	**元**		**497.74**	**3495.56**	**978.38**	**414.55**	**334.60**
普通硅酸盐水泥 32.5	kg	0.33	1502.000	1260.000	–	–	–
白水泥	kg	0.65	–	–	1502.000	539.000	404.000
中砂	m^3	60.00	–	–	–	1.050	1.180
石棉绒	kg	5.70	–	540.000	–	–	–
水	t	4.00	0.520	0.440	0.520	0.300	0.300

单位:m^3

定额编号			PBY7-49	PBY7-50	PBY7-51	PBY7-52	PBY7-53
项目	单位	单价(元)	白水泥白石子浆				
			1:1.25	1:1.5	1:2	1:2.5	1:3
基价	元		**870.75**	**861.73**	**847.52**	**819.55**	**756.50**
白水泥	kg	0.65	851.000	785.000	680.000	587.000	490.000
白石子	kg	0.28	1130.000	1251.000	1444.000	1560.000	1560.000
水	t	4.00	0.300	0.300	0.300	0.300	0.300

4. 耐酸、防腐砂浆、胶泥

单位：m^3

定额编号			PBY7-54	PBY7-55	PBY7-56
项目	单位	单价(元)	沥青砂浆	耐酸沥青砂浆	
				铺设压实用	涂抹用
			1:2:7	1.3:2.6:7.4	1.2:1.3:3.5
基价	元		**1178.60**	**1954.30**	**2393.80**
石油沥青 30 号	kg	3.80	244.000	280.000	439.000
滑石粉	kg	0.40	468.000	–	–
中砂	m^3	60.00	1.070	–	–
石英粉	kg	0.50	–	543.000	460.000
石英砂	kg	0.40	–	1547.000	1239.000

单位：m^3

定　额　编　号			PBY7-57	PBY7-58	PBY7-59	PBY7-60	PBY7-61
项　目	单位	单价(元)	耐酸沥青胶泥				
			隔离层用	灌缝用	铺砌平面	铺砌立面	灌缝法平面
			1:0.3:0.05	1:0.8:0.05	1:1:0.05	1:1.5:0.05	1:2:0.05
基　价	元		**4275.20**	**3847.50**	**3691.80**	**3417.70**	**3178.80**
石油沥青 30 号	kg	3.80	1013.000	862.000	810.000	710.000	631.000
石英粉	kg	0.50	293.000	665.000	783.000	1029.000	1220.000
石棉绒	kg	5.70	49.000	42.000	39.000	36.000	30.000

单位：m^3

定　额　编　号			PBY7-62	PBY7-63	PBY7-64
项　目	单位	单价(元)	耐酸沥青胶泥	水玻璃耐酸砂浆	耐酸石英砂浆
			1:0.3	1:0.15:1.1:1:2.6	1:1.5:0.12:0.8
基　价	元		**4059.70**	**2700.00**	**1439.85**
石油沥青 30 号	kg	3.80	1029.000	–	–
石英粉	kg	0.50	299.000	453.000	630.000
石英砂	kg	0.40	–	1071.000	954.000
硅酸钠	kg	1.50	–	409.000	395.000
氟硅酸钠	kg	2.50	–	63.000	60.300
铸石粉	kg	3.10	–	411.000	–

单位：m^3

定额编号			PBY7-65	PBY7-66	PBY7-67	PBY7-68
项目	单位	单价(元)	水玻璃胶泥	水玻璃稀胶泥	硫磺砂浆	硫磺胶泥
			1:0.18:1.2:1.1	1:0.15:0.5:0.5	1:0.35:0.6:0.06	6:4:0.15
基价	**元**		**3821.30**	**3365.00**	**2933.00**	**2668.60**
石英粉	kg	0.50	770.000	460.000	391.000	872.000
硅酸钠	kg	1.50	636.000	911.000	–	–
氟硅酸钠	kg	2.50	115.000	137.000	–	–
铸石粉	kg	3.10	708.000	460.000	–	–
硫磺粉	kg	1.50	–	–	1129.000	1230.000
聚硫橡胶	kg	11.40	–	–	68.000	34.000
石英砂	kg	0.40	–	–	672.000	–

单位：m^3

定额编号			PBY7-69	PBY7-70	PBY7-71
项目	单位	单价(元)	环氧树脂胶泥	环氧稀胶泥	环氧砂浆
			1:0.1:0.08:2	1:0.08:0.1:1	1:0.07:2:4
基价	元		**21223.40**	**22923.30**	**15170.90**
环氧树脂（各种规格）	kg	28.60	652.000	715.000	337.000
石英粉	kg	0.50	1294.000	703.000	667.000
石英砂	kg	0.40	–	–	1336.000
丙酮 95%	kg	10.80	65.000	72.000	67.000
乙二胺	kg	23.60	52.000	57.000	167.000

单位：m^3

定额编号			PBY7-72	PBY7-73	PBY7-74	PBY7-75	PBY7-76
项目	单位	单价(元)	酚醛树脂胶泥	环氧煤焦油		环氧酚醛胶泥	环氧呋喃胶泥
				胶泥	砂浆		
			1:0.06:0.08:1.8	0.5:0.5:0.04:2.2:0.04:0.1	0.5:0.5:0.04:0.1:2:4:0.04	0.7:0.3:0.06:0.05:1.7	
基价	元		**12375.01**	**11644.70**	**6760.30**	**18880.65**	**19230.40**
环氧树脂（各种规格）	kg	28.60	–	308.000	165.000	479.000	495.000
石英粉	kg	0.50	1158.000	1337.000	655.000	1231.000	1190.000
乙醇	kg	6.50	39.000	–	–	–	–
苯磺酰氯	kg	11.92	52.000	–	–	–	–
二甲苯	kg	11.40	–	61.000	33.000	–	–
乙二胺	kg	23.60	–	25.000	14.000	34.000	35.000
丙酮 95%	kg	10.80	–	25.000	14.000	29.000	30.000
煤焦油	kg	2.00	–	306.000	166.000	–	–
石英砂	kg	0.40	–	–	1310.000	–	–
酚醛树脂	kg	16.83	649.000	–	–	205.000	–
呋喃树脂	kg	15.70	–	–	–	–	212.000

单位：m^3

定额编号			PBY7-77	PBY7-78
项目	单位	单价(元)	环氧呋喃砂浆	环氧打底料
			0.7:0.3:0.05:2:4	1:1:0.07:0.15
基价	**元**		**10126.06**	**20197.70**
呋喃树脂	kg	15.70	108.000	–
环氧树脂（各种规格）	kg	28.60	233.000	518.000
石英粉	kg	0.50	663.000	77.000
丙酮 95%	kg	10.80	46.700	414.000
乙二胺	kg	23.60	17.000	37.000
石英砂	kg	0.40	1324.000	–

单位：m^3

定额编号			PBY7-79	PBY7-80	PBY7-81
项目	单位	单价(元)	双酚A型	邻苯型	
			不饱和聚酯砂浆		稀胶泥
基价	**元**		**11801.24**	**5941.88**	**11276.11**
双酚A型不饱和聚酯树脂	kg	33.45	312.000	–	–
邻苯型不饱和聚酯树脂	kg	14.67	–	312.000	676.000
石英粉	kg	0.50	748.000	748.000	662.000
石英砂	kg	0.40	1528.000	1528.000	–
过氧化苯甲酰	kg	19.90	8.400	8.400	24.330
苯乙烯	kg	10.20	8.400	8.400	20.670
二甲基苯胺	kg	9.40	2.000	2.000	3.330
邻苯二甲酸二丁酯	kg	17.42	6.200	6.200	17.330

单位：m^3

定额编号			PBY7-82	PBY7-83	PBY7-84	PBY7-85	PBY7-86
项目	单位	单价(元)	耐碱砂浆		耐油砂浆	耐热砂浆	铁屑砂浆
			1:1	1:2		1:1.5	1:0.3:1.5
基价	**元**		**699.10**	**791.42**	**339.56**	**842.34**	**1227.13**
普通硅酸盐水泥 32.5	kg	0.33	950.000	694.000	684.000	778.000	1099.000
石粉	kg	0.40	960.000	1403.000	–	–	–
三氯化铁	kg	4.23	–	–	10.000	–	–
木糖浆	kg	8.54	–	–	1.000	–	–
中砂	m^3	60.00	–	–	1.030	–	0.220
耐火砖碎末	kg	0.50	–	–	–	1168.000	–
铁屑	kg	0.51	–	–	–	–	1666.000
水	t	4.00	0.400	0.300	0.300	0.400	0.400

单位：m^3

定额编号			PBY7-87	PBY7-88
项目	单位	单价(元)	不发火砂浆	不发火沥青砂浆
			1:0.4:1.75	1:0.533:0.533:3.121
基价	元		**1653.50**	**3249.42**
普通硅酸盐水泥 32.5	kg	0.33	639.000	-
大理石砂	kg	1.02	1118.000	-
大理石粉	kg	1.07	281.000	-
石油沥青 30 号	kg	3.80	-	408.000
白云石砂	kg	0.26	-	1320.000
石棉绒	kg	5.70	-	219.000
硅藻土	kg	0.48	-	224.000
水	t	4.00	0.400	-

单位：m³

定额编号			PBY7-89	PBY7-90	PBY7-91	PBY7-92
项目	单位	单价(元)	重晶石砂浆			
			1:0.4:1.8:1	1:0.2:4	1:4	1:2:1
基价	**元**		**1137.52**	**4129.15**	**4321.96**	**2483.50**
普通硅酸盐水泥 32.5	kg	0.33	559.000	470.000	492.000	540.000
重晶石粉	kg	2.10	224.000	1885.000	1980.000	1087.000
重晶石砂	kg	0.45	1013.000	–	–	–
中砂	m^3	60.00	0.420	–	–	0.350
生石灰	kg	0.15	–	93.000	–	–
水	t	4.00	0.400	0.400	0.400	0.400

5. 其他

单位：m^3

定额编号			PBY7-93	PBY7-94	PBY7-95
项目	单位	单价(元)	冷底子油(kg)		石油沥青玛𤩽脂
			3:7	5:5	
基价	**元**		**8.95**	**7.54**	**4083.20**
石油沥青 30 号	kg	3.80	0.320	0.530	1048.000
汽油 93 号	kg	10.05	0.770	0.550	–
滑石粉	kg	0.40	–	–	252.000

八、各种垫层、保温层

单位：m^3

定额编号			PBY8-1	PBY8-2	PBY8-3	PBY8-4	PBY8-5
项目	单位	单价(元)	灰土		石灰炉渣		
			2:8	3:7	1:3	1:4	1:10
基价	**元**		**25.10**	**37.25**	**67.65**	**64.55**	**48.30**
生石灰	kg	0.15	162.000	243.000	184.000	147.000	55.000
炉渣	m^3	35.00	–	–	1.110	1.180	1.110
水	t	4.00	0.200	0.200	0.300	0.300	0.300

单位：m^3

定额编号			PBY8-6	PBY8-7	PBY8-8	PBY8-9	PBY8-10	PBY8-11
项目	单位	单价(元)	石灰矿渣			水泥石灰炉渣		
			1:3	1:4	1:10	1:1:8	1:1:10	1:1:12
基价	元		**62.10**	**58.65**	**42.75**	**112.01**	**101.58**	**95.18**
生石灰	kg	0.15	184.000	147.000	55.000	74.000	61.000	53.000
普通硅酸盐水泥 32.5	kg	0.33	–	–	–	177.000	146.000	126.000
矿渣	m^3	30.00	1.110	1.180	1.110	–	–	–
炉渣	m^3	35.00	–	–	–	1.180	1.230	1.270
水	t	4.00	0.300	0.300	0.300	0.300	0.300	0.300

单位：m^3

定　额　编　号			PBY8-12	PBY8-13	PBY8-14
项　目	单位	单价(元)	水泥石灰矿渣		
			1:1:8	1:1:10	1:1:12
基　价	元		**106.11**	**95.43**	**88.83**
普通硅酸盐水泥 32.5	kg	0.33	177.000	146.000	126.000
生石灰	kg	0.15	74.000	61.000	53.000
矿渣	m^3	30.00	1.180	1.230	1.270
水	t	4.00	0.300	0.300	0.300

单位：m^3

定　额　编　号			PBY8-15	PBY8-16	PBY8-17	PBY8-18
项　　目	单位	单价(元)	炉渣混凝土			
			35 号	50 号	75 号	100 号
基　　价	**元**		**105.77**	**115.88**	**130.30**	**141.81**
普通硅酸盐水泥 32.5	kg	0.33	109.000	136.000	175.000	207.000
生石灰	kg	0.15	84.000	106.000	135.000	160.000
炉渣	m^3	35.00	1.600	1.540	1.460	1.380
水	t	4.00	0.300	0.300	0.300	0.300

单位：m^3

定　额　编　号			PBY8-19	PBY8-20	PBY8-21	PBY8-22
项　　目	单位	单价(元)	矿渣混凝土			
			35 号	50 号	75 号	100 号
基　　价	**元**		**87.93**	**94.71**	**110.49**	**121.74**
普通硅酸盐水泥 32.5	kg	0.33	81.000	102.000	133.000	158.000
生石灰	kg	0.15	94.000	119.000	154.000	184.000
矿渣	m^3	30.00	1.530	1.400	1.410	1.360
水	t	4.00	0.300	0.300	0.300	0.300

单位：m^3

定额编号			PBY8-23	PBY8-24	PBY8-25	PBY8-26	PBY8-27	PBY8-28
项目	单位	单价(元)	水泥蛭石			水泥珍珠岩		
			1:8	1:10	1:12	1:8	1:10	1:12
基价	**元**		**173.35**	**172.04**	**172.13**	**126.64**	**122.59**	**120.85**
普通硅酸盐水泥 32.5	kg	0.33	175.000	148.000	131.000	168.000	143.000	125.000
蛭石	m^3	95.00	1.200	1.280	1.340	–	–	–
珍珠岩粉	m^3	60.00	–	–	–	1.160	1.230	1.300
水	t	4.00	0.400	0.400	0.400	0.400	0.400	0.400

单位:10m³

定额编号			PBY8-29	PBY8-30	PBY8-31	PBY8-32	PBY8-33	PBY8-34
项目	单位	单价(元)	三合土					
			碎砖		碎石		砾石	
			1:3:6	1:4:8	1:3:6	1:4:8	1:3:6	1:4:8
基价	**元**		**100.43**	**111.47**	**101.80**	**101.20**	**98.71**	**98.02**
生石灰	t	150.00	0.097	0.074	0.085	0.066	0.085	0.066
中砂	m^3	60.00	0.580	0.800	0.520	0.530	0.520	0.530
碎砖	m^3	43.00	1.160	1.190	–	–	–	–
碎石 40mm	m^3	55.00	–	–	1.030	1.060	–	–
砾石 40mm	m^3	52.00	–	–	–	–	1.030	1.060
水	t	4.00	0.300	0.300	0.300	0.300	0.300	0.300